Imunobiológicos,

Biossimilares e Pequenas Moléculas em Pediatria

SÉRIE SBP | SOCIEDADE BRASILEIRA DE PEDIATRIA

EDITORES

DIRCEU SOLÉ

CLÓVIS FRANCISCO CONSTANTINO

LUCIANA RODRIGUES SILVA

EDSON FERREIRA LIBERAL

Imunobiológicos,

Biossimilares e Pequenas Moléculas em Pediatria

COORDENADORES

Clovis Artur Almeida da Silva

Dirceu Solé

Nelson Augusto Rosário Filho

Luciana Rodrigues Silva

Clóvis Francisco Constantino

manole editora

sociedade brasileira de pediatria

Produção editorial: Rosana Arruda da Silva
Projeto gráfico: Departamento Editorial da Editora Manole
Diagramação e ilustrações: Luargraf Serviços Gráficos Ltda. ME
Capa: Ricardo Yoshiaki Nitta Rodrigues

CIP-BRASIL. CATALOGAÇÃO NA PUBLICAÇÃO
SINDICATO NACIONAL DOS EDITORES DE LIVROS, RJ

I31

Imunobiológicos, biossimilares e pequenas moléculas em pediatria / coordenação Clovis Artur Almeida da Silva ... [et al.] ; coordenadores da série Dirceu Solé ... [et al.]. - 1. ed. - Barueri [SP] : Manole, 2025.
304 p. ; 23 cm. (SBP : Sociedade Brasileira de Pediatria)

ISBN 9788520459287

1. Biotecnologia - Pediatria. 2. Fármacos e Medicamentos - Pediatria. 3. Vacinação. I. Silva, Clovis Artur Almeira da. II. Solé, Dirceu. III. Série.

24-92562 CDD: 660.6
CDU: 606

Gabriela Faray Ferreira Lopes - Bibliotecária - CRB-7/6643

1ª Edição – 2025

Editora Manole Ltda.
Alameda Rio Negro, 967 – CJ 717
Tamboré – Barueri, SP.
CEP 06454-000
Fone: (11) 4196-6000
www.manole.com.br | https://atendimento.manole.com.br/

Impresso no Brasil
Printed in Brazil

Sobre os editores, os coordenadores e os autores

EDITORES

Dirceu Solé
Professor Titular e Livre-docente da disciplina de Alergia, Imunologia Clínica e Reumatologia, Departamento de Pediatria da Universidade Federal de São Paulo (UNIFESP). Diretor Científico da Sociedade Brasileira de Pediatria e Diretor de Pesquisa da Associação Brasileira de Alergia e Imunologia (ASBAI).

Clóvis Francisco Constantino
Médico Especialista em Pediatria e Bioética. Doutor em Bioética pela Faculdade de Medicina da Universidade do Porto (FMUP), Portugal com validação pela Universidade de Brasília (UnB). Presidente da Sociedade Brasileira de Pediatria (SBP). Professor de Ética Médica e Bioética em Medicina na Universidade de Santo Amaro (UNISA). Professor de Ética Médica e Bioética da Pós-graduação do Mestrado em Direito Médico do Curso de Direito da UNISA. Gerente/Assessor Técnico de Ética Médica, Bioética e Pediatria da OSS/SPDM-Associação Paulista para o Desenvolvimento da Medicina – Microrregião RASTS-VMVG. Diretor Acadêmico da Associação Médica Brasileira (AMB). Membro da Diretoria da Associação Paulista de Medicina (APM). Membro Titular da Academia de Medicina de São Paulo (AMSP). Membro do Centro Pluridisciplinar de Bioética da Faculdade de Medicina da Universidade do Porto (FMUP), Portugal. PhD em Bioethics Division pela International Chair in Bioethics. Membro da

International Forum of Teachers (IFT – I C Bioethics). Coordenador (*Head*) da Unidade de São Paulo da International Chair in Bioethics (World Medical Association Cooperation Center) do Departamento dos Países de Língua Portuguesa (Portuguese Language Countries Division Chair in Bioethics), sendo hospedeira (*host*) a UNISA.

Luciana Rodrigues Silva
Professora Titular, Mestre e Doutora em Pediatria da Universidade Federal da Bahia (UFBA). Chefe do Serviço de Gastroenterologia Pediátrica da UFBA. Vice-presidente da Associação Médica Brasileira (AMB). Presidente da Sociedade Brasileira de Pediatria (SBP) 2016-2022. Diretora Científica Adjunta da SBP. Membro do Conselho do Instituto Pensi Fundação JLS. Membro da Academia Brasileira de Pediatria (ABP). Membro da Academia de Medicina da Bahia.

Edson Ferreira Liberal
Vice-presidente da Sociedade Brasileira de Pediatria (SBP). Professor de Pediatria da Universidade Federal do Estado do Rio de Janeiro (UNIRIO). Mestre e doutor em Medicina pela Universidade Federal do Rio de Janeiro (UFRJ).

COORDENADORES

Clovis Artur Almeida da Silva
Professor Titular do Departamento de Pediatria da Faculdade de Medicina da Universidade de São Paulo (FMUSP). Chefe do Departamento de Pediatria da FMUSP. Presidente do Departamento Científico de Reumatologia Pediátrica da Sociedade Brasileira de Pediatria (SBP) e Sociedade Brasileira de Reumatologia (SBR). Diretor Científico da Sociedade Brasileira de Pediatria e Diretor de Pesquisa da Associação Brasileira de Alergia e Imunologia (ASBAI).

Dirceu Solé
Professor Titular e Livre-docente da disciplina de Alergia, Imunologia Clínica e Reumatologia, Departamento de Pediatria da Universidade Federal de São Paulo (UNIFESP). Diretor Científico da Sociedade Brasileira de Pediatria e Diretor de Pesquisa da Associação Brasileira de Alergia e Imunologia (ASBAI).

Nelson Augusto Rosário Filho
Professor Titular do Departamento de Pediatria, Universidade Federal do Paraná (UFPR). Pesquisador de Alergia e Imunologia do Conselho Nacional de Desenvolvimento Científico e Tecnológico (CNPq). *Emeritus Fellow*, American Academy of Allergy Asthma and Immunology (AAAAI). *International Distinguished Fellow*, American College of Allergy Asthma and Immunology (ACAAI).

Luciana Rodrigues Silva
Professora Titular, Mestre e Doutora em Pediatria da Universidade Federal da Bahia (UFBA). Chefe do Serviço de Gastroenterologia Pediátrica da UFBA. Vice-presidente da Associação Médica Brasileira (AMB). Presidente da Sociedade Brasileira de Pediatria (SBP) 2016-2022. Diretora Científica Adjunta da SBP. Membro do Conselho do Instituto Pensi Fundação JLS. Membro da Academia Brasileira de Pediatria (ABP). Membro da Academia de Medicina da Bahia.

Clóvis Francisco Constantino
Médico Especialista em Pediatria e Bioética. Doutor em Bioética pela Faculdade de Medicina da Universidade do Porto (FMUP), Portugal com validação pela Universidade de Brasília (UnB). Presidente da Sociedade Brasileira de Pediatria (SBP). Professor de Ética Médica e Bioética em Medicina na Universidade de Santo Amaro (UNISA). Professor de Ética Médica e Bioética da Pós-graduação do Mestrado em Direito Médico do Curso de Direito da UNISA. Gerente/Assessor Técnico de Ética Médica, Bioética e Pediatria da OSS/SPDM-Associação Paulista para o Desenvolvimento da Medicina – Microrregião RASTS-VMVG. Diretor Acadêmico da Associação Médica Brasileira (AMB). Membro da Diretoria da Associação Paulista de Medicina (APM). Membro Titular da Academia de Medicina de São Paulo (AMSP). Membro do Centro Pluridisciplinar de Bioética da Faculdade de Medicina da Universidade do Porto (FMUP), Portugal. PhD em Bioethics Division pela International Chair in Bioethics. Membro da International Forum of Teachers (IFT – I C Bioethics). Coordenador (*Head*) da Unidade de São Paulo da International Chair in Bioethics (World Medical Association Cooperation Center) do Departamento dos Países de Língua Portuguesa (Portuguese Language Countries Division Chair in Bioethics), sendo hospedeira (*host*) a UNISA.

AUTORES

Adriana Rodrigues Fonseca
Professora Adjunta de Pediatria da Universidade Federal do Rio de Janeiro (UFRJ). Pediatra e Reumatologista Pediátrica do Instituto de Puericultura e Pediatria Martagão Gesteira (IPPMG-UFRJ). Secretária dos Departamentos Científicos de Reumatologia Pediátrica da Sociedade de Pediatria do Rio de Janeiro (SOPERJ) e da Sociedade Brasileira de Pediatria (SBP).

Ana Cristina de Medeiros Ribeiro
Médica pela Universidade Federal da Paraíba (UFPB). Residência médica em Reumatologia. Doutora, Pós-doutora e Livre-docente pela Faculdade de Medicina da Universidade de São Paulo (FMUSP). Médica Reumatologista do Ambulatório de Artrite Reumatoide e do Centro de Dispensação de Medicação de Alto Custo (CEDMAC) do Hospital das Clínicas da Universidade de São Paulo (HCFMUSP).

Ana Luiza Garcia Cunha
Médica pela Universidade Federal de Minas Gerais (UFMG). Residência em Pediatria pelo Hospital Infantil João Paulo II – Fundação Hospitalar do Estado de Minas Gerais (FHEMIG). Residência e Mestre em Reumatologia Pediátrica pela Universidade Federal de São Paulo (Unifesp). Pediatra Reumatologista do Hospital Infantil João Paulo II – FHEMIG.

Andrea Yukie Shimabuco Silva
Médica pela Faculdade de Medicina de Ribeirão Preto da Universidade de São Paulo (FMRP-USP). Residência médica em Reumatologia no Hospital das Clínicas da Universidade de São Paulo (HCFMUSP). Doutora em Ciências do Sistema Musculoesquelético pela FMUSP. Médica Reumatologista do Ambulatório de Artrite Reumatoide e do Centro de Dispensação de Medicação de Alto Custo (CEDMAC) do Hospital das Clínicas da Faculdade de Medicina da Universidade de São Paulo (HCFMUSP).

Antonio Condino Neto
Professor Titular do Departamento de Imunologia do Instituto de Ciências Biomédicas da Universidade de São Paulo (ICB-USP). Diretor do Centro Jeffrey Modell de Imunodeficiências, São Paulo.

Clarissa Carvalho de Miranda Valões
Médica pela Faculdade de Medicina da Universidade Federal de Alagoas (UFAL). Residência médica em Pediatria e Especialização em Reumatologia Pediátrica pelo Instituto da Criança e do Adolescente do Hospital das Clínicas da Faculdade de Medicina da Universidade de São Paulo (ICr – HCFMUSP). Reumatologista Pediátrica do Hospital da Criança, AL.

Cláudia Saad Magalhães
Especialista em Reumatologia Pediátrica. Professora Titular de Pediatria da Faculdade de Medicina de Botucatu da Universidade Estadual Paulista Julio de Mesquita Filho (Unesp).

Claudio Arnaldo Len
Reumatologista Pediatra. Professor Associado do Departamento de Pediatria da Escola Paulista de Medicina da Universidade Federal de São Paulo (EPM/Unifesp).

Clovis Artur Almeida da Silva
Professor Titular do Departamento de Pediatria da Faculdade de Medicina da Universidade de São Paulo (FMUSP). Chefe do Departamento de Pediatria da FMUSP. Presidente do Departamento Científico de Reumatologia Pediátrica da Sociedade Brasileira de Pediatria (SBP) e Sociedade Brasileira de Reumatologia (SBR). Diretor Científico da Sociedade Brasileira de Pediatria e Diretor de Pesquisa da Associação Brasileira de Alergia e Imunologia (ASBAI).

Dirceu Solé
Professor Titular e Livre-docente da disciplina de Alergia, Imunologia Clínica e Reumatologia, Departamento de Pediatria da Universidade Federal de São Paulo (UNIFESP). Diretor Científico da Sociedade Brasileira de Pediatria e Diretor de Pesquisa da Associação Brasileira de Alergia e Imunologia (ASBAI).

Ekaterini Simões Goudouris
Professora do Departamento de Pediatria da Faculdade de Medicina da Universidade Federal do Rio de Janeiro (UFRJ). Médica do serviço de Alergia e Imunologia do Instituto de Puericultura e Pediatria Martagão Gesteira (IPPMG – UFRJ).

Eliana Maria Monteiro Caran
Professora Adjunta do Departamento de Pediatria da Escola Paulista de Medicina da Universidade Federal de São Paulo (EPM-USP). Médico do Instituto de Oncologia Pediátrica do Grupo de Apoio ao Adolescente e Criança com Câncer (GRAACC).

Flavio Augusto Vercillo Luisi
Professor Adjunto do Departamento de Pediatria da Escola Paulista de Medicina da Universidade Federal de São Paulo (EPM/Unifesp). Médico do Instituto de Oncologia Pediátrica do Grupo de Apoio ao Adolescente e Criança com Câncer (GRAACC).

Glaucia Vanessa Novak Molina
Médica pela Universidade Federal do Mato Grosso (UFMT). Residência médica em Pediatria e Especialização em Reumatologia Pediátrica pelo Instituto da Criança e do Adolescente do Hospital das Clínicas da Faculdade de Medicina da Universidade de São Paulo (ICr – HCFMUSP). Docente de Pediatria da Universidade Federal do Mato Grosso (UFMT) e Centro Universitário de Várzea Grande (UNIVAG).

Gustavo Falbo Wandalsen
Professor Associado da disciplina de Alergia, Imunologia Clínica e Reumatologia do Departamento de Pediatria da Universidade Federal de São Paulo (USP).

Herberto José Chong Neto
Professor Associado II do Departamento de Pediatria da Universidade Federal do Paraná (UFPR). Presidente do Departamento Científico de Alergia, Sociedade Brasileira de Pediatria.

Jade Dib Fernandez
Graduação em Medicina com Residência Médica em Pediatria e em Reumatologia Pediátrica pela Escola Paulista de Medicina da Universidade Federal de São Paulo (EPM-Unifesp). Mestranda em Pediatria e Ciências aplicadas à Pediatria pela EPM-Unifesp. Mestranda de Reumatologia Pediátrica, disciplina de Alergia, Imunologia Clínica e Reumatologia do Departamento de Pediatria da

Unifesp. Especialista em Pediatria pela Sociedade Brasileira de Pediatria (SBP). Especialista em Reumatologia Pediátrica pela Sociedade Brasileira de Pediatria (SBP) e Sociedade Brasileira de Reumatologia (SBR).

Jorge Yussef Afiune
Médico pela Faculdade de Medicina da Universidade de Brasília (UnB). Residência médica em Pediatria e Neonatologia no Hospital das Clínicas da Faculdade de Medicina de Ribeirão Preto da Universidade de São Paulo (FMRP-USP). Residência médica em Cardiologia Pediátrica e Especialização em Ecocardiografia Pediátrica no Instituto do Coração do Hospital das Clínicas da Faculdade de Medicina da Universidade de São Paulo (InCor – HCFMUSP). Diretor da Divisão de Cardiologia Pediátrica do Instituto de Cardiologia e Transplantes do Distrito Federal (ICTDF).

Josefina Aparecida Pellegrini Braga
Professora Associada do Departamento de Pediatria da Escola Paulista de Medicina da Universidade Federal de São Paulo (EPM-Unifesp). Chefe da Hematologia Pediátrica e Supervisora da Residência Médica em Hematologia e Hemoterapia Pediátrica da EPM-Unifesp. Mestre e Doutora pela EPM-Unifesp. Presidente do Departamento Científico de Hematologia e Hemoterapia da Sociedade Brasileira de Pediatria (SBP) 2021-2024. Membro do Departamento Científico da Associação Brasileira de Hematologia, Hemoterapia e Terapia Celular (ABHH). Título de Especialista em Pediatria pela SBP e Associação Médica Brasileira (AMB). Título de Especialista em Hematologia e Hemoterapia pela ABHH e AMB.

Kerstin Taniguchi Abagge
Médica pela Pontifícia Universidade Católica do Paraná (PUC-PR). Residência médica em Pediatria pelo Hospital de Clínicas da Universidade Federal do Paraná (HC-UFPR). Especialista em Pediatria pela Sociedade Brasileira de Pediatria (SBP). Especialista em Dermatologia pela Sociedade Brasileira de Dermatologia (SBD). Especialização em Dermatologia Pediátrica pelo Complexo Hospital de Clínicas da Universidade Federal do Paraná (CHC-UFPR). Mestre e Doutora em Saúde da Criança e do Adolescente pela UFPR. Professora Adjunta de Pediatria da UFPR. Membro do Departamento Científico de Dermatologia da Sociedade Paranaense de Pediatria (SPP).

Liane Esteves Daudt
Médica pela Pontifícia Universidade do Rio Grande do Sul (PUC-RS). Residência Médica em Pediatria e Hematologia e Hemoterapia no Hospital de Clínicas de Porto Alegre. Especialista em Pediatria pela Sociedade Brasileira de Pediatria (SBP) e Hematologia com área de atuação em TMO pela Associação Brasileira de Hematologia, Hemoterapia e Terapia Celular (ABHH). Doutora em Ciências Médicas – Pediatria pela Universidade Federal do Rio Grande do Sul (UFRGS). Professora Assistente de Pediatria da Faculdade de Medicina e do Programa de Pós-graduação da Saúde da Criança e Adolescente da UFRGS.

Lilian Monteiro Pereira Palma
Pediatra especialista em Nefrologista Pediátrica. Doutora em Nefrologia pela Universidade de São Paulo (USP). Médica Assistente da disciplina de Nefrologia Pediátrica da Universidade Estadual de Campinas (UNICAMP) e da LUME Nefrologia e Diálise, Campinas. Coordenadora do Departamento de Nefrologia Pediátrica da Sociedade Brasileira de Nefrologia (SBN). Membro do Consenso de Síndrome Hemolítico Urêmica Atípica (SHUa) da International Pediatric Nephrology Association (IPNA).

Luciana Rodrigues Silva
Professora Titular, Mestre e Doutora em Pediatria da Universidade Federal da Bahia (UFBA). Chefe do Serviço de Gastroenterologia Pediátrica da UFBA. Vice-presidente da Associação Médica Brasileira (AMB). Presidente da Sociedade Brasileira de Pediatria (SBP) 2016-2022. Diretora Científica Adjunta da SBP. Membro do Conselho do Instituto Pensi Fundação JLS. Membro da Academia Brasileira de Pediatria (ABP). Membro da Academia de Medicina da Bahia.

Luiz Vicente Ribeiro Ferreira da Silva Filho
Professor Livre-docente do Departamento de Pediatria da Faculdade de Medicina da Universidade de São Paulo (FMUSP). Médico Coordenador da Unidade de Pneumologia do Instituto da Criança e do Adolescente do Hospital das Clínicas da Faculdade de Medicina da Universidade de São Paulo (ICr – HCFMUSP).

Maria Helena Vaisbich
Pediatra especialista em Nefrologia. Mestre e Doutora em Nefrologia pela Escola Paulista de Medicina da Universidade Federal de São Paulo (EPM-Unifesp).

Médica Assistente da Unidade de Nefrologia Pediátrica do Hospital das Clínicas da Faculdade de Medicina da Universidade de São Paulo (FMUSP) 1993-2022. Médica na Pesquisa Clínica do HCFMUSP. Coordenadora do Comitê de Doenças Raras da Sociedade Brasileira de Nefrologia (COMDORA-SBN). Membro do Departamento de Nefrologia da Sociedade de Pediatria de São Paulo (SPSP). Membro do Departamento de Nefrologia Pediátrica da Sociedade Brasileira de Nefrologia (SBN).

Maria Teresa Terreri
Reumatologista Pediatra. Professora Associada do Departamento de Pediatria da Escola Paulista de Medicina da Universidade Federal de São Paulo (EPM--Unifesp). Chefe do setor de Reumatologia Pediátrica do Departamento de Pediatria (EPM-UNIFESP).

Mariana Aparecida Pasa Morgan
Médica pela Universidade José do Rosário Vellano (UNIFENAS-BH). Residência médica em Pediatria pelo Hospital Metropolitano Odilon Behrens, BH. Especialização em Dermatologia Pediátrica pelo Complexo Hospital de Clínicas da Universidade Federal do Paraná (CHC-UFPR). Mestranda em Saúde da Criança e do Adolescente pela UFPR. Professora na Faculdade Ceres (FACERES) em São José do Rio Preto, SP.

Nadia Emi Aikawa
Professora Livre-docente da disciplina de Reumatologia da Faculdade de Medicina da Universidade de São Paulo (FMUSP). Médica Assistente da Unidade de Reumatologia Pediátrica do Instituto da Criança e do Adolescente do Hospital das Clínicas da Faculdade de Medicina da Universidade de São Paulo (ICr-HCFMUSP).

Nelson Augusto Rosário Filho
Professor Titular do Departamento de Pediatria, Universidade Federal do Paraná (UFPR). Pesquisador de Alergia e Imunologia do Conselho Nacional de Desenvolvimento Científico e Tecnológico (CNPq). *Emeritus Fellow*, American Academy of Allergy Asthma and Immunology (AAAAI). *International Distinguished Fellow*, American College of Allergy Asthma and Immunology (ACAAI).

Nilzete Liberato Bresolin
Pediatra especialista em Nefrologia Pediátrica e Terapia Intensiva. Mestre em Ciências Médicas pela Universidade Federal de Santa Catarina (UFSC). Professor Adjunto de Nefrologia Pediátrica da UFSC. Presidente do Departamento Científico de Nefrologia Pediátrica da Sociedade Brasileira de Pediatria (SBP). Council da International Pediatric Nephrology (IPNA) e Council da Associação Latino-americana de Nefrologia Pediátrica (Alanepe).

Ranieri Coelho Salgado
Biomédico e Analista Clínico pela Universidade Estadual de Santa Cruz (UESC). Mestre em Imunologia do Departamento de Imunologia do Instituto de Ciências Biomédicas da Universidade de São Paulo (USP), com ênfase e conhecimento especializado em Imunodeficiências Primárias e Suscetibilidade a Infecções Fúngicas. Possui experiência em análise de dados de transcriptoma.

Renata Robl Imoto
Médica pela Universidade Federal do Paraná (UFPR). Residência médica em Pediatria pelo Hospital das Clínicas da UFPR. Especialista em Pediatria pela Sociedade Brasileira de Pediatria (SBP). Especialização em Dermatologia Pediátrica pelo Complexo Hospital de Clínicas da Universidade Federal do Paraná (CHC-UFPR). Mestre em Saúde da Criança e do Adolescente pela UFPR. Professora Associada de Pediatria da UFPR. Doutoranda em Saúde da Criança e do Adolescente pela UFPR. Membro do Departamento Científico de Dermatologia da Sociedade Paranaense de Pediatria (SPP).

Sandra Regina Loggetto
Mestre em Pediatria na área de Hematologia Pediátrica pela Escola Paulista de Medicina da Universidade Federal de São Paulo (EPM-Unifesp). Gerente Médica do Ambulatório de Hemoglobinopatias do Banco de Sangue de São Paulo – Grupo GSH. Hematologista Pediatra do Hospital Infantil Sabará. Membro do Departamento Científico de Hematologia e Hemoterapia Pediátrica da Sociedade Brasileira de Pediatria (SBP). Coordenadora do Comitê de Hematologia e Hemoterapia Pediátrica da Associação Brasileira de Hematologia, Hemoterapia e Terapia Celular (ABHH).

Silvia Onoda Tomikawa Tanaka
Mestre em Ciências da Saúde pelo Departamento de Pediatria da Faculdade de Medicina da Universidade de São Paulo (FMUSP). Médica Assistente da Unidade de Pneumologia do Instituto da Criança e do Adolescente do Hospital das Clínicas da Faculdade de Medicina da Universidade de São Paulo (ICr - HCFMUSP).

Vânia Oliveira de Carvalho
Médica pela Universidade Federal do Paraná (UFPR). Residência médica em Pediatria pelo Hospital das Clínicas da UFPR. Especialista em Pediatria pela Sociedade Brasileira de Pediatria (SBP). Especialização em Dermatologia Pediátrica pelo Complexo Hospital de Clínicas da Universidade Federal do Paraná (CHC-UFPR). Doutora em Saúde da Criança e do Adolescente pela UFPR. Professora Associada de Pediatria da UFPR. Membro do Departamento Científico de Dermatologia da SBP.

Sumário

Apresentação

Queridos e queridas colegas pediatras.

Com satisfação apresentamos esta importante obra sobre imunobiológicos, biossimilares e pequenas moléculas e inúmeros detalhes atualizados sobre este tema.

A Sociedade Brasileira de Pediatria com mais esta iniciativa científica avança, cada vez mais, em seu mister de levar conhecimento contemporâneo aos associados com a finalidade de otimizar benefícios às crianças e aos adolescentes.

Os autores dos capítulos, com sua conhecida expertise, desenvolvem os textos com exemplar competência, facilitando a compreensão de todo o conteúdo.

A prefação do livro, elaborada pelos professores Clóvis Artur Almeida da Silva e Luciana Rodrigues Silva apresenta ideia clara do que será encontrado no interior do livro.

Pediatras, atualizem-se com meus melhores e respeitosos cumprimentos.

Clóvis Francisco Constantino
Presidente da Sociedade Brasileira de Pediatria

Prefácio

Recebemos com distinção muito especial este convite para prefaciar um livro inovador, *Imunobiológicos, Biossimilares e Pequenas Moléculas em Pediatria*. Trata-se de um texto escrito para pediatras gerais e especialistas pediátricos sobre novos medicamentos, alguns deles já são parte da prática diária nos ambulatórios, clínicas de infusão, enfermarias, prontos-socorros e unidades de terapia intensiva pediátricas.

O avanço recente na Fisiopatologia, particularmente na Imunologia e Genética, nas diversas condições crônicas pediátricas e em adultos tem permitido reconhecer alvos patogênicos, tais como: células T, células B, interação ligante-receptor, citocinas, quimiocinas, entre outros. Isso tem permitido a descoberta de novos alvos terapêuticos, possibilitando a concepção dos imunobiológicos, biossimilares e pequenas moléculas. De fato, esse avanço tecnológico constitui um verdadeiro produto da Medicina Translacional.

Este livro é didaticamente dividido em três seções sobre esses novos medicamentos nas áreas principais de Pediatria. A primeira seção inclui definição dos medicamentos imunobiológicos, biossimilares e pequenas moléculas. A segunda seção contém uma abordagem do uso dessas drogas nas áreas principais de Pediatria e nos adultos. Por sua vez, a terceira seção abrange aspectos práticos de como organizar um centro de dispensação desses medicamentos na prática clínica diária do pediatra.

Cada capítulo inclui uma lista dos principais medicamentos para cada especialidade, assim como aborda mecanismos de ação, indicações e aprovações, como prescrever essas drogas, eventos adversos imediatos e tardios, e orientações de vacinação. Enfatizam-se também a ampliação do tratamento de diversas condições com o emprego dessas medicações e a necessidade de equipes multiprofissionais para atender esses pacientes.

Dessa forma, consideramos que este livro representa uma leitura obrigatória para os jovens residentes de Pediatria e um material valioso de consulta para todos nós pediatras que buscamos oferecer os melhores padrões de assistência médica para nossas crianças e adolescentes. Cumprimentamos e agradecemos também a todos os autores dos capítulos desse livro.

Clovis Artur Almeida da Silva
Prof. Titular e Chefe do Departamento de Pediatria
da Faculdade de Medicina da Universidade de São Paulo (FMUSP).
Responsável Técnico-científico das Unidades de
Adolescente e Reumatologia Pediátrica do Instituto da
Criança e do Adolescente do Hospital das Clínicas da FMUSP.
Presidente da Comissão de Reumatologia da SBP

Luciana Rodrigues Silva
Prof. Titular do Departamento de Pediatria da
Faculdade de Medicina da UFBA
Membro Titular da Academia Brasileira de Pediatria
Presidente SBP 2016-2022 e atual Diretora Científica da SBP

SEÇÃO I

Imunobiológicos, Biossimilares e Pequenas Moléculas em Pediatria

1

Biotecnologia e medicamentos imunobiológicos e biossimilares

Ana Luiza Garcia Cunha
Cláudia Saad Magalhães

DESTAQUES

- A introdução dos medicamentos imunobiológicos e biossimilares transformou o tratamento para pacientes com doenças autoimunes.
- Novas tecnologias foram desenvolvidas nos últimos anos, como as pequenas moléculas, terapias celulares (CAR-T) e RNA de pequena interferência, ampliando as possibilidades terapêuticas aos pacientes com doenças autoimunes.

INTRODUÇÃO

Nos últimos 40 anos, houve uma grande transformação nos tratamentos de pacientes com doenças autoimunes com a introdução de novos fármacos, denominados medicamentos imunobiológicos, assim chamados porque utilizam biotecnologia. A produção em larga escala utilizando-se da biotecnologia iniciou-se em 1982, com o desenvolvimento da insulina, e continuou nos anos seguintes, com diversas outras substâncias biológicas, como enzimas, fatores de coagulação, vacinas e anticorpos monoclonais.

Os biofármacos são produzidos por processos biotecnológicos, nos quais o princípio ativo é obtido com o emprego industrial de microrganismos (células ou bactérias em cultura) ou células modificadas geneticamente. O principio ativo é produzido a partir de uma proteína ou ácido nucleico.

CONCEITO DE BIOFÁRMACOS

De acordo com a Agência Europeia de Medicamentos (EMA), os medicamentos biológicos (biofármacos) são definidos como medicamentos contendo "substâncias ativas obtidas a partir de uma fonte biológica, como células ou organismos vivos". Os biofármacos são compostos por complexas estruturas moleculares, que podem variar de pequenas moléculas, como a insulina, até os anticorpos monoclonais, que são moléculas, grandes e complexas.

Os principais biofármacos são citocinas (interferon, interleucinas [IL]), fatores de crescimento hematopoiéticos, hormônios, fatores de coagulação sanguínea recombinantes, enzimas, agentes trombolíticos, ativadores de plasminogênio tecidual, vacinas, anticorpos monoclonais, proteínas de fusão e imunoconjugados.

Os biofármacos fazem parte da biotecnologia para a saúde, englobando também os meios diagnósticos *in vivo* ou *in vitro*, terapias celulares, de células-tronco, terapias gênicas e vacinas – desenvolvidos para o tratamento do câncer, doenças autoimunes, diabetes, hemofilia e esclerose múltipla.

Uma diferença fundamental com os fármacos de origem química convencional está na estrutura das moléculas, que são mais pesadas, mais complexas e mais diversas, por isso a sua produção e replicação constituem processo industrial de alta complexidade e custo elevado. Geralmente, são homólogos às proteínas humanas ou têm alto nível de semelhança, pois qualquer modificação na fabricação poderia afetar a qualidade do produto e consequentemente a resposta ao medicamento. As etapas de produção incluem desenvolvimento da linhagem celular de interesse por biotecnologia, cultivo celular, purificação e envase.

Como produtos da indústria farmacêutica, os biofármacos devem ser aprovados por agências reguladoras de medicamentos internacionais, como a Agência Americana Reguladora de Medicamentos e Alimentos (FDA – *Food and Drug Administration*), a agência americana reguladora de medicamentos e alimentos, e a EMA, a agência europeia de medicamentos, e são protegidos pelos sistemas de patentes. Quando a patente do biofármaco original expira, há a possibilidade de produção de outros produtos equivalentes, chamados biossimilares (genéricos dos biofármacos). No Brasil, a agência reguladora de controle sanitário e produção industrial de medicamentos é a Anvisa – Agência Nacional de Vigilância Sanitária –, que tem regulação específica para medicamentos genéricos, desde 2003.

Os biofármacos se qualificam para patentes no Brasil desde que não envolvam células humanas, animais ou vegetais. O processo de produção, com obtenção dos anticorpos e das células geneticamente modificadas, passa por um rígido controle de fabricação, de forma a garantir homogeneidade entre os lotes de produção, e que não afete o efeito final da medicação ou cause riscos para a saúde, além de eventos adversos.

Os biossimilares são medicamentos similares ao produto biológico original (medicamento de referência), cuja patente tenha expirado – no caso da União Europeia, após 10 anos do lançamento do produto original. São produtos que também empregam biotecnologia com organismos vivos, como os medicamentos de referência. A substância ativa do biossimilar deve conter a mesma proteína (sequência de aminoácidos) e a mesma estrutura tridimensional (enovelamento) do medicamento de referência, pois esses são os principais fatores a definir a sua atividade biológica.

Como o processo de produção dessas moléculas é extremamente complexo e a fonte natural de linhagens celulares variável, é impossível fazer a cópia idêntica de um medicamento biológico de referência, por isso a utilização na nomenclatura "biossimilar", e não medicamento genérico. Entretanto, esses produtos são similares em relação a qualidade, efeito e segurança; com isso, as diferenças entre os medicamentos de referência e os biossimilares não são significativas do ponto de vista clínico e na resposta terapêutica.

ANTICORPOS MONOCLONAIS, PROTEÍNAS DE FUSÃO E SUAS NOMENCLATURAS

Os agentes imunoterápicos modificam os mecanismos da resposta imunológica, e a sua utilização tem evoluído rapidamente com as novas classes, novos agentes e novos usos dos agentes vigentes que serão desenvolvidos. Alguns dos imunoterápicos de uso clínico incluem:

- Anticorpos monoclonais.
- Proteínas de fusão.

- Receptores solúveis de citocinas.
- Citocinas recombinantes.
- Pequenas moléculas miméticas.

Anticorpos monoclonais (mAbs)

São produzidos *in vitro* para reconhecer antígenos-alvo-específicos, utilizados no tratamento de neoplasias hematopoiéticas, doenças inflamatórias e infecções. Os primeiros mAbs foram desenvolvidos na Universidade de Cambridge por Milstein e Köhler, em 1976. São estruturalmente complexos, podem ter vários domínios funcionais dentro de uma única molécula e podem ser tóxicos para a célula-alvo ou para citocinas neutralizantes (por exemplo, fator de necrose tumoral [TNF]-alfa, interleucina [IL]-1, entre outras).

Uma parte reflete a configuração típica das imunoglobulinas (Ig), que consiste em um tetrâmero composto por dois pares idênticos de cadeias polipeptídicas: as cadeias pesada e leve. Funcionalmente, os anticorpos são compostos por dois domínios: domínio variável (Fab) e o domínio constante (Fc), que estão envolvidos na ligação do antígeno e na classificação isotípica da imunoglobulina, respectivamente (Figura 1).

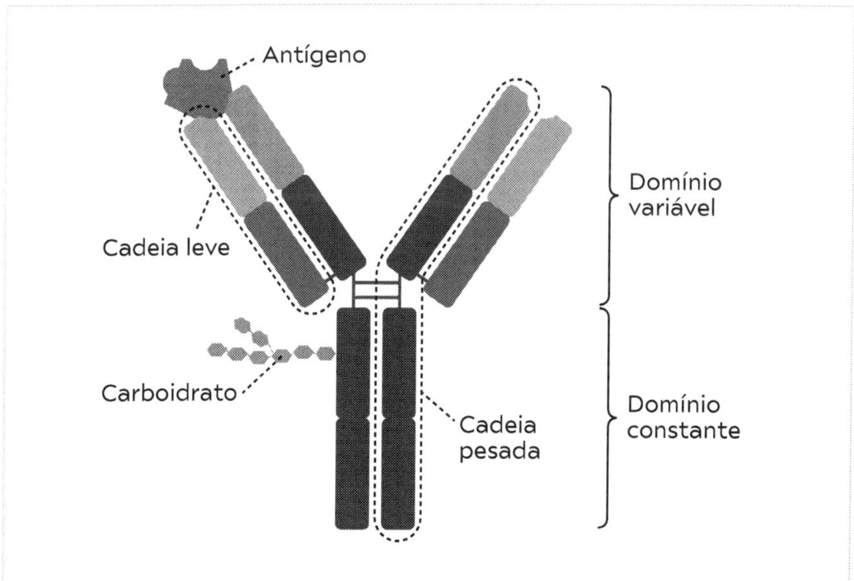

FIGURA 1 Estrutura de um anticorpo humano.

Os anticorpos monoclonais são classificados como murinos, quiméricos, humanizados ou totalmente humanos. Os primeiros mAbs desenvolvidos eram compostos de proteínas murinas (sufixo *-omabe*); ou seja, eram muito imunogênicos para humanos, levando com frequência a reações adversas e desenvolvimento de anticorpos contra os mAbs.

Os anticorpos monoclonais murinos são produzidos pela injeção de determinado antígeno em camundongos para posteriormente ser feita a retirada de seu baço, a fim de obter células B, produtoras de anticorpos específicos contra esses antígenos, as quais fundidas a células de mieloma de camundongos imortalizadas em cultura, fazem crescer as células do hibridoma e por fim coletam-se os anticorpos. Embora os anticorpos de camundongo sejam similares aos anticorpos humanos, o uso clínico de mAbs murinos é limitado pela indução de anticorpos humanos anticamundongo, que podem causar a doença do soro.

Para minimizar o problema do uso de anticorpos puros de camundongos, os pesquisadores têm usado técnicas de DNA recombinante para criar anticorpos monoclonais quiméricos, parte humano e parte murino. Dependendo da proporção da molécula dos anticorpos humanos, o produto resultante é denominado:

- Quimérico.
- Humanizado.

Em ambos os casos, o processo em geral se inicia, conforme mencionado anteriormente, com a produção das células de hibridoma do camundongo que produzem anticorpos para o antígeno desejado. Depois, o DNA de uma parte ou de toda a porção variável de anticorpo do camundongo é anexado ao DNA para a Ig humana. O DNA resultante é colocado em cultura de células de mamífero, que expressam o gene resultante, produzindo o anticorpo desejado. Se o gene do camundongo de toda a região variável passar por *splicing* ao lado da região constante humana, o produto é denominado "quimérico". Se o gene de camundongo só for usado nas regiões hipervariáveis (as pontas do Y - Figura 1) de ligação ao antígeno, o produto é denominado "humanizado". Os anticorpos monoclonais quiméricos ativam as células apresentadoras de antígenos e células T, de modo mais eficaz do que mAbs murinos, mas ainda podem induzir a produção de anticorpos antiquiméricos humanos.

Anticorpos quiméricos (sufixo *-ximabe*) foram desenvolvidos graças à evolução da engenharia molecular e de proteínas, por processo de quimerização (substituição do domínio constante [Fc] do anticorpo murino pelo domínio constante [Fc] humano do mAb). Na evolução do processo, foram criados anticorpos humanizados (sufixo *-zumabe*), que contêm sequências murinas exclusivamente nas regiões variáveis, e os anticorpos totalmente humanos (sufixo *-umabe*), sintetizados apenas com sequências humanas, reduzindo significativamente sua imunogenicidade (Figura 2).

Além dos mAbs, entre os agentes biológicos incluem-se as proteínas de fusão (sufixo *-cepte*). Por exemplo, o etanercepte é uma proteína de fusão da região Fc da imunoglobulina de classe (IgG) e do domínio extracelular do receptor de TNF. Atua como um antagonista competitivo solúvel do receptor de TNF-alfa e só se liga ao TNF livre e não ligado ao receptor.

Anticorpos monoclonais humanizados contra vários antígenos estão disponíveis para o tratamento de câncer colorretal, câncer de mama, leucemia, alergias, doenças autoimunes, rejeição de transplantes e infecção viral pelo vírus sincicial respiratório.

Os mAbs totalmente humanos são produzidos utilizando-se camundongos transgênicos que contêm genes da Ig humana ou utilizando exibição de fagos (isto é, método de clonagem baseado em bacteriófagos) dos genes da Ig isolados de células B humanas. Os mAbs totalmente humanos têm menor imunogenicidade, portanto podem gerar menos efeitos adversos.

Todos os biofármacos que reduzem a disponibilidade do TNF-alfa, ou inibem a alça proximal da cascata reguladora da inflamação, representam uma estratégia terapêutica para as doenças autoimunes, com eficácia ímpar e perfil de segurança que tem sido observado na prática (infliximabe, adalimumabe,

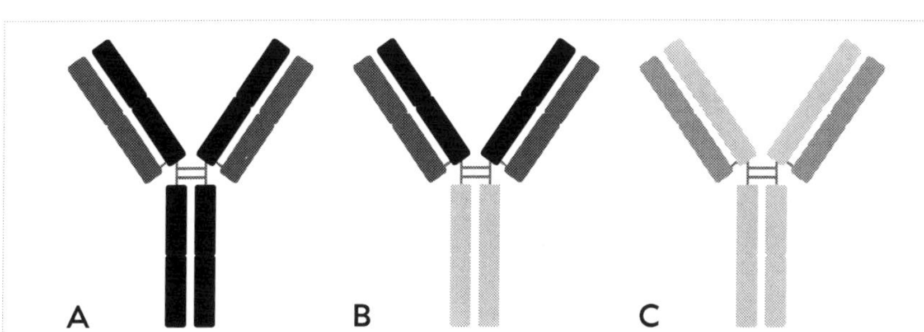

FIGURA 2 (A) Anticorpo monoclonal murino (em cinza escuro e preto); (B) anticorpo monoclonal quimérico, em que a região constante (em cinza claro) é substituída por uma região constante humana; (C) anticorpo monoclonal totalmente humanizado, em que o anticorpo é sintetizado apenas com sequências humanas.

etanercepte, golimumabe, certolizumabe-pegol e o anticorpo monoclonal para IL-12/23, ustequinumabe).

Os mAbs que têm como alvo as moléculas de *checkpoints* nos linfócitos T ou células tumorais, denominados inibidores dos *checkpoints* imunológicos, são usados para impedir a regulação negativa das respostas antitumorais e tratar de modo eficaz alguns cânceres, até então resistentes. Entretanto, como as moléculas *checkpoints* estão envolvidas em outros tipos de resposta imunológica, os inibidores de *checkpoint* podem causar reações inflamatórias e autoimunes graves relacionadas com o sistema imunológico, tanto sistêmicas como órgão-específicas.

Proteínas de fusão

Estas proteínas híbridas são criadas pela união de sequências de genes que codificam completamente ou parte de duas ou mais proteínas para gerar um polipeptídeo quimérico que incorpora atributos desejáveis das moléculas de origem (p. ex., um componente-alvo de uma célula combinado com uma toxina celular). A meia-vida na circulação das proteínas terapêuticas pode também ser aumentada por sua fusão com outra proteína que naturalmente tem uma meia-vida mais longa (p. ex., a região Fc da IgG).

Receptores solúveis de citocinas

Versões solúveis dos receptores de citocinas são usadas como agentes terapêuticos. Elas podem bloquear a ação das citocinas ligando-se a elas antes de se anexarem aos receptores normais da superfície celular. O etanercepte é uma proteína de fusão, formado por duas cadeias idênticas do receptor CD120b ao TNF. Esse agente, portanto, bloqueia o TNF-alfa, utilizado para tratar a artrite reumatoide, artrite idiopática juvenil poliarticular, espondilite anquilosante, artrite psoriática e psoríase em placas. Receptores solúveis de IL para IL-1, IL-2, IL-4, IL-5 e IL-6 estão sendo desenvolvidos para o tratamento de doenças alérgicas, inflamatórias e câncer.

Citocinas recombinantes

Os fatores estimuladores de colônias (CSF), como a eritropoietina, fator de estimulação de colônias de granulócitos (G-CSF) e de macrófagos e granulócitos (GM-CSF) são utilizados em pacientes submetidos à quimioterapia ou a transplantes e induzem neutropenia crônica grave. Interferon [IFN]-alfa e IFN-gama são usados no tratamento do câncer, das doenças por imunodeficiência e nas infecções virais; o IFN-beta é usado para tratar esclerose múltipla reincidente.

Anakinra é uma forma antagonista de IL-1R recombinante, ligeiramente modificada, que ocorre naturalmente; esse fármaco se une aos receptores IL-1, prevenindo a união de IL-1, mas, diferentemente de IL-1, não ativa o receptor e tem sido usada para tratar artrite reumatoide, doença de Still do adulto, artrite idiopática juvenil (AIJ) sistêmica e doenças autoinflamatórias, como as criopirinopatias.

As células que expressam receptores de citocinas podem ser alvo de versões modificadas de importantes citocinas (p. ex., denileucina diftitox, proteína de fusão contendo sequências de IL-2 e da toxina diftérica). A denileucina é utilizada para tratar linfoma cutâneo de linfócitos T para atingir células que expressem o componente CD25 do receptor para IL-2.

Pequenas moléculas miméticas

As pequenas moléculas miméticas são peptídeos lineares, peptídeos em anel e pequenas moléculas orgânicas, desenvolvidos como agonistas e antagonistas para diferentes aplicações. Bancos de peptídeos ou de compostos orgânicos podem identificar miméticos potenciais (p. ex., agonistas de receptores para eritropoietina, trombopoietina e G-CSF).

Bloqueio de interferon tipo I

Na fisiopatologia de algumas doenças autoimunes, em especial no lúpus eritematoso sistêmico (LES), os pacientes apresentam expressão aumentada com assinatura de IFN tipo I, o que levou ao desenvolvimento de imunoterapias direcionadas ao bloqueio dessa via. No passado, dois mAbs que neutralizam especificamente o IFN-alfa (rontalizumabe e sifalizumabe) foram testados no tratamento do LES, mas com resultados ineficazes. Essas medicações realizavam o bloqueio específico do IFN-alfa, sem efeito sobre os IFN-beta e IFN-kappa, o que poderia explicar os resultados negativos dos estudos. Recentemente foi desenvolvido um mAb humano que bloqueia o receptor alfa/beta do IFN tipo I, o anifrolumab, que mostrou benefício em pacientes com LES moderado a grave. Estudos clínicos pediátricos estão em desenvolvimento após a aprovação desse biológico no tratamento do LES em adultos.

TERAPIAS CELULARES

Nas terapias celulares, coletam-se células do sistema imunológico por meio de aférese. Essas células são ativadas *in vitro*, antes de serem devolvidas ao paciente. O objetivo é ampliar a resposta imune natural contra o câncer. Os métodos de ativação das células imunes incluem a utilização de citocinas para estimular e aumentar a quantidade de linfócitos T citotóxicos e antitumorais, com exposição pulsada a células apresentadoras de antígenos, como células dendríticas com antígenos tumorais. Antes da infusão dessas células no paciente, os linfócitos T podem ser geneticamente modificados para expressar receptores quiméricos de antígeno (CAR) ou receptores de linfócitos T (TCR), capazes de reconhecer antígenos tumorais, abordagem que mostrou eficácia em pacientes com leucemia e linfoma, refratários ao tratamento convencional.

Nos últimos anos, a terapia de células CAR-T tem sido avaliada também para o uso no tratamento de doenças autoimunes. Semelhante ao tratamento de tumores, nas doenças autoimunes, células CAR-T são projetadas para terem como alvo a eliminação de linfócitos autorreativos, definidos pela presença de autoantígenos específicos. Ainda se trata de estudos pré-clínicos e clínicos iniciais, mas com potencial terapêutico promissor, devido à sua especificidade e à indução de remissão durável para diversas doenças autoimunes.

PEQUENAS MOLÉCULAS

Investigações relacionadas ao papel regulador do IFN na expressão gênica levou ao entendimento da sinalização por meio da quinase de Janus (JAK) e a sua transdução de sinal e função dos ativadores de transcrição nuclear (STAT). As JAK são tirosinoquinases intracelulares associadas aos receptores extracelulares de citocinas, hormônios de crescimento e eritropoietina. A ativação da família JAK leva à fosforilação e ancoragem das proteínas STAT que, após dimerização, se translocam ao núcleo celular, onde contribuem para a transcrição de genes envolvidos na diferenciação celular, na produção de citocinas e angiogênese (Figura 3).

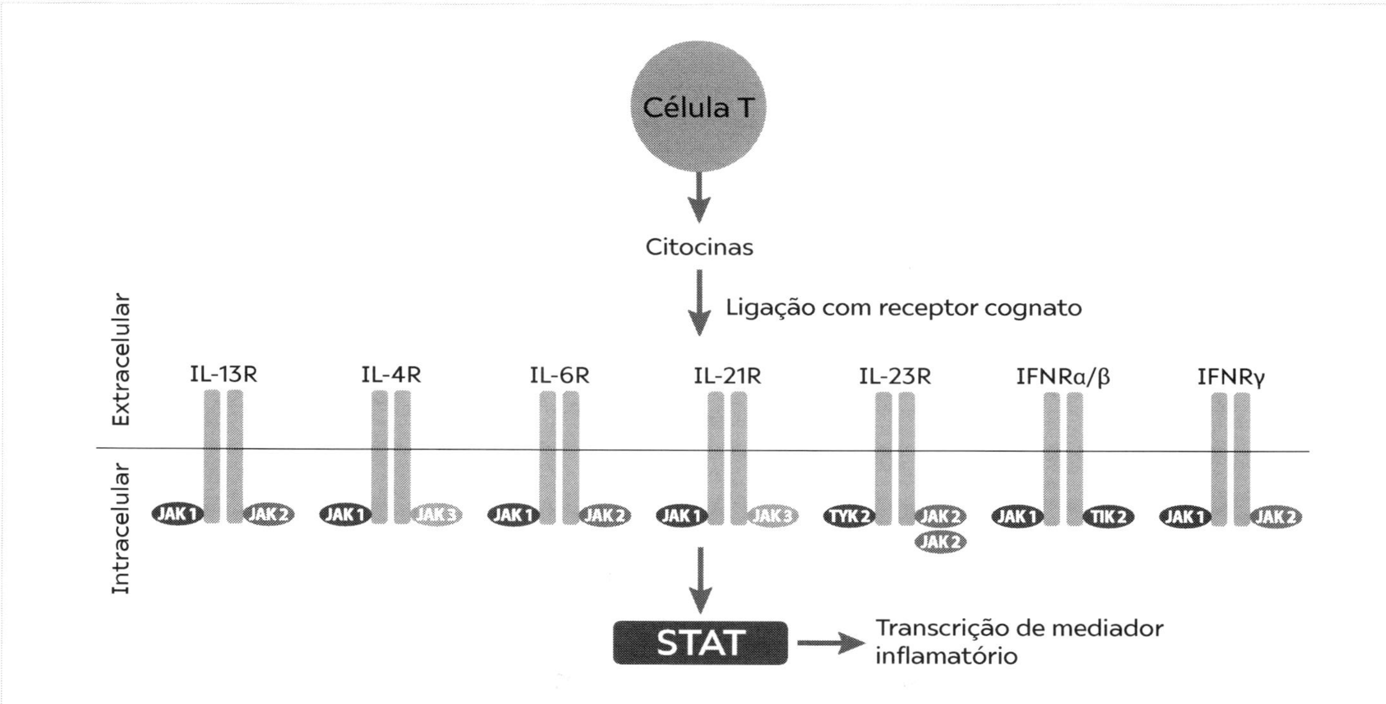

FIGURA 3 Ativação do sistema JAK/STAT na transcrição de mediadores inflamatórios.

Os primeiros inibidores de JAK foram desenvolvidos há mais de 10 anos para o tratamento de doenças hematológicas, pelo papel da família JAK como JAK1, JAK2, JAK3 e TYK2 - (tirosinoquinase), na hematopoiese. Esses inibidores são chamados de pequenas moléculas, uma vez que diferem dos mAbs no tamanho de sua molécula e, por essa razão, são capazes de atingir o citoplasma da célula e agir realizando o bloqueio intracelular da sinalização da via JAK-STAT.

Os primeiros inibidores de JAK desenvolvidos bloqueiam mais de um membro da família JAK. O tofacitinibe é capaz de inibir JAK3/1/2 e, em menor extensão, TYK2, tendo sido aprovado para uso da artrite reumatoide, artrite psoriásica e retocolite ulcerativa. Foi aprovado também nos Estados Unidos e na União Europeia para uso na AIJ e aguarda aprovação da Anvisa para o mesmo uso.

O baricitinibe e o ruxolitinibe são inibidores de JAK1/2, tendo sido aprovados para várias doenças autoimunes, e o ruxolitinibe, para mielodisplasia. Os inibidores de segunda geração buscam menor mielotoxicidade e foram desenvolvidos para o bloqueio seletivo da JAK1 ou JAK3, mas com efeito reduzido no bloqueio da JAK2, como o upadacitinibe, que possui indicações similares às do tofacitinibe.

RNA DE PEQUENA INTERFERÊNCIA

Os RNA de pequena interferência (siRNA) são uma nova modalidade terapêutica. Eles agem após serem internalizados pelas células-alvo e utilizam um sistema chamado de interferência de RNA (RNAi) para desligar genes-alvo. Os siRNA se ligam ao RNA mensageiro (mRNA) transcrito do gene-alvo, e esse processo desencadeia a clivagem do mRNA, impedindo a sua tradução em proteína. Dessa maneira, os siRNA podem regular negativamente praticamente qualquer alvo molecular com alta potência, especificidade e duração de ação de vários meses.

Os siRNA prometem expandir o arsenal terapêutico dos médicos. Existem hoje cinco biofármacos de siRNA aprovadas: incluindo inclisiran para hipercolesterolemia, givosiran para porfiria hepática aguda, lumasiran para hiperoxalúria primária tipo 1, bem como patisiran e vutrisiran para amiloidose hereditária em adultos. Outras drogas estão em desenvolvimento clínico.

A Tabela 1 sumariza as principais moléculas e indicações dos imunobiológicos e biossimilares em uso clínico na faixa etária pediátrica.

TABELA 1 Molécula, alvo e principais indicações de imunobiológicos e biossimilares usados em Pediatria

Nome genérico e apresentações	Molécula	Alvo	Dose em Pediatria	Principais indicações e aprovação por faixa etária	Uso não indicado em bula (*off label*)
Abatacepte endovenososo/ subcutâneo	CTLA4-Ig	Inibidor seletivo de coestimulação de ativação de células T	IV: < 75 kg – 10 mg/kg 75 a 100 kg – 750 mg > 100 kg – 1.000 mg a cada 4 semanas SC: 10 a 25 kg – 50 mg 1 x/semana 25 a 50 kg – 87,5 mg 1 x/semana > 50 kg – 125 mg 1 x/semana	Maiores de 6 anos de idade: AIJ	Uveíte não infecciosa, DMJ, haploinsuficiência CTLA-4, deficiência LRBA
Adalimumabe subcutâneo	mAb anti-TNF-alfa	Bloqueio de interação TNF-alfa e seu receptor	Para AIJ e uveíte: 10 a 15 kg – 10 mg a cada 2 semanas 15 a 30 kg – 20 mg a cada 2 semanas > 30 kg – 40 mg a cada 2 semanas Retocolite ulcerativa: 20 a 40 kg – dose inicial de 80 mg, depois 40 mg semanalmente (dias 8 e 15 do início do tratamento) e depois 20 mg/semana ou 40 mg a cada 2 semanas > 40 kg – dose inicial de 160 mg, depois 80 mg semanalmente (dias 8 e 15 do inicio do tratamento) e depois 40 mg/semana ou 80 mg a cada 2 semanas	Maiores de 2 anos de idade: AIJ, uveíte não infecciosa, artrite relacionada à entesite Maiores de 5 anos: retocolite ulcerativa Maiores de 6 anos: doença de Crohn Maiores de 12 anos: hidradenite supurativa	Sarcoidose, vasculites (arterite de Takayasu)

(*continua*)

TABELA 1 Molécula, alvo e principais indicações de imunobiológicos e biossimilares usados em Pediatria (*continuação*)

Nome genérico e apresentações	Molécula	Alvo	Dose em Pediatria	Principais indicações e aprovação por faixa etária	Uso não indicado em bula (*off label*)
Adalimumabe subcutâneo	mAb anti--TNF -alfa	Bloqueio de interação TNF -alfa e seu receptor	Doença de Crohn: 17 a 40 kg – dose inicial de 80 mg, após 2 semanas 40 mg (dia 15 do inicio do tratamento) e depois 20 mg a cada 2 semanas > 40 kg – dose inicial de 160 mg, após 2 semanas 80 mg (dia 15 do início do tratamento) e depois 40 mg a cada 2 semanas Hidradenite supurativa: 30 a 60 kg – dose inicial de 80 mg e depois 40 mg a cada 2 semanas > 60 kg – dose inicial de 160 mg e depois 40 mg/semana ou 80 mg a cada 2 semanas	Maiores de 2 anos de idade: AIJ, uveíte não infecciosa, artrite relacionada à entesite Maiores de 5 anos: retocolite ulcerativa Maiores de 6 anos: doença de Crohn Maiores de 12 anos: hidradenite supurativa	Sarcoidose, vasculites (arterite de Takayasu)
Belimumabe endovenoso	mAb anti--BAFF/BLys	Bloqueio BLyS solúvel	Dose inicial de 10 mg/kg a cada 2 semanas por 3 doses, seguida por terapia de manutenção de 10 mg/kg/dose a cada 4 semanas	Maiores de 5 anos: LESJ	

(*continua*)

TABELA 1 Molécula, alvo e principais indicações de imunobiológicos e biossimilares usados em Pediatria (*continuação*)

Nome genérico e apresentações	Molécula	Alvo	Dose em Pediatria	Principais indicações e aprovação por faixa etária	Uso não indicado em bula (*off label*)
Canaquinumabe subcutâneo	mAb anti-IL-1	IL-1	Criopirinopatias: 7,5 a 15 kg – 4 mg/kg/dose a cada 8 semanas, podendo escalar a dose na falta de resposta até 8 mg/kg/dose a cada 8 semanas 15 a 40 kg – 2 mg/kg/dose a cada 8 semanas, podendo escalar a dose do tratamento na falta de resposta até 8 mg/kg a cada 8 semanas > 40 kg: 150 mg/dose a cada 8 semanas, podendo escalar a dose do tratamento na falta de resposta até 600 mg a cada 8 semanas AIJ sistêmica, FFM, deficiência de MVK, TRAPS: 7,5 a 40 kg – 2 mg/kg/dose a cada 4 semanas, podendo escalar a dose na falta de resposta até 4 mg/kg/dose a cada 4 semanas > 40 kg: 150 mg/dose a cada 4 semanas, podendo escalar a dose na falta de resposta até 300 mg a cada 4 semanas	Maiores de 2 anos de idade: AIJ sistêmica, criopirinopatias, TRAPS, deficiência de MVK, FFM	

(*continua*)

TABELA 1 Molécula, alvo e principais indicações de imunobiológicos e biossimilares usados em Pediatria (*continuação*)

Nome genérico e apresentações	Molécula	Alvo	Dose em Pediatria	Principais indicações e aprovação por faixa etária	Uso não indicado em bula (*off label*)
Dupilumabe subcutâneo	Anticadeia do receptor IL-4	IL-4 / IL-13	Asma – 6 a 12 anos 15 a 30 kg – 100 mg a cada 2 semanas ou 300 mg a cada 4 semanas > 30 mg – 200 mg a cada 2 semanas > 12 anos – dose inicial de 400 mg seguida de manutenção de 200 mg a cada 2 semanas, ou dose inicial de 600 mg seguida de manutenção de 300 mg a cada 2 semanas Dermatite atópica – 6 meses a 6 anos: 5 a 15 kg – 200 mg a cada 4 semanas 15 a 30 kg – 300 mg a cada 4 semanas > 6 anos: 15 a 30 kg: dose inicial de 600 mg seguida de manutenção de 300 mg a cada 4 semanas 30 a 60 kg: dose inicial de 400 mg seguida de manutenção de 200 mg a cada 2 semanas > 60 kg: dose inicial de 600 mg seguida de manutenção de 300 mg a cada 2 semanas Esofagite eosinofílica: > 12 anos e > 40 kg: 300 mg 1 x/semana	Maiores de 6 meses: dermatite atópica grave Maiores de 6 anos: asma Maiores de 12 anos: esofagite eosinofílica	

(*continua*)

TABELA 1 Molécula, alvo e principais indicações de imunobiológicos e biossimilares usados em Pediatria (*continuação*)

Nome genérico e apresentações	Molécula	Alvo	Dose em Pediatria	Principais indicações e aprovação por faixa etária	Uso não indicado em bula (*off label*)
Eculizumabe endovenoso	Anti-C5a convertase	Complexo de ataque à membrana do complemento	5 a 10 kg: indução de 300 mg na primeira semana, seguida de 300 mg/semana na semana 2, e depois 300 mg a cada 3 semanas 10 a 20 kg: indução de 600 mg na primeira semana, seguida de 300 mg/semana na semana 2, e depois 300 mg a cada 2 semanas 20 a 30 kg: indução de 600 mg/semana, por duas doses, seguida de 600 mg/semana na semana 3, e depois 600 mg a cada 2 semanas 30 a 40 kg: indução de 600 mg/semana, por duas doses, seguida de 900 mg/semana na semana 3, e depois 900 mg a cada 2 semanas > 40 kg: indução de 900 mg/semana, por quatro doses, seguida de 1.200 mg/semana na semana 5, e depois 1.200 mg a cada 2 semanas	Acima de 5 kg: SHUa HPN	SAF catastrófica

(*continua*)

TABELA 1 Molécula, alvo e principais indicações de imunobiológicos e biossimilares usados em Pediatria (*continuação*)

Nome genérico e apresentações	Molécula	Alvo	Dose em Pediatria	Principais indicações e aprovação por faixa etária	Uso não indicado em bula (*off label*)
Emapalumabe endovenoso	mAb anti-IFN-gama	IFN-gama	Dose inicial de 1 mg/kg/dose, 2 x/semana; doses subsequentes podem ser ajustadas de acordo com a resposta clínica e estabilização da doença. Manter até transplante hematopoiético ou quando não houver necessidade de tratamento para LHH	LHH	
Etanercepte subcutâneo	TNFRII/ FcIgG1	Proteína de fusão TNFR	< 63 kg: 0,8 mg/kg/dose a cada semana – dose máxima de 50 mg > 63 kg: 50 mg a cada semana	Maiores de 2 anos de idade: AIJ	DMJ
Imunoglobulina humana intravenosa/ endovenosa		Saturação de receptores Fc Redução de citocinas pró-inflamatórias Redução de resposta IFN Neutralização de autoanticorpos	Dose máxima: 100 a 140 g PTI: 400 mg/kg/dia por 2 a 5 dias Doença de Kawasaki: 2 g/kg, infusão de 8 a 12 horas (com ajustes de volume se houver miocardite, insuficiência cardíaca) Imunodeficiência primária: 300 a 800 mg/kg a cada 3 a 4 semanas Guillain-Barré: 1.000 mg/kg/dose por 2 dias	Erros inatos da imunidade com deficiência de anticorpos, púrpura trombocitopênica imune, doença de Kawasaki, Guillain-Barré	DMJ, LESJ, SAM/ LHH, ADEM

(*continua*)

TABELA 1 Molécula, alvo e principais indicações de imunobiológicos e biossimilares usados em Pediatria (*continuação*)

Nome genérico e apresentações	Molécula	Alvo	Dose em Pediatria	Principais indicações e aprovação por faixa etária	Uso não indicado em bula (*off label*)
Interferon-gama recombinante subcutâneo	IFN-gama 1b	Reposição de IFN-gama	Doença granulomatosa crônica (DGC): Superfície corpórea < 0,5 m²: 1,5 mcg/kg/dose 3 x/semana – dose máxima de 50 mg/m² Superfície corpórea > 50 mcg/m² 3 x/semana	DGC	Tuberculose grave
Infliximabe endovenoso	mAb anti-TNF-alfa	Ligação com TNF-alfa solúvel e transmembrana	Doença de Crohn: 5 mg/kg/dose – nas semanas 0, 2 e 6 e depois a cada 8 semanas AIJ: 5 a 10 mg/kg/dose – nas semanas 0, 2 e 6 e depois a cada 4 a 8 semanas	Maiores de 6 anos de idade: doença de Crohn	AIJ, uveíte não infecciosa, sarcoidose, Kawasaki e arterite de Takayasu
Ixequizumabe subcutâneo	mAb IgG4 anti-IL-17A	IL-17A	< 25 kg: dose inicial de 40 mg, seguida de 20 mg a cada 4 semanas 25 a 50 kg: dose inicial de 80 mg, seguida de 40 mg a cada 4 semanas > 50 kg: dose inicial de 160 mg, seguida de 80 mg a cada 4 semanas	Maiores de 6 anos: psoríase em placas moderada a grave	

(*continua*)

TABELA 1 Molécula, alvo e principais indicações de imunobiológicos e biossimilares usados em Pediatria (*continuação*)

Nome genérico e apresentações	Molécula	Alvo	Dose em Pediatria	Principais indicações e aprovação por faixa etária	Uso não indicado em bula (*off label*)
Mepolizumabe subcutâneo	mAb anti-IL-5	IL-5	6 a 11 anos: 40 mg a cada 4 semanas > 12 anos: 100 mg a cada 4 semanas	Maiores de 6 anos: asma grave	Síndromes hipereosinofílicas
Omalizumabe	mAb anti-IgE	IgE	Dose dependente dos valores séricos de IgE pré-tratamento para asma (consultar tabela do fabricante) Para urticária crônica: 150 a 300 mg a cada 4 semanas	Maiores de 6 anos: asma grave Maiores de 12 anos: urticária crônica	
Palivizumabe intramuscular	Anticorpo contra a glicoproteína de fusão do RSV	Glicoproteína de fusão do RSV	Menores de 2 anos: 15 mg/kg, 1 x/mês durante a sazonalidade do VRS	Profilaxia da infecção por RSV	
Rituximabe endovenoso	mAb anti-CD20	Ligação CD20 de células B e pré-B mediando lise celular	Vasculites (GPA e PAM): 375 mg/m^2 por semana – 4 doses	Maiores de 2 anos de idade: linfoma não Hodgkin B, leucemias de linfócitos B, GPA, PAM	PTI, LESJ, AIJ poliarticular, FR positivo, DMJ, esclerodermia, esclerose múltipla

(*continua*)

TABELA 1 Molécula, alvo e principais indicações de imunobiológicos e biossimilares usados em Pediatria (*continuação*)

Nome genérico e apresentações	Molécula	Alvo	Dose em Pediatria	Principais indicações e aprovação por faixa etária	Uso não indicado em bula (*off label*)
Tocilizumabe endovenoso/subcutâneo	mAb anti-receptor IL-6	Receptor IL-6	AIJ poliarticular EV: < 30 kg – 10 mg/kg/dose a cada 4 semanas > 30 kg – 8 mg/kg/dose a cada 4 semanas – dose máxima 800 mg AIJ poliarticular SC: < 30 kg – 162 mg a cada 3 semanas > 30 kg – 162 mg a cada 2 semanas AIJ sistêmica: < 30 kg – 12 mg/kg/dose a cada 2 semanas > 30 kg – 8 mg/kg/dose a cada 2 semanas – dose máxima de 800 mg/dose AIJ sistêmica SC: < 30 kg – 162 mg a cada 3 semanas > 30 kg – 162 mg a cada 2 semanas	Maiores de 2 anos de idade: AIJ sistêmica e poliarticular	Uveíte não infecciosa, esclerodermia, arterite de Takayasu, mutações com ganho de função STAT3

(*continua*)

TABELA 1 Molécula, alvo e principais indicações de imunobiológicos e biossimilares usados em Pediatria (*continuação*)

Nome genérico e apresentações	Molécula	Alvo	Dose em Pediatria	Principais indicações e aprovação por faixa etária	Uso não indicado em bula (*off label*)
Secuquinumabe subcutâneo	mAb anti-IL-17A	IL-17A	AIJ ERA/psoríase/artrite psoriásica: 15 a 50 kg – 75 mg/semana nas semanas 1, 2, 3 e 4, depois 75 mg a cada 4 semanas > 50 kg – 150 mg/semana nas semanas 1, 2, 3 e 4, depois 150 mg a cada 4 semanas	Maiores de 2 anos: artrite psoriásica Maiores de 4 anos: artrite relacionada à entesite Maiores de 6 anos: psoríase	AIJ relacionada à entesite, AIJ psoriásica
Ustequinumabe endovenoso/subcutâneo	mAb IgG1 anti-IL-12/23	IL-12/23	Doença inflamatória intestinal: Indução EV < 55 kg – dose única 260 mg/56 a 85 kg – dose única 390 mg/> 86 kg – dose única 520 mg – para todos, manutenção SC de 90 mg a cada 8 semanas Psoríase e artrite psoriásica: < 60 kg – SC 0,75 mg/kg nas semanas 0 e 4, depois 0,75 mg/dose a cada 12 semanas 60 a 100 kg – SC 45 mg nas semanas 0 e 4, depois 45 mg a cada 12 semanas > 100 kg – SC 90 mg nas semanas 0 e 4, depois 90 mg a cada 12 semanas	Maiores de 6 anos: psoríase em placas moderada a grave e artrite psoriásica Maiores de 12 anos: doença inflamatória intestinal	AIJ relacionada à entesite, AIJ psoriásica

(*continua*)

TABELA 1 Molécula, alvo e principais indicações de imunobiológicos e biossimilares usados em Pediatria (*continuação*)

Nome genérico e apresentações	Molécula	Alvo	Dose em Pediatria	Principais indicações e aprovação por faixa etária	Uso não indicado em bula (*off label*)
Tixagevimabe + cilgavimabe intramuscular	mAb anti--proteína S SARS-CoV2	Proteína S SARSCoV2	Tixagevimabe 300 mg + cilgavimabe 300 mg (seringas separadas) a cada 6 meses	Maiores de 12 anos e 40 kg: profilaxia pré-exposição em imunossuprimidos ou com contraindicação à vacinação	

ADEM: encefalomielite aguda disseminada; AIJ: artrite idiopática juvenil; BAFF: B *cell activating factor*, CD20: recepror de linfócitos B maduros; CTLA: receptor de células T em duplo-sinal; Fc: domínio constante; Ig: Imunoglobulina; DGC: doença granulomatosa crônica; DMJ: dermatomiosite juvenil; FFM: febre familial do Mediterrâneo; FR: fator reumatoide; GPA: Poliangeite granulomatosa; GPA: granulomatose com poliangiite; HPN: hemoglobinúria paroxística noturna; IFN: interferon; IL: interleucina; LESJ: lúpus eritematoso sistêmico juvenil; LHH: linfo-histiocitose hematofagocítica; LRBA-LPS: *responsive beige-like anchor protein*; mAb: anticorpo monoclonal; MVK: deficiência de mevalonato quinase; PAM: poliangiite microscópica; PTI: púrpura trombocitopênica imune; RSV: vírus sincicial respiratório; SAF: síndrome antifosfolípide; SAM: síndrome de ativação macrofágica; SARSCov2: coronavírus (Covid 19); SHUa: síndrome hemolítico-urêmica atípica; STAT 3: transcrição de mediador inflamatório; ERA: artrite relacionada à entesite; TNF: fator de necrose tumoral; TRAPS: síndrome periódica associada ao receptor de TNF; VRS: vírus sincicial respiratório;.

BIBLIOGRAFIA

Aragon Cuevas O, Hedrich CM. Biosimilars in pediatric rheumatology and their introduction into routine care. Clin Immunol. 2020;216:108447.

Baker KF, Isaacs JD. Novel therapies for immune-mediated inflammatory diseases: What can we learn from their use in rheumatoid arthritis, spondylarthritis, systemic lupus erythematosus, psoriasis, Crohn's disease and ulcerative colitis? Ann Rheum Dis. 2018;77(2):175-87.

Brasil. Agência Nacional de Vigilância Sanitária. Resolução da Diretoria Colegiada - RDC nº 55, de 16 de dezembro de 2010. [acesso em março de 2024]. Disponível em: https://bvsms.saude.gov.br/bvs/saudelegis/anvisa/2010/anexo/anexo_res0055_16_12_2010.pdf

European Medicines Agency. Biosimilars in the EU: Information Guide for Healthcare Professionals. [acesso em março de 2024]. Disponível em: https://www.ema.europa.eu/en/documents/leaflet/biosimilars-eu-information-guide-healthcare-professionals_en.pdf

Iskit AB. Key concepts in biosimilar medicines: What physicians must know. North Clin Istanb. 2022;9(1):86-91.

Jung SM, Kim WU. Targeted Immunotherapy for Autoimmune Disease. Immune Netw. 2022;22(1):e9.

Khvorova A. siRNAs-A New Class of Medicines. JAMA. 2023;329(24):2185-6.

Köhler G, Milstein C. Derivation of specific antibody-producing tissue culture and tumor lines by cell fusion. Eur J Immunol. 1976;6(7):51-9.

Molinelli E, Campanati A, Ganzetti G, Offidani A. Biologic Therapy in Immune Mediated Inflammatory Disease: Basic Science and Clinical Concepts. Curr Drug Saf. 2016;11(1):35-43.

Shepard HM, Phillips GL, D Thanos C, Feldmann M. Developments in therapy with monoclonal antibodies and related proteins. Clin Med (Lond). 2017;17(3):220-32.

Spinelli FR, Meylan F, O'Shea JJ, Gadina M. JAK inhibitors: Ten years after. Eur J Immunol. 2021;51(7):1615-27.

Sun Y, Yuan Y, Zhang B, Zhang X. CARs: a new approach for the treatment of autoimmune diseases. Sci China Life Sci. 2023;66(4):711-28.

Tsiftsoglou AS, Ruiz S, Schneider CK. Development and regulation of biosimilars: current status and future challenges. BioDrugs. 2013;27(3):203-11.

2

Potenciais alvos de ação dos imunobiológicos e de pequenas moléculas na Pediatria

Jade Dib Fernandez
Claudio Arnaldo Len
Maria Teresa Terreri

DESTAQUES

- Os medicamentos imunobiológicos e as pequenas moléculas atuam em alvos específicos e são empregados na faixa etária pediátrica de acordo com o mecanismo fisiopatológico de cada doença.
- O tratamento foi significativamente modificado com o uso desses medicamentos, proporcionando maior controle de atividade de doença e qualidade de vida para os pacientes e suas famílias.
- Os principais alvos são citocinas (anti-TNF, anti-IL-1, anti-IL-6, anti-IL-12, anti-IL-17, anti-IL-23, anti-interferon, anti-JAK), células (linfócitos T, linfócitos B/anti-BLyS) e frações de proteínas específicas (IgE, C5a).

INTRODUÇÃO

Os medicamentos imunobiológicos e os medicamentos alvo-específicos (pequenas moléculas) revolucionaram o tratamento de pacientes com doenças inflamatórias nas últimas décadas. Os medicamentos imunobiológicos são anticorpos modificados que atuam em um alvo específico celular ou molecular e, dessa forma, podem modular ou neutralizar o efeito causado pela doença, como a resposta inflamatória nas doenças reumáticas imunomediadas (DRIM). Esses anticorpos podem ser de origem animal (murina), quiméricos (com uma porção fixa de origem humana correspondente a 75% do total da molécula e frações variáveis de origem murina), humanizado (95% de sua sequência proteica com características humanas) ou humana (100% de natureza humana). De maneira geral, quanto mais humana a natureza de um anticorpo, menor o risco de produção de anticorpos contra ele e menor a ocorrência de eventos adversos, sendo, então, mais bem tolerado pelo paciente, aumentando a probabilidade de sucesso do tratamento.

Os imunobiológicos foram desenvolvidos inicialmente em 1970. No entanto, apenas no ano 2000 o primeiro agente imunobiológico foi aprovado para uso no Brasil. Com isso, o tratamento de várias doenças foi drasticamente modificado e encontra-se em constante atualização. A incorporação de novos medicamentos e a descoberta de novos alvos terapêuticos alcançaram as mais diversas áreas de especialidades pediátricas e proporcionaram maior controle de atividade de doença e qualidade de vida relacionada à saúde para os pacientes e suas famílias.

Além dos anticorpos monoclonais, recentemente foram desenvolvidos os fármacos sintéticos alvo-específicos (pequenas moléculas), que são medicamentos de baixo peso molecular, com capacidade de difusão intracelular, capazes de interferir em vias de ativação intracelulares. Os inibidores de Janus quinase (JAK) são um exemplo de pequenas moléculas e, assim, atuam inibindo a sinalização mediada por citocinas específicas, agindo em cadeias de receptores específicos dos subtipos da JAK.

Os principais alvos terapêuticos são provenientes do estudo da fisiopatologia das doenças em que as medicações são empregadas, como o bloqueio de citocinas (anti-TNF, anti-IL-1, anti-IL-6, anti-IL-12, anti-IL-17, anti-IL-23, anti-interferon, anti-JAK), de células (linfócitos T, linfócitos B/anti-BLyS), entre outros (IgE, C5a, integrinas) (Figuras 1 e 2). Podemos observar os principais alvos terapêuticos e suas aplicações em Pediatria na Tabela 1.

ALVOS

Citocinas

Interleucina (IL)-1, IL-5, IL-6, IL-12, IL-17 e IL-23

As interleucinas são pequenas proteínas solúveis que se ligam a receptores específicos de células-alvo e, assim, induzem uma cascata de sinalização intracelular e transcrição gênica.

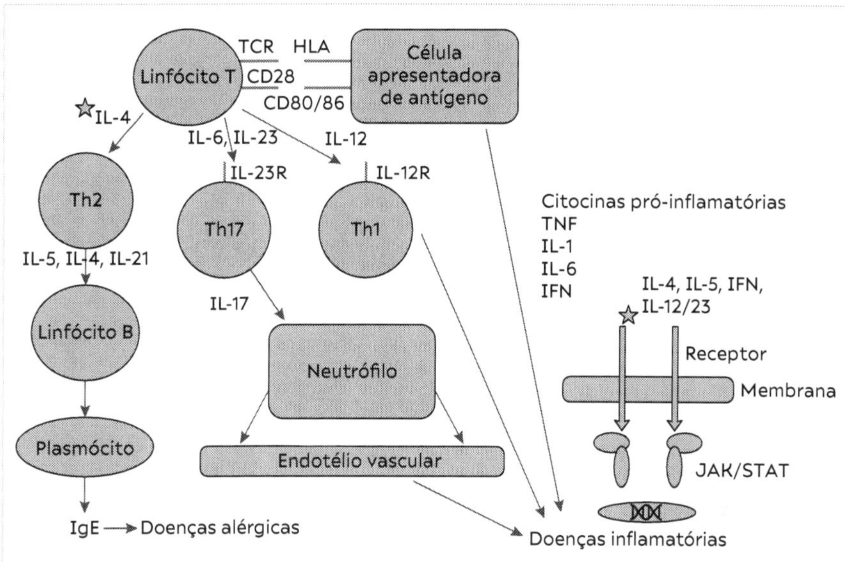

FIGURA 1 Principais alvos terapêuticos dos agentes imunobiológicos e de pequenas moléculas na clínica.
Fonte: adaptada de Niehues T, Turul Özgür T, 2022.

TABELA 1 Especialidades pediátricas, doenças, principais alvos e medicamentos

Especialidade	Doença	Alvo e medicamento
Alergia e Imunologia	Dermatite atópica Asma Urticária crônica	IL-4 e IL-13 – dupilumabe JAK/STAT – upadacitinibe IgE – omalizumabe IL-5 – mepolizumabe
Dermatologia	Psoríase Alopecia areata	TNF – etanercepte, dalimumabe IL-12 e 23 – ustequinumabe IL-17 – ixequizumabe JAK – ruxolitinibe, tofacitinibe
Gastroenterologia	Retocolite ulcerativa Doença de Crohn	TNF – infliximabe, adalimumabe, golimumabe, certolizumabe integrina $\alpha 4\beta 7$ – vedolizumabe IL-12/23 – ustequinumabe JAK – tofacitinibe
Hematologia	Púrpura trombocitopênica idiopática Anemia hemolítica autoimune Microangiopatia trombótica	C5 – eculizumabe CD20 – rituximabe

(continua)

TABELA 1 Especialidades pediátricas, doenças, principais alvos e medicamentos (*continuação*)

Especialidade	Doença	Alvo e medicamento
Nefrologia	Síndrome nefrótica Transplante renal Hemoglobinúria paroxística noturna	C5 – eculizumabe CD20 – rituximabe
Neurologia	Esclerose múltipla e neuromielite óptica Miastenia *gravis* Encefalite autoimune	CD20 – rituximabe IgG4κ – natalizumabe CD52 – alentuzumabe
Oncologia	Linfoma Leucemia	CD20 – rituximabe
Reumatologia	Artrite idiopática juvenil Uveíte Esclerodermia sistêmica Lúpus eritematoso sistêmico Dermatomiosite Vasculites primárias Síndrome antifosfolípide catastrófica Doenças autoinflamatórias Síndrome de ativação macrofágica	TNF – etanercepte, adalimumabe, infliximabe, certolizumabe, golimumabe IL-6 – tocilizumabe IL-1 – anakinra, canaquinumabe, rilonacepte IL-17 – secuquinumabe IL-12/23 – ustequinumabe BLys – belimumabe C5 – eculizumabe CD20 – rituximabe CD80/86 – abatacepte Interferon – sifalimumabe, anifrolumabe JAK – tofacitinibe, baricitinibe, upadacitinibe

CD: cluster of differentiation; Ig: imunoglobulina E; IL: interleucina; TNF: fator de necrose tumoral; JAK: Janus quinase; STAT: Janus quinase/signal transducers and activators of transcription.

A IL-1 é uma citocina pró-inflamatória produzida por macrófagos, monócitos, fibroblastos, células dendríticas, linfócitos B, células Natual Killer (NK), células epiteliais, entre outros. As principais atividades incluem estimulação de células T CD4, proliferação e ativação de linfócitos B, neutrófilos, monócitos/macrófagos, estimulação da adesão de leucócitos, aumento da expressão das moléculas de adesão pelas células endoteliais, inibição da proliferação das células endoteliais e aumento da atividade de coagulação. Desse modo, possui importante atuação na patogênese de doenças inflamatórias, como a artrite idiopática juvenil (AIJ; como no subtipo de início sistêmico).

A IL-5 é uma citocina relacionada ao desenvolvimento e à maturação dos eosinófilos e participa da determinação da sobrevivência dessas células nos tecidos. Sua expressão está aumentada nas vias aéreas dos pacientes com asma e tem sido relacionada à maior gravidade da doença e à presença de eosinofilia das vias aéreas.

A IL-6 é produzida principalmente por macrófagos e monócitos estimulados pelas citocinas IL-1β e TNFα ou estimulados via *Toll-like receptor* (TLR) em contextos de inflamação e/ou infecção. Ela também é produzida em linfócitos T, linfócitos B, hepatócitos, células endoteliais, adipócitos e células tumorais. A expressão desregulada de IL-6 é associada ao desenvolvimento de doenças inflamatórias crônicas (como as DRIM) e de tumores.

A IL-12 e a IL-23 são citocinas produzidas por macrófagos ativados, células dendríticas e células B. São intimamente relacionadas, compartilham subunidades e cadeias receptoras. Podem ser simultaneamente bloqueadas por alguns medicamentos e, assim, têm seu uso na Dermatologia (psoríase), Reumatologia (artrite psoriásica) e Gastroenterologia (doenças inflamatórias intestinais).

A IL-17 é uma citocina pró-inflamatória produzida por células do sistema de imunidade inata, envolvidas na resposta imune, principalmente a bactérias e fungos extracelulares, e que também possui ação promotora de inflamação. Desse modo, seu bloqueio tem sido estudado e empregado no controle de doenças dermatológicas (como a psoríase) e reumáticas (AIJ).

Fator de necrose tumoral (TNF)

O TNF é uma proteína transmembrana que se liga aos receptores de superfície celular p55 (tipo I) e p75 (tipo II). Secretado principalmente por macrófagos, monócitos e células T Th1, o TNF promove respostas pró-inflamatórias. Os anti-TNF inibem essas atividades biológicas por ligação à citocina ou pelo bloqueio da ligação do TNF-alfa ao seu receptor. Por consequência, essa inibição reduz a infiltração tecidual por células inflamatórias, bem como a expressão de moléculas de adesão celular e degradação tecidual. Desse modo, essas medicações podem ser utilizadas para tratamento de doenças em diversas especialidades pediátricas, como Dermatologia, Gastroenterologia e Reumatologia.

Interferon (IFN)

Os IFN são produzidos por monócitos, macrófagos, células linfoblásticas, fibroblastos e células infectadas por vírus. Possuem papel central na patogênese de algumas DRIM, principalmente lúpus eritematoso sistêmico (LES) e doenças oncológicas. Com isso, seu bloqueio tem sido estudado e pode ser um potencial alvo para tratamento dessas doenças.

Outras citocinas

A linfopoietina estromal tímica (TSLP, do inglês *thymic stromal lymphopoietin*) é uma citocina similar à IL-7 produzida principalmente por células epiteliais e expressa na pele, pulmões, timo e mucosa intestinal. Pode ser alvo de medicamentos que se ligam a ela formando um complexo, como tezepelumabe, anticorpo monoclonal humanizado (IgG2). Fixando-se à TSLP, o tezepelumabe impede a sua interação com o receptor de TSLP presente na superfície celular (TSLPR) e a formação do complexo TSLP-TSLPR-IL-7Rα, que seria responsável pela sinalização intracelular e pelos efeitos moduladores da IL-7, para a regulação e o desenvolvimento de células T e a homeostasia. Ao impedir a formação do complexo, impossibilita a ativação da sinalização intracelular, reduz o papel inflamatório da mucosa respiratória e de outros tecidos epiteliais, evidenciado pela redução na produção de outras citocinas (como IL-3 e IL-5) e biomarcadores de inflamação alérgica (eosinofilia sanguínea, IgE).

Janus quinase (JAK)

A via Janus quinase/transdutor de sinalização e ativação de transcrição (JAK/STAT) é utilizada por inúmeras citocinas, com aumento da resposta de células Th2, ativação de eosinófilos e supressão de células T reguladoras. Os medicamentos inibidores de JAK/STAT são considerados pequenas moléculas e bloqueiam alvos intracelulares, reduzindo o processo inflamatório. Alguns fármacos desse grupo (incluindo JAK1, JAK2, JAK3 e TYK2) estão sendo avaliados para o tratamento de dermatite atópica, psoríase, artrite crônica, doença inflamatória intestinal, entre outras.

Células

Linfócitos T

Os inibidores de CD80/86 são medicamentos que inativam esses receptores nas superfícies de células apresentadoras de antígeno, linfócitos B e monócitos, impedindo a ligação ao CD28 localizado nos linfócitos T. Assim, ocorre o bloqueio do segundo sinal necessário para a ativação linfocitária. O CTLA-4, antígeno 4 associado ao linfócito T citotóxico humano, é uma molécula de membrana estimulada pelo complexo dessa ligação CD28:CD80/86 e que compete com essas proteínas. Como consequência, a partir da ligação CTLA-4:CD80/86, ocorre a redução da resposta imunológica. Assim, foram desenvolvidos medicamentos que atuam como uma proteína de fusão para simular a função do CTLA-4 (CTLA4-Ig). No Brasil, está aprovado para o tratamento de artrite reumatoide e artrite psoriásica em adultos, e AIJ subtipo poliarticular em crianças maiores de 6 anos.

Linfócitos B (CD20 e BLyS)

Os fármacos de depleção de células B são anticorpos monoclonais direcionados contra proteínas de superfície dessas células, com principal alvo o CD20, um marcador de células B maduras, levando à depleção de células B envolvidas na patogênese da doença. Na Reumatologia, são utilizados no tratamento de artrites crônicas, LES, miopatias inflamatórias, vasculites associadas ao anticorpo citoplasmático contra neutrófilo (ANCA) e síndrome de Sjögren. Também são frequentemente empregados em outras especialidades, como a Oncologia, Hematologia, Nefrologia e Neurologia Pediátricas.

Por sua ação estimuladora de linfócitos B, inibindo a apoptose e estimulando a diferenciação dessas células em plasmócitos produtores de imunoglobulina, o BLyS (*B lymphocyte stimulator*), também conhecido por BAFF, é uma citocina-alvo no tratamento de doenças inflamatórias. Foram desenvolvidos medicamentos que atuam por esse mecanismo (anticorpo monoclonal totalmente humano que se liga ao BLyS), inibindo sua ação e, assim, a sobrevida dos linfócitos, e que estão aprovados para uso em crianças com LES a partir dos 5 anos de idade.

Outros alvos

Imunoglobulina E (IgE)

As IgE estão envolvidas na fisiopatologia da asma e da urticária crônica. Sendo assim, foram desenvolvidos medicamentos que atuam inibindo-a ao se ligarem à IgE circulante. Desse modo, esses medicamentos impedem a interação dessa imunoglobulina com o seu receptor presente nas superfícies dos mastócitos e basófilos e, por consequência, a liberação de mediadores pró-inflamatórios. Podem, portanto, ser empregados no tratamento dessas patologias, nos casos graves ou refratários, com liberação de uso a partir dos 6 anos de idade.

C5a

Pela inibição do complemento terminal que se liga de forma específica à proteína C5 do complemento, com alta afinidade, inibindo a sua clivagem em C5a e C5b e impedindo a geração do complexo de ataque à membrana (C5b-9), os medicamentos anti-C5 preservam os componentes iniciais da ativação do complemento que são essenciais para a opsonização dos microrganismos e remoção dos imunocomplexos. Dessa forma, podem ser empregados na Hematologia e Nefrologia (microangiopatia trombótica, hemoglobinúria paroxística noturna, síndrome hemolítico-urêmica atípica), pois bloqueiam a hemólise intravascular mediada pelo complemento, além de serem um tratamento promissor na Reumatologia (síndrome antifosfolípide catastrófica).

Integrinas

As integrinas são proteínas de adesão presentes na membrana celular. No caso das doenças inflamatórias intestinais, as integrinas α4β7 são expressas pelos linfócitos T auxiliares e promovem a migração dessas células do sangue periférico, que se alojam no intestino, gerando inflamação. Os medicamentos anti-integrina conseguem reduzir a inflamação local pela inibição da interação dessas integrinas com as moléculas de adesão (MAdCAM-1) nas células endoteliais do intestino. Desse modo, os biológicos anti-integrinas α4β7 são um potencial alvo para o tratamento de doenças inflamatórias intestinais.

ESPECIALIDADES PEDIÁTRICAS

Alergia e Imunologia

A dermatite atópica (DA) e a asma são doenças crônicas relativamente comuns no consultório pediátrico. São complexas, de causa multifatorial, e suas formas graves de manifestação podem ter tratamento desafiador. Com a progressão do conhecimento sobre sua fisiopatologia, foi possível empregar imunobiológicos para modificar a resposta Th2, bloqueando IgE, citocinas como a IL-4, IL-5 e o JAK/STAT.

No tratamento da asma grave, os medicamentos omalizumabe (anti-IgE) e mepolizumabe (anti-IL-5) têm apresentado bons resultados, bem como na urticária crônica, angioedema e mastocitose sistêmica. Com o efeito poupador de corticosteroide, a redução do uso de medicação de resgate e a melhora da função pulmonar, melhora a qualidade de vida dos pacientes.

O dupilumabe (anti-IL-4/13) tem se mostrado eficaz, melhorando o controle dos sintomas e a função respiratória, além de atuar em mecanismos centrais da doença na DA: a diminuição da função de barreira da pele causada pela *downregulation* da proteína filagrina, *switch* de classe para IgE causada por citocinas Th2 e diferenciação global de Th2 do infiltrado inflamatório.

Esses três medicamentos estão liberados para uso em crianças acima de 6 anos de idade no Brasil, enquanto o upadacitinibe, um anti-JAK/STAT, pode ser usado apenas em crianças maiores de 12 anos com DA grave.

Dermatologia

No campo da Dermatologia, a principal aplicação dos anti-TNF é a psoríase. Essa doença representa cerca de 4% de todas as dermatoses na faixa etária pediátrica, cerca de 33% dos casos com início na infância; psoríase em placas é a forma mais comum. Podendo estar associada à psoríase, a artrite psoriásica na criança tem prevalência estimada de 0,7%. O tratamento de formas graves pode ser complexo, e os medicamentos imunobiológicos estão aprovados para crianças maiores de 6 anos. Atualmente, o único anti-TNF liberado para uso no Brasil é o etanercepte. Outras medicações em estudo ou já liberadas por órgãos regulatórios internacionais são o adalimumabe (anti-TNF liberado na Europa, em crianças ≥ 4 anos), o ustequinumabe (anti-IL-12/23) e o ixequizumabe (anti-IL-17) (ambos liberados nos Estados Unidos em crianças ≥ 6 anos).

A alopecia areata (AA) é uma doença autoimune que tem como alvo os folículos pilosos e causa alopecia não cicatricial. A fisiopatologia inclui os linfócitos T CD8+ que expressam o ligante NKG2D, iniciando e perpetuando o processo inflamatório contra o folículo, através do IFN-gama e IL-5, os quais usam a via de sinalização da JAK/STAT. Desse modo, ruxolitinibe e tofacitinibe oral, dois medicamentos anti-JAK, mostraram-se eficazes em pacientes refratários a outros tratamentos.

Gastroenterologia

O principal uso dos medicamentos biológicos na Pediatria é o grupo das doenças inflamatórias intestinais (DII), que compreende a doença de Crohn e a retocolite ulcerativa. Cerca de 8% a 25% dos casos de DII são identificados na faixa etária pediátrica. Destes, alguns podem ser graves e refratários a tratamentos iniciais. Os anti-TNF são os principais medicamentos empregados nesses casos, sendo adalimumabe e infliximabe os únicos aprovados para uso pediátrico até o momento. No entanto, certolizumabe pegol, golimumabe, vedolizumabe e ustequinumabe têm sido utilizados *off label* por terem se mostrado efetivos na redução dos sintomas em adultos.

Hematologia e Oncologia

A anemia hemolítica autoimune (AHAI) ocorre quando há a produção de autoanticorpos contra estruturas presentes na superfície da membrana dos eritrócitos, causando hemólise. Pode também envolver o complemento no mecanismo de destruição dos glóbulos vermelhos, e, por isso, há estudos em andamento com a perspectiva de desenvolver novos inibidores do complemento para esse fim. No entanto, nos casos refratários, o rituximabe (um anti-CD20) pode ser indicado no tratamento de AHAI em crianças. Na hemoglobinúria paroxística noturna (doença genética rara, principalmente na faixa etária pediátrica, que cursa com anemia hemolítica, trombose, hemoglobinúria, insuficiência renal e até falência medular), o eculizumabe ocupa papel central no tratamento, reduzindo expressivamente as transfusões sanguíneas e o risco de trombose. Ele é um inibidor do C5, fazendo com que este não se converta em C5a e C5b e, dessa maneira, inibe a formação do complexo de ataque à membrana (MAC) e a lise mediada por complemento.

A microangiopatia trombótica (MAT) pode ter diversas causas primárias ou secundárias. A principal causa de MAT é a síndrome hemolítico-urêmica atípica (SHU atípica), seguida pela SHU mediada por complemento. Além dessas, outras doenças podem se apresentar com MAT, como as trombocitopenias congênitas ou autoimunes, pós-transplante de órgãos sólidos ou de medula óssea, e a síndrome do anticorpo antifosfolípide catastrófica. Assim, o rituximabe (anti-CD20) e, mais recentemente, o eculizumabe (anti-C5) surgem como possibilidades terapêuticas relevantes, principalmente nos casos de SHU atípica e mediada por complemento.

No campo das doenças oncológicas, o uso dos imunobiológicos teve um grande avanço, tendo em vista os limites das terapias citotóxicas, seus eventos adversos e o risco de recidivas. As doenças linfoproliferativas malignas são as doenças oncológicas mais comuns na faixa etária pediátrica. Entre esse grupo, podemos citar a leucemia, o linfoma não Hodgkin de células B e o linfoma folicular. Tendo como alvo o CD20, o rituximabe pode ser usado como tratamento combinado à quimioterapia. Além disso, alguns tumores sólidos apresentaram resultados promissores com essa abordagem terapêutica.

Nefrologia

Na área da Nefrologia, o tratamento da síndrome nefrótica frequentemente recidivante ou dependente de corticosteroides também pode ser desafiador, já que cerca de 50% dos casos requerem alguma terapia poupadora de corticosteroides, como imunossupressores com potencial de causar eventos adversos graves. Desse modo, o rituximabe (anti-CD20) pode ser uma alternativa, podendo favorecer o controle da proteinúria e reduzir o risco de recidivas, aumentando o tempo de remissão sustentada. O rituximabe também pode ser usado em casos de transplante renal, conforme brevemente citado no setor de doenças hematológicas, em função de as células B ocuparem papel relevante nas rejeições renais mediadas por anticorpos.

Neurologia

Diversas doenças neurológicas que ocorrem na faixa etária pediátrica podem ser tratadas com imunobiológicos, especialmente os casos refratários ao tratamento convencional. Podemos citar as encefalites autoimunes (antirreceptor N-metil-D-aspartato [NMDA], antirreceptor de glicina [GlyR], antiglicoproteína da mielina do oligodendrócito [MOG], astrocitopatia por proteína glial fibrilar ácida autoimune [GFAP], encefalopatia de Hashimoto [HE], antidescarboxilase do ácido glutâmico [GAD], entre outros), as doenças desmielinizantes (como esclerose múltipla) e outras doenças autoimunes (como miastenia *gravis*).

Entre os anticorpos monoclonais atualmente disponíveis, o rituximabe (anti-CD20) é o principal medicamento utilizado nas neuropatias crônicas imunomediadas (encefalites autoimunes e doenças desmielinizantes), havendo estudos com uso na miastenia *gravis* moderada a grave com sucesso.

Na esclerose múltipla, doença rara que frequentemente necessita de um tratamento precoce e agressivo para controle da progressão dos sintomas, há poucos estudos randomizados para avaliar a eficácia de terapias modificadoras da doença. Através de consensos extrapolados da faixa etária adulta ou de estudos com menor evidência, algumas medicações imunobiológicas têm sido usadas, como rituximabe, natalizumabe (anticorpo monoclonal recombinante humanizado anti-integrina α4 – IgG4κ) e alentuzumabe (anti-CD52).

Reumatologia

As DRIM formam um grupo complexo e heterogêneo de doenças raras, crônicas e inflamatórias, com risco de morbidade e mortalidade, que podem acometer crianças e adolescentes. De maneira geral, o tratamento tem como alvo o controle da atividade inflamatória, a prevenção de dano estrutural, evitando a ocorrência de comorbidades e de toxicidade à medicação, além de ter como foco a restauração da qualidade de vida e do pleno desenvolvimento da criança. Através de estratégias *treat-to-target* (T2T), com o uso de imunobiológicos e de pequenas moléculas, esse objetivo está sendo atingido na prática clínica.

Entre as principais doenças, destacam-se AIJ, uveíte, esclerodermia sistêmica (ES), LES, dermatomiosite juvenil (DMJ), vasculites primárias, doenças autoinflamatórias e síndrome de ativação macrofágica (SAM). Os principais medicamentos e suas indicações na Reumatologia estão na Tabela 2.

BIOSSIMILARES NO BRASIL

Fármacos biossimilares são medicações molecularmente muito semelhantes (mas não idênticas) a imunobiológicos já aprovados. Podem ser produzidos após o término da patente da medicação original. Isso tem o objetivo de contribuir para a redução dos custos do tratamento e possibilitar maior acesso globalmente. No entanto, essas medicações não devem ter diferenças clinicamente significantes em termos de qualidade, segurança e eficácia, de acordo com a European Medicines Agency (EMA), portanto devem ter perfil farmacológico equivalente e de mesmo princípio ativo, para que possam ser utilizadas. A transição do tratamento deve ser individualizada de acordo com a faixa etária e condição clínica de cada paciente.

TABELA 2 Principais medicamentos e suas indicações na Reumatologia Pediátrica

Classe de medicamentos	Medicamento	Aprovado pelo FDA	Anvisa
Inibidor de CD80/86	Abatacepte (Orencia®)	AIJ poli ≥ 2 anos	AIJ poli ≥ 6 anos (injetável)
Inibidor de IL-1	Anakinra (Kineret®)	NOMID/CINCA	Não aprovado
	Canaquinumabe (Ilaris®)	AIJ sistêmica > 2 anos, CAPS/TRAPS/FMF/MKD ≥ 4 anos	AIJ sistêmica, CAPS/TRAPS/FMF/MKD ≥ 2 anos
	Rilonacepte (Arcalyst®)	CAPS ≥ 12 anos	Não aprovado
Inibidor de IL-6	Tocilizumabe (Actemra®)	AIJ sistêmica, AIJ poli ≥ 2 anos	AIJ sistêmica, AIJ poli ≥ 2 anos
Inibidor de IL-12/23	Ustequinumabe (Stelara®)	AIJ psoriásica ≥ 6 anos	Não aprovado
Inibidor de IL-17	Secuquinumabe (Cosentyx®)	Não aprovado	Artrite juvenil relacionada à entesite ≥ 4 anos, AIJ psoriásica ≥ 2 anos
	Ixequizumabe (Taltz®)	Não aprovado	Não aprovado
Inibidor de TNF	Adalimumabe (Humira®)	AIJ poli e uveíte ≥ 2 anos	AIJ poli e uveíte ≥ 2 anos, artrite relacionada à entesite ≥ 6 anos
	Certolizumabe pegol (Cimzia®)	Não aprovado	Não aprovado
	Etanercepte (Enbrel ®)	AIJ poli ≥ 2 anos	AIJ poli ≥ 2 anos
	Golimumabe (Simponi ®)	Não aprovado	Não aprovado
	Infliximabe (Remicade ®)	Não aprovado	Não aprovado
Anti-CD20	Rituximabe (MabThera, Rituxan ®)	GPA/PAM ≥ 2 anos	GPA/PAM ≥ 2 anos
Inibidores da JAK	Tofacitinibe (Xeljanz®)	Não aprovado	Não aprovado
	Baricitinibe (Olumiant®)	Não aprovado	Não aprovado
	Upadacitinibe (Rinvoq®)	Não aprovado	Não aprovado
Anti-C5	Eculizumabe (Soliris®)	Não aprovado	Não aprovado
Interferon	Anifrolumabe (Saphnelo®)	Não aprovado	Não aprovado

AIJ: artrite idiopática juvenil; Anvisa: Agência Nacional de Vigilância Sanitária CAPS: síndrome periódica associada à criopirina; CINCA/NOMID: síndrome crônica infantil neurológica cutânea articular/doença multissistêmica de início neonatal; FDA: *Food and Drug Administration*; FMF: febre familiar do Mediterrâneo; GPA: granulomatose com poliangiite; IL: interleucina; MKD: deficiência de mevalonato quinase; PAM: poliangiite microscópica; TNF: fator de necrose tumoral; TRAPS: síndrome periódica associada ao receptor do fator de necrose tumoral.

CONCLUSÕES

Os medicamentos imunobiológicos e pequenas moléculas atuam em alvos específicos e são empregados de acordo com o mecanismo fisiopatológico de cada doença. Os principais alvos são citocinas (anti-TNF, anti-IL-1, anti-IL-6, anti-IL-12, anti-IL-17, anti-IL-23, anti-IFN, anti-JAK), células (linfócitos T, linfócitos B, anti-BLyS) e frações de proteínas específicas (IgE, C5a). Esses medicamentos revolucionaram o tratamento de pacientes com doenças inflamatórias nas últimas décadas e têm indicação em inúmeras especialidades pediátricas. É importante ressaltar que esse é um conhecimento em constante atualização, já que muitos estudos ainda estão em andamento e novos estudos são publicados todos os dias. Diferenças entre aprovações de medicamentos por diversos órgãos regulatórios pelo mundo precisam ser consideradas.

BIBLIOGRAFIA

Aardoom MA, Veereman G, de Ridder L. A Review on the Use of Anti-TNF in Children and Adolescents with Inflammatory Bowel Disease. Int J Mol Sci. 2019;20(10):2529.

Blackall D, Dolatshahi L. Autoimmune Hemolytic Anemia in Children: Laboratory Investigation, Disease Associations, and Treatment Strategies. J Ped Hematol Oncol. 2022;44(3):71-8.

Bonfiglioli KR, Ribeiro ACM. Inibidores de Janus quinases (iJAK). Rev Paul Reumatol. 2021;20(3):40-9.

Cuevas OA, Hedrich CM. Biosimilars in pediatric rheumatology and their introduction into routine care. Clin Immunol. 2020;216:108447.

Hardy D. Autoimmune Encephalitis in Children. Pediatr Neurol. 2022;132:56-66.

Hirata LT, Nunes DPF, Pereira RDD, Sachetto Z, Pugliesi A. Terapia imunobiológica células B alvo (CD20 e BlyS) em Reumatologia. Rev Paul Reumatol. 2021;20(3):28-33.

Jakimovski D, Awan S, Eckert SP, Farooq O, Weinstock-Guttman B. Multiple Sclerosis in Children: Differential Diagnosis, Prognosis, and Disease-Modifying Treatment. CNS Drugs. 2022;36(1):45-59.

Lyrio AM, Bonfiglioli R. Interleucina 17, 12 e 23. Rev Paul Reumatol. 2021;20(3):22-7.

Martins LVO, Sacilotto NC. Interleucina-6. Rev Paul Reumatol. 2021;20(3):12-21.

Niehues T, Özgür TT. The Efficacy and Evidence-Based Use of Biologics in Children and Adolescents: Using Monoclonal Antibodies and Fusion Proteins as Treatments. Dtsch Arztebl Int. 2019;116(42):703-10.

Palma LMP, Vaisbich-Guimarães MH, Sridharan M, Tran CL, Sethi S. Thrombotic microangiopathy in children. Pediatr Nephrol. 2022;37(9):1967-80.

Palma S, coordenador. Consenso Brasileiro de Psoríase 2020: algoritmo de tratamento da Sociedade Brasileira de Dermatologia. 3. ed. Rio de Janeiro: Sociedade Brasileira de Dermatologia; 2020. p. 138.

Prado E, Pastorino AC, Harari DK, Mello MC, Chong-Neto H, Carvalho VO, et al. Dermatite atópica grave: guia prático de tratamento da Associação Brasileira de Alergia e Imunologia e Sociedade Brasileira de Pediatria. Arq Asma Alerg Imunol. 2022;6(4):432-67.

Prado MS, Rocha SB, Andrade LEC. Imunogenicidade dos fármacos imunobiológicos. Rev Paul Reumatol. 2016;15(3):27-37.

Ramos PM, Anzai A, Duque-Estrada B, Melo DF, Sternberg F, Santos LDN, et al. Consensus on the treatment of alopecia areata – Brazilian Society of Dermatology. An Bras Dermatol. 2020;95 Suppl 1(Suppl 1):39-52.

Sinha R, Agrawal N, Xue Y, Chanchlani R, Pradhan S, Raina R, et al. Use of rituximab in paediatric nephrology. Arch Dis Child. 2021;106(11):1058-65.

Solé D, Sano F, Rosário NA, Antila MA, Aranda CS, Chong-Neto HJ. Guia prático de atualização: medicamentos biológicos no tratamento da asma, doenças alérgicas e imunodeficiências. Arq Asma Alerg Imunol. 2019;3:207-58.

Suehiro RM, Aikawa NE, Carvalho JF de, Silva CAA. Terapia com agentes biológicos na criança e no adolescente. Rev Paul Pediatr. 2010;28(2):227-36.

Wayne AS, Capitini CM, Mackall CL. Immunotherapy of childhood cancer: from biologic understanding to clinical application. Curr Opin Pediatr. 2010;22(1):2-11.

Welzel T, Winskill C, Zhang N, Woerner A, Pfister M. Biologic disease modifying antirheumatic drugs and Janus quinase inhibitors in paediatric rheumatology – what we know and what we do not know from randomized controlled trials. Pediatr Rheumatol. 2021;19(1):46.

SEÇÃO II

Imunobiológicos Biossimilares e Pequenas Moléculas Usados nas Especialidades Pediátricas e nos Adultos

3

Imunobiológicos usados em Alergia

Herberto José Chong Neto
Gustavo Falbo Wandalsen
Nelson Augusto Rosário Filho
Dirceu Solé

DESTAQUES

- Para a asma grave, estão licenciados no Brasil três biológicos a partir de 6 anos de idade, anti-IgE (omalizumabe), anti-IL-5 (mepolizumabe) e anti-IL-4Rα (dupilumabe), e um a partir de 12 anos, anti-TSLP (tezepelumabe).
- Para a urticária crônica espontânea, está licenciado no Brasil um biológico a partir de 12 anos, anti-IgE (omalizumabe).
- Para a dermatite atópica, está licenciado um biológico a partir de 6 meses de idade, anti-IL-4Rα (dupilumabe), e três inibidores de JAK, dois a partir de 12 anos (upadacitinibe e abrocitinibe) e um a partir de 18 anos (baricitinibe)
- Para a esofagite eosinofílica, está licenciado no Brasil a partir de 12 anos um biológico, anti-IL-4Rα (dupilumabe).

INTRODUÇÃO

O avanço na compreensão da cascata inflamatória propiciou a aquisição de uma classe de drogas altamente específicas, conhecida como terapias moleculares-alvo. Esses agentes são classificados em dois grupos representativos e distintos: o dos biológicos, que atuam como anticorpos a citocinas-alvo e/ou seus receptores, e os inibidores de pequenas moléculas, cuja ação envolve moléculas intracelulares de sinalização. Juntam-se a esse grupo os biossimilares, que nada mais são do que biológicos cuja patente expirou após 10 anos de comercialização e a exclusividade da empresa que desenvolveu a molécula original foi perdida.

Na última década houve grande avanço com relação à aquisição de agentes biológicos, biossimilares e pequenas moléculas, desenvolvidos e aprovados para o tratamento de doenças alérgicas. Todavia, os liberados para uso clínico por agências reguladoras internacionais e nacionais ainda é pequeno.

BIOLÓGICOS

Mecanismos de ação

Na Figura 1 estão exemplificadas as principais citocinas e os agentes biológicos a elas molecularmente dirigidos. A depender do padrão de resposta inflamatória, os agentes são diferenciados. Os processos dependentes de resposta imune Th17 são apresentados na parte A da Figura 1. Os envolvidos na resposta imune adaptativa estão na parte B, e os envolvidos com resposta antígeno-específica tipo 2, na parte C.

Biológicos aprovados para uso no Brasil

Os biológicos a seguir têm aprovação para uso em população adulta e alguns na pediátrica:

A. **Omalizumabe:** anticorpo monoclonal humanizado recombinante (IgG1) anti-IgE que se liga ao terceiro domínio da cadeia pesada da IgE livre. Assim, por ligar-se ao mesmo sítio que a IgE utiliza para se ligar ao receptor de alta afinidade (FcεRI) presente na superfície de mastócitos e basófilos, impede a sua fixação e a consequente liberação de mediadores inflamatórios dependentes desse mecanismo. Outras alterações são associadas ao uso do omalizumabe: redução da concentração média de IgE livre; redução da síntese e liberação de mediadores da resposta alérgica; redução do número de receptores de alta afinidade para IgE em mastócitos e basófilos; redução da síntese de IgE; redução do número de eosinófilos periféricos; redução da resposta inflamatória imediata e tardia e do

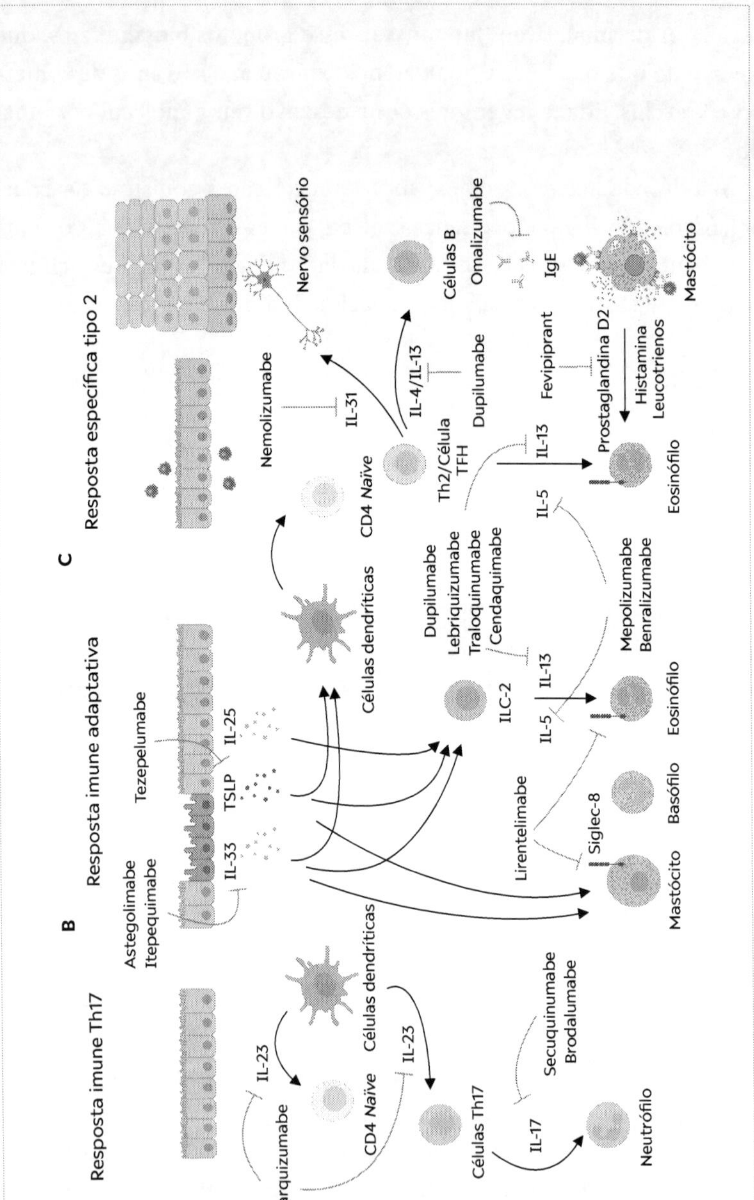

FIGURA 1 Citocinas envolvidas na resposta inflamatória na dependência do tipo de reação envolvida e os biológicos nelas atuantes.

Adaptada de Solé D et al., 2019.

influxo de eosinófilos para as vias aéreas após provocação com alérgenos. Indicado para asma grave alérgica em maiores de 6 anos; urticária crônica espontânea a partir dos 12 anos; rinossinusite crônica com polipose nasal para maiores de 18 anos.

B. **Benralizumabe:** anticorpo monoclonal (IgG1, kappa) humanizado e afucolisado anti-IL-5. Pela ausência da fucose, o benralizumabe se liga à subunidade alfa do receptor de IL-5 humana (IL-5Rα) presente na superfície de eosinófilos e basófilos. Além disso, tem afinidade elevada por receptores FcγII de células imunológicas efetoras, como as *natural killer* (NK), o que leva à apoptose de eosinófilos e basófilos por aumento da citotoxicidade dependente de anticorpo (ADCC), reduzindo a inflamação eosinofílica. Indicado para asma grave eosinofílica em maiores de 18 anos.

C. **Mepolizumabe:** anticorpo monoclonal humanizado (IgG1, kappa), cujo alvo é a IL-5, responsável pelo crescimento, diferenciação, recrutamento, ativação e sobrevivência dos eosinófilos. Liga-se diretamente à IL-5 e impede a ligação desta à cadeia alfa do receptor de IL-5, presente na superfície de eosinófilos e basófilos. Desse modo, inibe a sinalização intracelular da IL-5, reduzindo desde a produção até a sobrevivência dos eosinófilos, além de reduzir a expressão dos receptores de IL-5 nessas células. Indicado para asma grave eosinofílica a partir dos 12 anos e rinossinusite crônica com polipose nasal em maiores de 18 anos.

D. **Dupilumabe:** anticorpo monoclonal recombinante totalmente humanizado (IgG4) direcionado contra a subunidade alfa do receptor de IL-4 e que bloqueia a sinalização intracelular da IL-4 via receptor tipo I (IL--4Rα/γc) e IL-4 e IL-13 pelo receptor Tipo II (IL-4Rα/IL-13Rα). Indicado para dermatite atópica grave a partir dos 6 anos de vida, asma grave eosinofílica em maiores de 12 anos, esofagite eosinofílica para maiores de 12 anos e rinossinusite crônica com polipose nasal a maiores de 18 anos de idade.

E. **Tezepelumabe**: anticorpo monoclonal humanizado (IgG2) que se liga à linfopoietina do estroma tímico (TSLP), citocina similar à IL-7, impedindo a sua interação com o receptor para TSLP e a sinalização intracelular cujo papel é muito importante na ativação da resposta inflamatória da mucosa respiratória. É o mais recente biológico para asma aprovado pela Agência Nacional de Vigilância Sanitária (Anvisa) e está indicado para asma grave em maiores de 12 anos.

Biológicos em estudo em doenças alérgicas

A. **Ligelizumabe:** anticorpo monoclonal IgG1 humanizado que se liga com maior afinidade ao domínio Cε3 da IgE em comparação ao omalizumabe. Foi idealizado para alcançar supressão mais intensa de IgE e uma constante de dissociação de equilíbrio (KD) de 139 pm, que pode superar algumas das limitações associadas à dosagem de omalizumabe e levar a melhores resultados clínicos. Esse imunobiológico está sendo estudado para o tratamento de urticária crônica espontânea.

B. **Astegolimabe:** anticorpo monoclonal anti-IL-33 e/ou seu receptor IL-33R ST2. Bloqueia a ação da IL-33 e reduz eosinofilia. Tem indicação para asma.

C. **Itepequimabe:** anticorpo monoclonal anti IL-33. Estudos em asma estão em andamento.

D. **Anticitocinas tipo Th17:**
   - **Risanquizumabe:** anticorpo monoclonal anti-p19 da IL-23, citocina importante na inflamação mediada por citocinas tipo 2 e tipo 17. Vem sendo estudado na asma.
   - **Secuquinumabe:** anticorpo monoclonal anti-IL-17A; tem sido estudado no tratamento da dermatite atópica.
   - **Lirentelimabe**: atua como uma lectina semelhante à imunoglobulina antiácido siálico (Siglec)-8, um receptor inibitório da família relacionada ao CD33 expresso seletivamente em eosinófilos e mastócitos. Está sendo estudado em pacientes com urticária crônica e gastrite eosinofílica.

E. **Nemolizumabe:** anticorpo monoclonal anti-IL-31Rα que bloqueia a IL-31, potente indutora de prurido. Está sendo estudado em pacientes com dermatite atópica.

F. **Lebriquizumabe:** anticorpo monoclonal anti-IL-13. Estudos em asma levaram à sua descontinuação.

G. **Traloquinumabe:** anticorpo monoclonal IgG4 anti-IL-13 humanizado que se liga especificamente à IL-13 humana em um epítopo que se sobrepõe ao local de ligação dos receptores de IL-13 ou subunidades 1 e 2 (IL-13Rα1 e IL-13Rα2). Foi aprovado pela *Food and Drug Administration* (FDA) em 2021 para o tratamento da dermatite atópica (DA) moderada-grave em adultos (≥ 18 anos). Não está disponível no Brasil.

H. **Rocatinlimabe:** anticorpo monoclonal anti-OX40 que inibe a via da OX40, crucial para a diferenciação de célula T e indução de células de memória. Afeta a interação OX40-OX40L não apenas na resposta Th2 central, mas também em outros subconjuntos de células T. Tem sido estudado no tratamento da DA.

I. **Lirentelimabe:** atua como uma lectina semelhante à Siglec-8, um receptor inibitório da família relacionada ao CD33 expresso seletivamente em eosinófilos e mastócitos.

J. **Barzolvolimabe:** um anticorpo monoclonal antagonista do receptor KIT de tirosina quinase, um fator de célula-tronco, envolvido nas vias de diferenciação do mastócito.

BIOSSIMILARES

Vários biossimilares têm sido desenvolvidos e avaliados quanto à sua farmacocinética, farmacodinâmica, características toxicológicas, eficácia e segurança. Eles têm sido documentados como uma alternativa equivalente ao medicamento referência com segurança e eficácia comparáveis, a um custo consideravelmente inferior.

O mecanismo de ação do biossimilar é o mesmo da molécula de que foi derivado. Entretanto, com relação às doenças alérgicas, o omalizumabe é o biológico que tem propiciado o desenvolvimento de diversos biossimilares, entretanto ainda não comercializados no Brasil.

PEQUENAS MOLÉCULAS

As pequenas moléculas são formulações tópicas ou de administração oral e atingem vias intracelulares para produzir ação farmacológica. Comparadas com agentes imunossupressores sistêmicos, as pequenas moléculas reduzem os efeitos adversos, pois permitem uma supressão mais seletiva das vias imunológicas. No Quadro 1, observam-se as diferenças nas propriedades entre os biológicos e as pequenas moléculas.

Constituem esse grupo de fármacos os inibidores da fosfodiesterase 4 (PDE-4) e os inibidores da Janus quinase (JAK). Os primeiros impedem a clivagem da adenosina monofosfato cíclico, rebaixando o nível de metabólitos que estimulam células Th1 e Th2. Já as enzimas JAK reúnem quatro não receptores de tirosina quinase, mediadores importantes da ação intracelular de diversas

QUADRO 1 Comparação das propriedades dos biológicos e das pequenas moléculas

	Biológicos	Pequenas moléculas
Peso molecular	Geralmente > 2-5 kDa	Geralmente < 0,5 kDa
Características gerais	Anticorpo monoclonal projetado	Composto químico
	Pode não ser uma estrutura bem definida	Estrutura bem definida
	Geralmente feito com o auxílio de ou a partir de células vivas e organismos	Moléculas orgânicas sintetizadas
	Muitas vezes não estável; geralmente sensível ao calor	Normalmente estável
	Catabolizado em aminoácidos, açúcares, lipídios etc.	Metabolismo por enzimas hepáticas como o citocromo P450
	Toxicidade limitada	Pode levar à toxicidade
	Não penetra nas células e não atravessa a barreira hematoencefálica	Atravessa a barreira hematoencefálica (especialmente lipossolúvel)
Vias de administração	Parenteral	Oral
Meia-vida	Meia-vida longa (dias a semanas) Permite dosagem pouco frequente	Meia-vida curta Requer dosagem frequente
Especificidade para o alvo	Alta seletividade e especificidade para o alvo	Maior potencial para efeitos fora do alvo
Imunogenicidade	Possível imunogenicidade	Imunogenicidade improvável
Custo	Alto custo de desenvolvimento	Alto custo, mas muitas vezes menor do que um biológico

Fonte: adaptado de Ahn J et al., 2021.

citocinas inflamatórias. Atuam rebaixando sinais transdutores e de ativação de transcrição (STAT) necessários para a função de várias células imunológicas, incluindo linfócitos B, T e células NK e mastócitos (Figura 2). Ainda em estudo há os inibidores de NK-1, cujo foco principal é o controle do prurido em pacientes com DA.

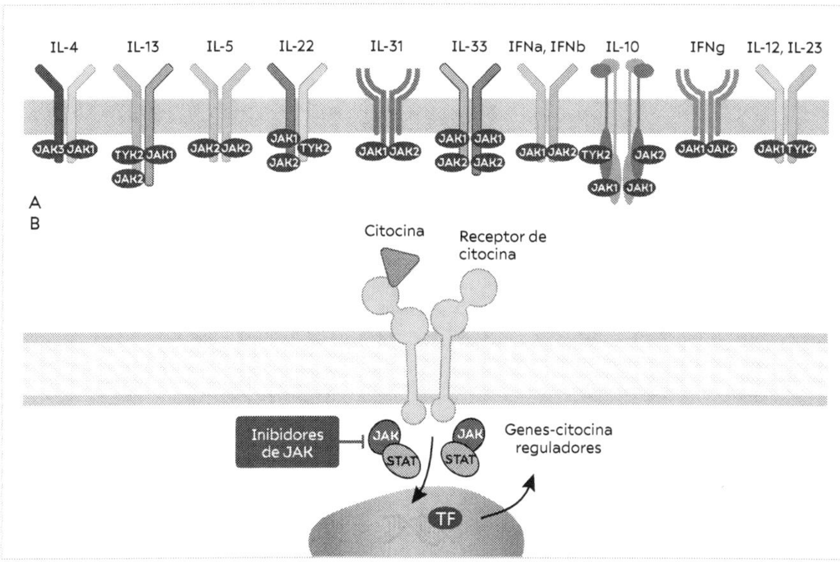

FIGURA 2 (A) Sinalização de JAK para citocinas da homeostase imunológica e em doenças imunomediadas; (B) via JAK-STAT, uma citocina se liga ao seu receptor de superfície celular, e uma JAK associada ao receptor fosforila receptores intracelulares e aumenta a produção de um grupo de STAT. STAT fosforilados dimerizam e se translocam para o núcleo, levando à ativação da expressão gênica direcionada.

IFN: Interferon; IL: interleucina; JAK: Janus quinase; STAT: transdutor de sinal e ativador da transcrição; TF: fator tecidual; TYK: tirosina quinase.

Fonte: adaptada de Ahn J et al., 2021.

Inibidores da fosfodiesterase 4 (PDE-4)

- **Apremilaste:** inibidor oral de PDE-4, bloqueia a inflamação, inibe a produção de TNF, IL-12, IL-2, IFNγ, IL-5, IL-8, leucotrieno B4 e molécula de adesão CD18/CD11b *in vitro* e aumenta a produção de IL-10. Foi aprovado pela FDA para artrite e psoríase. Não está disponível no Brasil.
- **Crisaborole:** inibidor de uso tópico aprovado para DA. Não está disponível no Brasil.

Inibidores de Janus quinase

As enzimas Janus quinase (JAK) são importantes mediadores da ação intracelular de diversas substâncias, entre elas as citocinas inflamatórias. Quando seus receptores são ativados, ocorre a fosforilação das proteínas transdutoras de sinal e ativadoras de transcrição (STAT), que podem ser translocadas para o núcleo celular, induzindo a transcrição e regulação da expressão de genes selecionados. A via estimula a expressão de diversas moléculas e citocinas que facilitam a mobilização de leucócitos e a proliferação celular. Assim, a via JAK/STAT tem um papel fundamental para a função das células hematopoiéticas e imunológicas, e estudos recentes mostram que tal via pode ter mais suscetibilidade para ativação em pacientes com asma, DA e rinite alérgica, doenças caracterizadas pelo aumento das IL inflamatórias do tipo 2.

Os inibidores de JAK são pequenas moléculas, ou seja, medicamentos com baixo peso molecular, que conseguem facilmente atravessar a membrana celular e atingir alvos intracelulares. Assim, agem inibindo a sinalização mediada por citocinas específicas, agindo em cadeias de receptores específicos dos subtipos da Janus quinase – JAK-1, JAK-2, JAK-3 e/ou tirosina quinase 2 (TYK-2).

- **Upadacitinibe:** inibidor oral de JAK-1, aprovado pela FDA e pela Anvisa e liberado para uso em pacientes maiores de 12 anos com DA.
- **Abrocitinibe:** inibidor oral de JAK-1 aprovado pela FDA e pela Anvisa para pacientes maiores de 12 anos com DA moderada a grave.
- **Ruxolitinibe:** inibidor seletivo de JAK-1 e JAK-2, aprovado no Brasil para uso oral em mielofibrose, doença enxerto *versus* hospedeiro aguda e crônica e policitemia *vera* para pacientes maiores de 12 anos. Estudos no exterior aprovaram o seu uso tópico em DA.

Inibidores de JAK em estudo para doenças alérgicas

- **Baricitinibe:** inibidor de JAK-1 e JAK-2 aprovado pela FDA para artrite reumatoide ativa moderada a grave de adultos, alopecia areata e covid-19. No Brasil, está liberado apenas para adultos com artrite reumatoide e DA.
- **Tofacitinibe:** inibidor seletivo de JAK-1 e JAK-3 de uso oral aprovado no Brasil para artrite reumatoide, artrite psoriática e colite ulcerativa. Apesar de ter ação sobre a DA moderada a grave, o uso tópico ainda está em estudo.
- **Delgocitinibe:** inibidor de JAK-1, JAK-2 e JAK-3 e Tyk2 aprovado no Japão para uso tópico em pacientes com DA.
- **Remibrutinibe:** inibidor de tirosina quinase de Bruton (BTK). Ação efetiva na urticária crônica espontânea. Não está disponível no Brasil.

Inibidores de NK

- **Serlopipante:** tem como alvo o receptor NK-1. Importante no controle do prurido, mas foi descontinuado.
- **Tradipitante:** inibidor oral do receptor NK-1. Está em investigação em pacientes com DA.

ASMA

Os biológicos estão indicados para o tratamento da asma grave, na etapa 5 de tratamento da Global Initiative for Asthma (GINA). A asma grave pode ser definida pela doença que, após a abordagem adequada das comorbidades e em paciente com adesão ao tratamento, necessita de doses médias ou altas de corticosteroide inalatório em combinação com outra medicação de controle (frequente LABA – broncodilatadores de longa ação) para manutenção do controle da asma ou que, mesmo assim, não esteja bem controlada. Estima-se que cerca de 5% dos pacientes com asma tenham forma grave; esses pacientes têm maior morbidade com maior risco de hospitalizações e morte.

O uso de biológicos para asma demanda o entendimento dos fenótipos e endótipos da doença. Os principais endótipos da asma (T2 alto e T2 baixo) são definidos pelo tipo de inflamação das vias aéreas e identificados pela presença de biomarcadores. O endótipo T2 alto de asma é o mais frequente entre crianças e adolescentes e é caracterizado por inflamação do tipo 2, com ativação de linfócitos T auxiliadores do tipo 2 (Th2) e células linfoides inatas do tipo 2 (ILC-2), sendo característico o predomínio das interleucinas do tipo 2, como IL-5, IL-4 e IL-13. No endótipo T2 alto, estão compreendidos os fenótipos eosinofílico e alérgico. O endótipo T2 baixo é caracterizado pela presença de inflamação neutrofílica ou paucigranular nas vias aéreas, sendo um endótipo mais comumente encontrado em adultos. Os biomarcadores dos endótipos de asma são mostrados na Tabela 1.

TABELA 1 Biomarcadores dos endótipos de asma

Endótipo	Biomarcador	Valores
T2 alto	Eosinófilos	Escarro induzido: > 2%; sangue: > 150 a 300 células/mm³
	FeNO	> 25 ppb
	IgE específica	Positiva
T2 baixo	IL-6, YKL-40, IL-17	Pouca empregabilidade clínica

FeNO: fração exalada de óxido nítrico; IL: interleucina; ppb: partes por bilhão; YKL-40: proteína 1 similar à quitinase 3.

No Brasil, quatro biológicos estão disponíveis para uso na asma grave pediátrica (abaixo de 18 anos): omalizumabe, mepolizumabe, dupilumabe e tezepelumabe. As indicações e doses desses biológicos na asma são mostradas na Tabela 2.

Omalizumabe

O omalizumabe foi o primeiro biológico desenvolvido para o tratamento da asma grave e o primeiro liberado para uso pediátrico. Diversos ensaios clínicos e metanálises documentaram sua eficácia na asma alérgica grave, com redução de exacerbações (49% de redução média, variando de 31% a 82%) e da necessidade de medicação de resgate, assim como melhora no escore de controle da asma. Estudos pediátricos de vida real com omalizumabe estão disponíveis, com segmento de centenas de pacientes por até 6 anos de tratamento. Esses estudos corroboram os achados dos ensaios clínicos e demonstram redução sustentada ao longo dos anos nas exacerbações e hospitalizações por asma, assim como melhora na função pulmonar, nos níveis da fração exalada de óxido nítrico (FeNO) e na necessidade de tratamento adicional de controle. A presença de comorbidades alérgicas, baixa função pulmonar, níveis elevados de IgE e de eosinófilos séricos e da FeNO são os marcadores de melhor resposta clínica já encontrados.

TABELA 2 Indicações e doses dos imunobiológicos indicados na asma

	Omalizumabe	Mepolizumabe	Dupilumabe	Tezepelumabe
Idade mínima (bula)	6 anos	6 anos	6 anos	12 anos
Dose	75 a 600 mg 2/2 ou 4/4 sem (peso e IgE)	≥ 12 anos: 100 mg 4/4 sem 6-11 anos: 40 mg 4/4 sem	≥ 12 anos: 200/300 mg 2/2 sem > 30 kg: 200 mg 2/2 sem < 30 kg: 300 mg 4/4 sem	210 mg 4/4 sem
Indicação	Asma grave alérgica IgE: 30 a 1.500 UI/mL	Asma grave eosinofílica Eo ≥ 150 a 300 células/mm³	Asma grave do tipo 2 (FeNO, Eo, alergia)	Asma grave
Outras indicações pediátricas	UCE	SHE	Dermatite atópica, EEo	--

EEo: esofagite eosinofílica; Eo: eosinófilos; FeNO: fração exalada de óxido nítrico; Sem: semanas; SHE: síndrome hipereosinofílica; UCE: urticária crônica espontânea.

O omalizumabe tem demonstrado ser um medicamento seguro em crianças e adolescentes. Dor no local da aplicação é o efeito adverso mais relatado. Devido ao pequeno risco de reações anafiláticas, a medicação deve ser aplicada sob supervisão médica, especialmente no início do tratamento. O omalizumabe demonstra melhora dos sintomas nasais em pacientes com rinite alérgica concomitante e é a droga de escolha na urticária crônica espontânea refratária aos anti-histamínicos em doses elevadas.

Mepolizumabe

O mepolizumabe é um biológico indicado no tratamento da asma grave eosinofílica. Devido ao bloqueio de IL-5, os níveis de eosinófilos no sangue periférico são rapidamente reduzidos após o início do tratamento com mepolizumabe. Ensaios clínicos em adultos documentaram a capacidade do mepolizumabe de reduzir as exacerbações de asma e encontraram efeito discreto na melhoria da função pulmonar e da qualidade de vida.

Poucos estudos exclusivamente pediátricos estão disponíveis com o mepolizumabe. Estudo aberto, originalmente desenhado para avaliar a farmacodinâmica e farmacocinética do mepolizumabe em escolares de 6 a 11 anos de idade avaliaram a segurança e eficácia de um grupo pequeno de asmáticos. O medicamento se mostrou seguro nas 52 semanas de seguimento, sem eventos adversos graves. Na comparação com o período pré-tratamento, houve melhora dos escores de controle da asma e redução na taxa anual de exacerbações.

Mais recentemente, foi publicado o ensaio clínico MUPPITS-2, que avaliou a ação do mepolizumabe em 290 escolares e adolescentes com asma vivendo em áreas de menor nível socioeconômico dos Estados Unidos. Mepolizumabe ou placebo foram administrados a cada 4 semanas de forma duplo-cega e randômica por 52 semanas. Nesse estudo foi observada redução significante no número de exacerbações (média de 27%), sem achados em outros desfechos, como na função pulmonar.

Dupilumabe

O dupilumabe é indicado a pacientes com asma grave do tipo 2, elegíveis se houver comprovação de eosinofilia sérica, sensibilização alérgica ou aumento nos valores de FeNO. Tem indicação em outras doenças alérgicas, como a DA, esofagite eosinofílica e a rinossinusite com pólipo nasal (em adultos).

Os estudos pivotais do dupilumabe foram feitos predominantemente em adultos, mas incluindo pequena parcela de adolescentes (acima dos 12 anos). Nesses estudos, o dupilumabe demonstrou redução significante nas taxas de exacerbações, melhora da função pulmonar e dos escores de controle da asma, além de redução nos níveis da FeNO.

O estudo VOYAGE é o principal ensaio clínico pediátrico do dupilumabe, realizado em crianças de 6 a 11 anos com asma moderada a grave não controlada. Na comparação com o grupo placebo, o estudo observou redução no risco de exacerbações graves com o dupilumabe de 59%. Melhora na função pulmonar, no controle da asma e nos níveis de FeNO também foi encontrada.

O dupilumabe tem se mostrado uma medicação segura, tanto em adultos quanto em crianças. Seus eventos adversos incluem dor no local da aplicação, infecção de vias aéreas superiores e parasitose intestinal. Aumento transitório e autolimitado nos eosinófilos séricos também foi descrito.

Tezepelumabe

O tezepelumabe foi o mais recente biológico liberado para o tratamento da asma. Diferentemente dos demais biológicos, não tem indicação restrita a um fenótipo ou endótipo de asma, podendo ser utilizado em qualquer asmático grave não controlado com idade a partir de 12 anos.

Os estudos iniciais do tezepelumabe documentaram redução em mais de 50% da taxa anual de exacerbações e melhora da função pulmonar, da qualidade de vida e dos escores de controle da asma. No estudo mecanístico, foram encontradas, em adultos, melhora da hiperresponsividade brônquica (teste de provocação com manitol) e redução acentuada da inflamação eosinofílica na submucosa das vias aéreas.

Maiores valores de eosinófilos séricos e da FeNO foram identificados como marcadores de melhor resposta clínica ao tezepelumabe. Nenhum estudo exclusivamente pediátrico foi publicado até o momento com a medicação, mas o principal ensaio clínico de fase III (NAVIGATOR) do tezepelumabe contou com a participação de 82 adolescentes. Efeitos adversos relevantes não foram identificados com sua administração.

URTICÁRIA CRÔNICA ESPONTÂNEA

Omalizumabe

Até o momento, o omalizumabe é o único imunobiológico licenciado para o tratamento da urticária crônica espontânea (UCE) em pacientes maiores de 12 anos (embora tenha indicação em bula para crianças com asma a partir de 6 anos).

Estudo avaliou 10 pacientes com UCE (8 a 14 anos) tratados com omalizumabe e verificou resposta completa (ausência de sintomas) em sete deles e parcial em um, sugerindo eficácia semelhante à observada em adultos, que varia entre 75% e 85%. Nenhum efeito adverso foi relatado nesses pacientes pediátricos. Nos estudos clínicos, em que a maior parte dos pacientes eram adultos, sintomas como dor de cabeça, artralgia e reação no local da injeção foram os sintomas mais prevalentes entre os tratados com omalizumabe quando comparado ao placebo, mas presentes em menos de 20% dos pacientes e com intensidade leve ou moderada. Não foram observados eventos adversos graves durante os estudos clínicos. Em adolescentes, séries de casos em maiores de 12 anos mostraram resultados semelhantes.

A dose recomendada para o tratamento com o omalizumabe em adolescentes maiores de 12 anos é de 300 mg a cada 4 semanas – cada ampola ou seringa pré-preenchida contém 150 mg da droga. O tratamento deve ser mantido por tempo indeterminado, até que a urticária entre em remissão. Foram observados dois perfis de respondedores nos estudos clínicos, e o mesmo pode ser visto em estudos de vida real: a maior parte dos pacientes apresenta melhora dos sintomas nos primeiros 30 dias após o início do tratamento, enquanto em alguns o tempo de resposta pode ser de até 6 meses.

Uma vez que os sintomas estejam totalmente controlados por pelo menos 6 meses, o espaçamento progressivo entre as doses tem se mostrado uma boa estratégia para a retirada gradual da droga, a fim de se verificar se a urticária ainda está ativa. O uso de doses mais altas, 450 mg ou 600 mg, assim como menor intervalo entre as doses (2 ou 3 semanas), pode ser indicado *off label* nos casos em que há resposta parcial com a dose de 300 mg a cada 4 semanas.

Biológicos em estudo para urticária

O ligelizumabe, anticorpo monoclonal anti-IgE que se liga ao receptor de alta afinidade de IgE, é nove vezes mais do que o omalizumabe. Foi estudado em pacientes com UCE por 12 semanas e não apresentou superioridade clínica avaliada por escore de sintomas, de atividade da doença e qualidade de vida.

Estudos com dupilumabe (NCT03749135, NCT04180488) e tezepelumabe (NCT04833855) em pacientes com UCE refratária aos anti-histamínicos, com ou sem uso anterior de omalizumabe, estão em fase de recrutamento.

O lirentelimabe demonstrou inibir os mastócitos e induzir a apoptose de eosinófilos. Um estudo aberto (NCT03436797) foi conduzido para determinar a eficácia e segurança do lirentelimabe em UCE refratária. No entanto, os resultados ainda não estão disponíveis.

Estudos de eficácia e segurança com o barzolvolimabe em pacientes com UCE estão em fase de recrutamento (NCT04538794, NCT05368285).

Pequenas moléculas

Estudo de 12 semanas com remibrutinibe, um inibidor de tirosina quinase de Bruton (BTK), em pacientes com UCE refratária foi concluído, mas seus resultados, apesar de ainda não estarem publicados, demonstraram superioridade ao placebo (NCT03926611). Estudos de fase 3 e outros abertos e de extensão estão sendo realizados (NCT05032157, NCT05030311, NCT05048342).

ANAFILAXIA/ALERGIA ALIMENTAR

Omalizumabe

O omalizumabe foi explorado como tratamento adjuvante à imunoterapia oral (ITO), com a vantagem de permitir, em algumas observações, dessensibilização mais rápida e mais segura para o leite de vaca, a amendoim ou a múltiplos alimentos de modo simultâneo. O omalizumabe foi administrado 8 semanas antes e 8 semanas após esquema de indução de tolerância oral abreviado em pacientes sensibilizados a cinco alimentos. Embora experimental, o esquema permitiu a indução de tolerância oral com rapidez e segurança para até cinco alimentos. A mediana de tempo para atingir a dose máxima de alérgeno foi de 18 semanas para o grupo omalizumabe contra as 85 semanas anteriormente observadas em protocolo sem uso de omalizumabe.

O omalizumabe permitiu alcançar a dose desejada com maior segurança, diminuiu o número de reações relacionadas às doses e desviou o índice risco/benefício da ITO para leite de vaca. Não influenciou a eficácia nem esteve associado à indução de tolerância imunológica (hiporresponsividade persistente).

Outro estudo, controlado por placebo, avaliou a eficácia de omalizumabe na dessensibilização rápida, em 1 dia, de pacientes com alergia grave ao amendoim, seguido por incrementos semanais até atingir 2.000 mg. O tratamento prévio de 12 semanas com omalizumabe permitiu tolerância dez vezes maior: 250 mg x 22,5 mg de amendoim tolerados, respectivamente pelo grupo omalizumabe e o placebo. A indução de tolerância oral foi bem-sucedida em 79% do grupo tratado contra 12% do grupo placebo e foi persistente mesmo após interrupção do omalizumabe. Três pacientes desenvolveram esofagite eosinofílica que reverteu com interrupção da ITO.

O omalizumabe aumenta o limiar para a reação alérgica ao alimento no teste de provocação oral (TPO) em até 80 vezes. Ele é utilizado em crianças com asma grave e anafilaxia a diferentes alimentos após ser submetido à aférese específica para IgE (processo ainda em investigação, em que a IgE é removida da circulação geral do indivíduo empregando-se filtros específicos). Esse procedimento prévio reduz drasticamente os níveis de IgE para então permitir o emprego do omalizumabe. Com esse tratamento, o paciente se tornou tolerante a todos os alimentos que lhe causavam anafilaxia.

Revisão sistemática seguida de metanálise demonstrou que, na alergia alimentar mediada por IgE, o omalizumabe pode ajudar os pacientes a consumir vários alimentos e permite o aumento da dose deles ingerida. Como adjuvante da ITO, o omalizumabe pode permitir altas doses de dessensibilização e doses de manutenção mais elevadas.

Biológicos em estudo para alergia alimentar/anafilaxia

O ligelizumabe está em investigação como monoterapia para tratar alergia alimentar em estudo randomizado, controlado, de fase 3, em pacientes com alergia ao amendoim e idades entre 6 e 55 anos (NCT04984876).

Terapias emergentes para anafilaxia e seus alvos nos mastócitos

Avanços recentes na compreensão dos mecanismos alérgicos identificaram novos alvos para inibir a ativação e função dos mastócitos. A prevenção da anafilaxia está ao nosso alcance com novas drogas que poderiam modular tolerância imunológica, proliferação e diferenciação de mastócitos, além de regular a produção de IgE. Vários medicamentos aprovados pela FDA para administração na urticária crônica, mastocitose e câncer também estão sendo reaproveitados para prevenir a anafilaxia. Novas terapias não só se mostraram promissoras em eficácia, potencial para prevenir reações mediadas por IgE, como em alguns casos são capazes de nos informar sobre os mecanismos *in vivo* dos mastócitos. Três vias têm sido avaliadas como alvo no mastócito na prevenção da anafilaxia e, nelas, futuros possíveis fármacos (Figura 3).

Os tratamentos emergentes para a prevenção da anafilaxia propostos podem ocorrer em várias vias mastocitárias, incluindo a via IgE/FcεRI, sinalização KIT e receptores inibitórios (Figura 3).

DERMATITE ATÓPICA

A fisiopatologia da DA é complexa e caracterizada por anormalidades da barreira cutânea e desregulação imunológica. A natureza sistêmica da DA tem sido cada vez mais reconhecida e tem importantes implicações de translação, fornecendo justificativa para tratamentos sistêmicos (Quadro 2) que podem ser restritos ao seu alvo (biológicos) ou ter ação terapêutica mais ampla (inibidores de JAK).

O prurido na DA independe da histamina, o que justifica, em parte, a baixa resposta aos anti-histamínicos H_1. A linfopoietina do estroma tímico (TSLP) e a IL-31 são mediadores endógenos que induzem prurido na DA. Células epiteliais produzem, quando estimuladas, citocinas conhecidas como alarminas: TSLP, IL-33 e IL-25. A IL-4 promove o *switch* da classe de isotipo para IgE, polariza Th0 *naïve* para Th2 e atua como citocina pró-inflamatória. A IL-4 contribui para o defeito de barreira epidérmica, reduzindo a expressão de filagrina. Por ligar-se ao receptor próprio IL-4R, bem como ao receptor de IL-13, tem várias funções imunológicas em comum com a IL-13 (Figura 1).

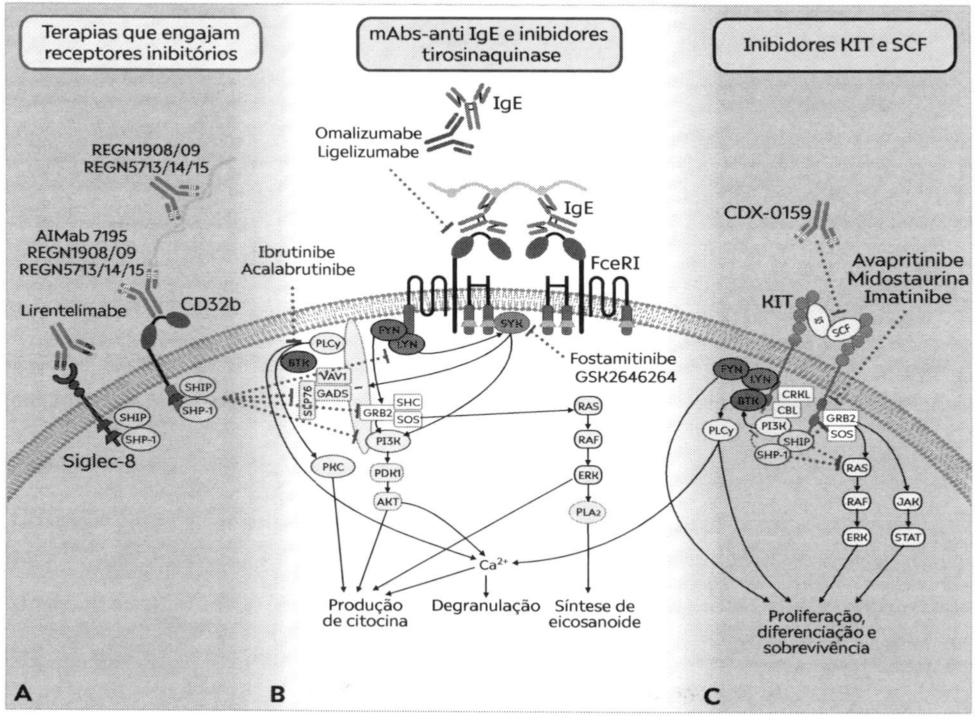

FIGURA 3 Terapias emergentes de anafilaxia e seus alvos em mastócitos (vide texto). Setas pretas denotam ativação. Setas pontilhadas cinzas com ponta romba denotam inibição.

Fonte: adaptada de Dispenza M et al., 2023.

A abordagem terapêutica com anticorpo monoclonal humano dirigido para a subunidade α do receptor de IL-4 (IL-4Rα) antagoniza a transdução de sinal de ambas IL-4 e IL-13 (Figura 1B). Há 82 estudos clínicos registrados em *clinicaltrials.gov* (acesso em 06/Jul/2023), vários de fase II e III para determinar a segurança e eficácia em longo prazo em pacientes com DA, incluindo estudos de farmacocinética e imunogenicidade em crianças.

QUADRO 2 Moléculas-alvo do tratamento de dermatite atópica e o produto correspondente

Alvo	Produto
IL-4Rα	Dupilumabe
IL-13	Lebriquizumabe, traloquinumabe
IL-17	Secuquinumabe
IL-22	Fezaquinumabe
IL-31R	Nemolizumabe, vixarelimabe
IL-33	Itepequimabe
IL-12/IL-23 p40	Ustequinumabe
TSLP	Tezepelumabe
Inibidores de JAK	Abrocitinibe, upadacitinibe,
OX40/OX40-L	Rocatinlimabe, amlitelimabe
IgE	Omalizumabe, ligelizumabe

Biológicos liberados no Brasil para uso em dermatite atópica

Dupilumabe

Estudos em crianças com 6 meses ou mais de idade seguiram as observações de adultos, pois demonstraram eficácia e segurança do dupilumabe na DA nessa faixa etária.

Além de resultados de ensaios clínicos, em vida real o efeito de dupilumabe se demostrou mantido. Os eventos adversos observados com dupilumabe incluem conjuntivite, eosinofilia sanguínea no início do tratamento, eosinofilia pulmonar, eritema facial e alopecia areata.

Na prática clínica do mundo real, a prevalência estimada de conjuntivite em pacientes tratados com dupilumabe com base em uma revisão sistemática da literatura é de 26%.

No Brasil, o dupilumabe está liberado para uso em pacientes com DA grave maiores de 6 meses, respeitando-se as seguintes faixas de peso: entre 5 kg e quase 15 kg: 200 mg a cada 4 semanas; 15 kg a quase 30 kg: 600 mg seguidos por 300 mg a cada 4 semanas; entre 30 kg e quase 60 kg: 400 mg seguidos por 200 mg a cada 2 semanas. Em adultos, recomenda-se a dose inicial de 600 mg, seguida por 300 mg a cada 15 dias.

A interação entre dupilumabe e vacinas de vírus vivos não foi estudada, portanto não é recomendável a sua administração concomitante. Estudos com vacina dTpa (tétano, difteria e coqueluche) e vacina meningocócica polissacarídica, assim como com vírus inativado, mostraram resposta imunogênica e nenhuma interação adversa entre as vacinas e o dupilumabe.

Biológicos em estudo para dermatite atópica

Anticorpos anti-OX40

Estudos iniciais com anticorpos dirigidos contra OX40 (GBR 830 e KHK4083) ou seu ligante OX40L (KY1005), expresso em células dendríticas, têm mostrado resultados promissores. O anticorpo anti-OX40, rocatinlimabe, inibe a via OX40. Estudo clínico multicêntrico avaliou pacientes distribuídos aleatoriamente para recebê-lo por via subcutânea a cada 4 semanas (150 ou 600 mg) ou a cada 2 semanas (300 ou 600 mg) ou placebo subcutâneo até a semana 18, com extensão de tratamento ativo de 18 semanas e acompanhamento de 20 semanas. Houve reduções significativas no escore de área e gravidade do eczema (EASI) na semana 16 em todos os grupos de rocatinlimabe. Eventos adversos mais comuns foram pirexia (17%), nasofaringite (14%) e calafrios (11%). Os autores concluíram que os pacientes tratados com rocatinlimabe apresentaram melhora progressiva da DA, que se manteve na maioria dos pacientes após a descontinuação do tratamento. O tratamento foi bem tolerado.

Nemolizumabe

A IL-31 representa citocina pró-inflamatória derivada de células T com expressão na patogênese da DA, tanto em lesões eczematosas pruriginosas como no soro em maiores níveis em crianças com DA. Correlaciona-se com a gravidade da doença, envolvida na inflamação cutânea relacionada ao *Staphylococcus aureus* e em expressão de filagrina, portanto com efeitos diretos na barreira cutânea. O receptor de IL-31, IL-31Rα, é expresso por células do sistema imunológico, como macrófagos ativados, células dendríticas, eosinófilos, basófilos, queratinócitos epidérmicos e nervos periféricos cutâneos, e é um alvo específico para o anticorpo monoclonal humanizado nemolizumabe, anti-IL-31 (Figura 1).

Estudo de fase 2 com nemolizumabe subcutâneo em doses mensais mostrou melhora significativa no prurido em pacientes com DA moderada a grave. Entretanto, as doses não exibiram respostas superiores à área de eczema e índice de gravidade 75 (EASI-75) ou 50 (EASI-50) quando em comparação com placebo.

Análise *post hoc* de pacientes com escores EASI 16 (DA moderada a grave), com desfechos que incluíram alteração no escore EASI na semana 16, escala numérica de pior prurido (PPNRS), avaliação global do investigador (IGA), alterações no sono, mostrou que 68% dos pacientes em nemolizumabe apresentaram alívio do prurido no dia 2, mantido até a semana 24. Houve também melhora do sono com nemolizumabe 30 mg e da IGA.

Em estudos multicêntricos de longo prazo (52 semanas), com nemolizumabe em pacientes com DA e prurido não responsivo a tratamentos tópicos ou orais, os resultados mostraram que a combinação de anti-IL-31Rα com agentes tópicos poderia melhorar ou manter a eficácia do medicamento, melhora contínua após a semana 16.

Anti-IL-13

A IL-13, secretada por células Th2 e ILC-2 e, em menor extensão, por mastócitos, basófilos, eosinófilos, células NK, macrófagos, células dendríticas e monócitos, ocupa o receptor para IL-13 e o IL-4R e tem papel na inflamação cutânea dos estágios agudos da DA (Figura 1).

Dois inibidores seletivos de IL-13 (lebriquizumabe e traloquinumabe) passaram por ensaios clínicos. O traloquinumabe foi aprovado pela FDA em 2021, para o tratamento de DA moderada a grave em pacientes adultos (≥ 18 anos) cuja doença não é adequadamente controlada com terapias tópicas ou quando elas não são aconselháveis. A monoterapia com traloquinumabe teve eficácia superior ao placebo para todos os desfechos primários e secundários principais em adolescentes de 12 a 17 anos com DA moderada a grave.

Mais de 50% dos pacientes que obtiveram resposta clínica na semana 16 com traloquinumabe a cada 2 semanas mantiveram essa resposta na semana 52, sem qualquer medicação de resgate, incluindo corticoide tópico, e 39% a

51% dos pacientes mantiveram a resposta ao receber traloquinumabe a cada 4 semanas. O traloquinumabe exibiu bom perfil de segurança, com efeitos adversos em geral comparáveis aos de grupos de placebo.

Conjuntivite é um efeito colateral comum com anti-IL-13. A análise de cinco ensaios clínicos constatou que a incidência geral de conjuntivite foi maior para traloquinumabe (7,5%) do que para placebo (3,2%). A maior incidência de conjuntivite é observada em pacientes com DA grave e à história de conjuntivite alérgica e ceratoconjuntivite.

Tezepelumabe

A liberação de citocinas de células epiteliais e estromais é crítica para o início e a manutenção da imunidade tecidual. IL-25, IL-33 e TSLP (linfopoietina do estroma tímico), conhecidas como alarminas, ativam células linfoides inatas do grupo 2 (ILC-2), células Th2 e células mieloides, que conduzem as características da imunidade tipo 2 (Figura 1). A expressão de TSLP está acentuadamente aumentada em biópsias de pele lesionada, mas não tanto no tecido saudável adjacente.

Em estudo de fase 2 controlado, 113 pacientes adultos com DA moderada a grave foram randomizados para tezepelumabe 280 mg subcutâneo ou placebo a cada 2 semanas, mais corticosteroides tópicos. Desfecho primário foi a taxa de resposta na semana 12 para uma redução de ≥ 50% na área de eczema e índice de gravidade (EAS-I50). Embora não sejam estatisticamente significativas, houve melhora do EASI-50 em relação ao placebo na semana 12, com maiores respostas na semana 16. Mais estudos são esperados com tezepelumabe em DA.

Pequenas moléculas no tratamento da dermatite atópica

Inibidores de JAK

O prurido crônico depende da sinalização neuronal de JAK1, e a inibição de JAK parece bloquear diretamente a transmissão neuronal do prurido. O prurido crônico depende da sinalização neuronal de IL-4Rα e JAK1, e pacientes que falharam em outros tratamentos imunossupressores melhoraram marcadamente quando tratadas com inibidores de JAK. O bloqueio JAK-STAT também pode afetar a ativação do eosinófilo, maturação de células B, quimiocinas epidérmicas e numerosas outras vias da fisiopatologia da dermatite atópica.

O primeiro medicamento inibidor de JAK aprovado para a prática clínica ocorreu em 2011, para doença autoimune. Seu uso clínico é abrangente, com aplicações desde a oncologia até o combate a doenças virais, e apresenta grande potencial de ação em doenças alérgicas e de resposta imunológica do tipo 2. As perspectivas futuras da DA e seu uso tem sido recentemente regulamentado em diversos países, tanto em apresentação tópica como sistêmicas. Na Tabela 3 são apresentados os estudos de fase III com inibidores de JAK em DA, sua eficácia e segurança.

O upadacitinibe é um inibidor seletivo da JAK-1, bloqueando a ação das principais citocinas pró-inflamatórias. Já foi previamente autorizado para uso em artrite reumatoide em diversos países. Com os promissores resultados publicados, o upadacitinibe foi aprovado para tratamento de DA em pacientes maiores de 12 anos pela União Europeia em agosto de 2021, pela FDA em janeiro de 2022 e pela Anvisa em maio do mesmo ano, para uso com doses iniciais de 15 mg/dia.

O abrocitinibe é um inibidor seletivo da JAK-1, de ação sistêmica e administração via oral. O medicamento também já está aprovado para uso em pacientes com DA pela FDA para pacientes maiores de 18 anos nos Estados Unidos, desde janeiro de 2022.

O baricitinibe é um inibidor da JAK-1 e JAK-2, e seu uso em DA vem sendo estudado desde 2016, quando se iniciaram os estudos de fase 2. Apesar de demonstrar eficácia menor em relação aos outros dois inibidores de JAK via oral com estudos de fase 3 para DA, o baricitinibe foi o primeiro inibidor de JAK aprovado para eczema na Europa, em setembro de 2020.

O ruxolitinibe é um inibidor tópico da JAK-1 e JAK-2, desenvolvido para otimizar a ação do medicamento diretamente nas áreas afetadas e diminuir os riscos de efeitos adversos sistêmicos. Em setembro de 2021, o ruxolitinibe foi aprovado para uso em DA pela FDA, sendo o primeiro inibidor de JAK aprovado para uso nos Estados Unidos, na concentração de 1,5% em pacientes acima dos 12 anos.

O delgocitinibe é um inibidor pan-JK, ou seja, inibe JAK-1, JAK-2, JAK-3 e TYK-2, de apresentação tópica. Foi aprovado para uso tópico em DA no Japão, na concentração de 0,25% e 0,5% para a população adulta e crianças acima dos 2 anos de idade desde março de 2021. A Tabela 3 reúne os estudos que têm avaliado os inibidores de JAK em pacientes com DA.

TABELA 3 Estudos de fase 3 com inibidores de JAK na dermatite atópica

Fármaco	Alvo	Estudo fase 3	Critérios de inclusão	População	Tempo de avaliação	EASI-75 (% pacientes)	IGA 0/1 (melhora ≥ 2 pontos)	Efeitos adversos mais comuns
Upadacitinibe (Up.) Via oral	JAK-1	MEASURE UP 1 (NCT03569293)	EASI ≥ 16 IGA ≥ 3 NRS ≥ 4 BSA ≥ 10%	847 (12-75 anos)	16 semanas	Up. 15 mg: 69,6% Up. 30 mg: 79,7% Placebo: 16,3%	Up. 15 mg: 48,1% Up. 30 mg: 62,0% Placebo: 8,4%	Acne, IVAS, nasofaringite, cefaleia, aumento de CPK
		MEASURE UP 2 (NCT03607422)	EASI ≥ 16 IGA ≥ 3 NRS ≥ 4 BSA ≥ 10%	836 (12-75 anos)	16 semanas	Up. 15 mg: 60,1% Up. 30 mg: 72,9% Placebo: 13,3%	Up. 15 mg: 38,8% Up. 30 mg: 52,0% Placebo: 4,7%	Acne, IVAS, nasofaringite, cefaleia, aumento de CPK
		AD UP (NCT03568318)	EASI ≥ 16 IGA ≥ 3 NRS ≥ 4 BSA ≥ 10%	901 (12-75 anos)	16 semanas	Up. 15 mg: 64,6% Up. 30 mg: 77,1% Placebo: 26,4%	Up. 15 mg: 39,6% Up. 30 mg: 58,6% Placebo: 10,9%	Acne, nasofaringite, IVAS, herpes oral, aumento de CPK, cefaleia
		HEADS UP (NCT03738397)	EASI ≥ 16 IGA ≥ 3 NRS ≥ 4	692 (18-75 anos)	16 semanas	Up. 30 mg: 71,0% Dup. 300 mg: 61,1%	Não relatado	Acne, IVAS, aumento de CPK, nasofaringite
Abrocitinibe (Ab.) Via oral	JAK-1	JADE MONO-1 (NCT03349060)	EASI ≥ 16 IGA ≥ 3 NRS ≥ 4 BSA ≥ 10%	387 (12-75 anos)	12 semanas	Ab. 100 mg: 39,7% Ab. 200 mg: 62,7% Placebo: 11,8%	Ab. 100 mg: 23,7% Ab. 200 mg: 43,8% Placebo: 7,9%	Náusea, nasofaringite, cefaleia, IVAS
		JADE MONO-2 (NCT03575871)	EASI ≥ 16 IGA ≥ 3 NRS ≥ 4 BSA ≥ 10%	391 (12-75 anos)	12 semanas	Ab. 100 mg: 44,5% Ab. 200 mg: 61,0% Placebo: 10,4%	Ab. 100 mg: 38,1% Ab. 200 mg: 28,4% Placebo: 9,1%	IVAS, nasofaringite, cefaleia, náuseas, vômito, acne

(continua)

TABELA 3 Estudos de fase 3 com inibidores de JAK na dermatite atópica (*continuação*)

Fármaco	Alvo	Estudo fase 3	Critérios de inclusão	População	Tempo de avaliação	EASI-75 (% pacientes)	IGA 0/1 (melhora ≥ 2 pontos)	Efeitos adversos mais comuns
Abrocitinibe (Ab.) Via oral	JAK-1	JADE COMPARE (NCT03720470)	EASI ≥ 16 IGA ≥ 3 NRS ≥ 4 BSA ≥ 10%	837 (≥ 18 anos)	12 semanas	Ab. 100 mg: 58,7% Ab. 200 mg: 70,3% Dup. 300 mg: 58,1% Placebo: 27,1%	Ab. 100 mg: 36,6% Ab. 200 mg: 48,4% Dup. 300 mg: 36,5% Placebo: 14,0%	Similares aos estudos anteriores
		JADE TEEN (NCT03796676)	EASI ≥ 16 IGA ≥ 3 NRS ≥ 4 BSA ≥ 10%	285 (12-17 anos)	12 semanas	Ab. 100 mg: 68,5% Ab. 200 mg: 72,0% Dup. 300 mg: 41,5%	Ab. 100 mg: 41,6% Ab. 200 mg: 46,2% Dup. 300 mg: 24,5%	IVAS, cefaleia, nasofaringite, tontura, acne, vômitos
Baricitinibe (Bar.) Via oral	JAK-1 JAK-2	BREEZE 1 (NCT03334396)	EASI ≥ 16 IGA ≥ 3	624 (≥ 18 anos)	16 semanas	Bar. 1 mg: 17,3% Bar. 2 mg: 18,7% Bar. 4 mg: 24,8% Placebo: 8,8%	Bar. 1 mg: 11,8% Bar. 2 mg: 11,4% Bar. 4 mg: 16,8% Placebo: 4,8%	Nasofaringite, IVAS, diarreia, cefaleia
		BREEZE 2 (NCT03334422)	EASI ≥ 16 IGA ≥ 3	615 (≥ 18 anos)	16 semanas	Bar. 1 mg: 12,8% Bar. 2 mg: 17,9% Bar. 4 mg: 21,1% Placebo: 6,1%	Bar. 1 mg: 8,8% Bar. 2 mg: 10,6% Bar. 4 mg: 13,8% Placebo: 4,5%	Herpes-simples, nasofaringite, aumento de CPK, cefaleia
		BREEZE 4 (NCT03428100)	EASI ≥ 16 IGA ≥ 3 BSA ≥ 10% Contraindicação à ciclosporina	463 (≥ 18 anos)	16 semanas	Bar. 1 mg: 22,6% Bar. 2 mg: 27,6% Bar. 4 mg: 31,5% Placebo: 17,2%	Bar. 1 mg: 12,9% Bar. 2 mg: 15,1% Bar. 4 mg: 21,7% Placebo: 9,7%	Nasofaringite, herpes-simples, *influenza*, cefaleia, dor nas costas e abdominal, diarreia, conjuntivite

(continua)

TABELA 3 Estudos de fase 3 com inibidores de JAK na dermatite atópica (*continuação*)

Fármaco	Alvo	Estudo fase 3	Critérios de inclusão	População	Tempo de avaliação	EASI-75 (% pacientes)	IGA 0/1 (melhora ≥ 2 pontos)	Efeitos adversos mais comuns
Baricitinibe (Bar.) Via oral	JAK-1 JAK-2	BREEZE 5 (NCT03435081)	EASI ≥ 16 IGA ≥ 3 BSA ≥ 10%	440 (≥ 18 anos)	16 semanas	Bar. 1 mg: 12,9% Bar. 2 mg: 29,5% Placebo: 8,2%	Bar. 1 mg: 12,9% Bar. 2 mg: 24,0% Placebo: 5,4%	Nasofaringite, IVAS
		BREEZE 7 (NCT03733301)	EASI ≥ 16 IGA ≥ 3 BSA ≥ 10%	329 (≥ 18 anos)	16 semanas	Bar. 2 mg: 43,1% Bar. 4 mg: 47,7% Placebo: 22,9%	Bar. 2 mg: 23,9% Bar. 4 mg: 30,6% Placebo: 14,7%	Foliculite, IVAS, nasofaringite
Ruxolitinibe (Rux.) Tópico	JAK-1 JAK-2	TRuE-AD 1 (NCT03745638)	IGA 2/3 BSA 3-20% (exceto em couro cabeludo)	631 (≥ 12 anos)	8 semanas	Rux. 0,75%: 56,0% Rux. 1,5%: 62,1% Veículo: 24,6%	Rux. 0,75%: 50,0% Rux. 1,5%: 53,8% Veículo: 15,1%	Nasofaringite, IVAS, cefaleia
		TRuE-AD 2 (NCT03745651)	IGA 2/3 BSA 3-20% (exceto em couro cabeludo)	618 (≥ 12 anos)	8 semanas	Rux. 0,75%: 51,5% Rux. 1,5%: 61,8% Veículo: 14,4%	Rux. 0,75%: 39,0% Rux. 1,5%: 51,3% Veículo: 7,6%	IVAS, nasofaringite
Delgocitinibe (Del.) Tópico	Pan-JAK	QBA 4-1 (JapicCTI-173554)	EASI ≥ 10 BSA 10-30%	158 (≥ 16 anos)	4 semanas	Del. 0,5%: 26,4% Veículo: 5,8%	Del. 0,5%: 10,4% Veículo: 3,8% FACE: Del. 0,5%: 22,8% Veículo: 4,0%	Dermatite de contato
		(JapicCTI-184064)	EASI ≥ 5 IGA 2-4 BSA 5-30%	137 (2-15 anos)	4 semanas	Del. 0,25%: 37,7% Veículo: 4,4%	Não relatado	Nasofaringite, foliculite

BSA: área de superfície corpórea; CPJ: creatinofosfoquinase; CPK: proteína C quinase; EASI: índice de área e gravidade do eczema; escala IGA: escala global do investigador; IVAS: infecção de vias aéreas superiores; NRS: escala de avaliação numérica do pico de prurido.
Fonte: adaptada de Nogueira et al.[48]

Inibidores de fosfodiesterase 4

Apremilaste

A PDE-4 é um regulador essencial dos níveis de monofosfato de adenosina cíclico intracelular (cAMP) expresso dentro de células inflamatórias, incluindo linfócitos T e eosinófilos. A inibição de PDE-4 aumenta o nível de cAMP, inibindo a produção e secreção de citocinas e quimiocinas pró-inflamatórias (por exemplo, IL-2, IL-4, IL-31) que contribuem para a expressão de DA.

Em um ensaio clínico de fase 2, os pacientes receberam aleatoriamente placebo, 30 mg ou 40 mg de apremilaste por 12 semanas. O grupo de pacientes que recebeu 40 mg mostrou melhora significativa no EASI (31,6% *versus* 11,0%; $p < 0,04$, $n = 64$) e mostrou uma diminuição em marcadores Th17/22 (IL-17, 22 e S100A7/A8; $p < 0,05$). O apremilaste na dose de 40 mg mostrou eficácia clínica e reduziu biomarcadores relacionados ao Th17/Th22, mas o estudo foi descontinuado por causa de eventos adversos graves, como celulite.

Antagonistas de receptores de histamina

Antagonista de H4R (JNJ-39758979)

Os anti-histamínicos têm sido usados há muito tempo para tratar prurido, mas sua eficácia é limitada. Recentemente, foi confirmado que o receptor de histamina H_4 (H4R) desempenha um papel importante na resposta inflamatória. A expressão de H4R pelas células T CD4+ tende a ser maior em pacientes com DA, e estimulação do receptor leva à regulação positiva do mRNA de IL-31.

Tratamento com antagonistas de H4R em modelos de dermatite em camundongos reduziu lesões cutâneas, infiltração de células inflamatórias e produção de citocinas, na qual o antagonista H4R inibiu o prurido. Em um estudo clínico de fase 2 realizado no Japão, os resultados não atingiram o desfecho primário. Estudos adicionais devem ser concluídos para determinar o perfil de segurança no futuro.

ESOFAGITE EOSINOFÍLICA

Biológicos aprovados no Brasil

O dupilumabe tornou-se recentemente o primeiro tratamento aprovado pela FDA para esofagite eosinofílica (EoE) em maio de 2022. No Brasil, a sua aprovação pela Anvisa foi em abril de 2023 para adolescentes a partir de 12 anos e 40 kg ou mais de peso. Em estudo de fase III, com três partes, o LIBERTY-EoE-TREET incluiu adultos e adolescentes. Nele se utilizou dupilumabe 300 mg semanalmente por via subcutânea que resultou em remissão histológica significativa (< 6 eos/campo em 59,9% *versus* 5,1% placebo na parte A; 58,8% *versus* 6,3% placebo na parte B) e reduções significativas na pontuação de disfagia em comparação com o placebo. Os efeitos colaterais mais comuns foram reação no local da injeção (16-37,5%), nasofaringite (11,9% na parte A) e febre (6,3% na parte B). É importante observar que a parte B desse estudo avaliou a administração a cada 2 semanas, como é usado para a asma e a DA. Embora essa dose induzisse remissão histológica a uma taxa semelhante à da administração semanal, ela não atendeu aos desfechos relacionados ao escore de disfagia.

Pacientes do estudo LIBERTY-EoE-TREET elegíveis que receberam placebo na parte B e continuaram para a parte C foram randomizados novamente (1:1) para dupilumabe semanal (placebo/dupilumabe semanal grupo) ou dupilumabe a cada 2 semanas (placebo/dupilumabe a cada 2 semanas), com placebo correspondente alternando com doses de dupilumabe. Os pacientes randomizados para um dos regimes posológicos de dupilumabe na parte B permaneceram no mesmo regime na parte C por mais 28 semanas (grupo dupilumabe semanal/dupilumabe semanal ou grupo dupilumabe a cada 2 semanas/grupo dupilumabe a cada 2 semanas). Os desfechos primários desse estudo foram os resultados da semana 52 da parte B-C. As análises de eficácia e segurança foram feitas no conjunto de análise de segurança da parte C, que incluiu todos os pacientes que foram randomizados na parte B, entraram na parte C e receberam qualquer medicamento do estudo na parte C. Duzentos e quarenta pacientes foram distribuídos aleatoriamente na parte B, dos quais 227 (74 no grupo placebo, 74 no grupo dupilumabe semanal e 79 no grupo dupilumabe a cada 2 semanas) continuaram em parte B-C e foram incluídos na análise atual. Trinta e sete pacientes mudaram de placebo para dupilumabe semanalmente, e 37 de placebo para dupilumabe a cada 2 semanas; 74 pacientes continuaram com dupilumabe semanalmente e 79 continuaram com dupilumabe a cada 2 semanas. Dos pacientes que entraram na parte B-C, 75 (33%) eram adolescentes, 145 (64%) do sexo masculino, 82 (36%) mulheres e 206 (91%) brancas. Na semana 52, 55 (85%) pacientes no grupo dupilumabe semanal/dupilumabe semanal, 25 (68%) no grupo placebo/dupilumabe semanal, 54 (74%) no grupo dupilumabe a cada 2 semanas/dupilumabe a cada 2 semanas e 23 (72%) no grupo placebo/dupilumabe a cada 2 semanas atingiram um pico de concentração intraepitelial esofágica. contagem de eosinófilos de 6 eos/hpf ou menos. A alteração percentual média da linha de base da parte B no pico da contagem de eosinófilos foi de -95,9% (IC 95% -96,9 a -94,9) no grupo dupilumabe semanal/dupilumabe semanal, -84,2% (-98,3 a -70,2) no grupo placebo/dupilumabe semanal, -84,8% (-94,3 a -75,2) no grupo de dupilumabe a cada 2 semanas/dupilumabe a cada 2 semanas e -91,2% (-95,9 a -86,5) no grupo placebo/dupilumabe a cada 2 semanas na semana 52. Na semana 52, a média alteração da linha de base da parte B na EoE. A pontuação do Histology Scoring System (HSS) foi de -1,0 ponto (IC 95% -1,1 a -0,9) no grupo dupilumabe semanal/dupilumabe semanal e -0,9 ponto (-1,0 a -0,8) no grupo placebo/dupilumabe semanal; a alteração média na pontuação do estágio HSS da esofagite eosinofílica foi de -0,9 ponto (-1,0 a -0,8) no grupo dupilumabe semanal/dupilumabe semanal e -0,9 ponto (-1,0 a -0,8) no grupo placebo/grupo semanal de dupilumabe. Melhorias semelhantes foram observadas nos grupos de dupilumabe a cada 2 semanas. A mudança absoluta da linha de base da parte B na pontuação do Dysphagia Symptom Questionnaire (DSQ) foi de -30,3 pontos (IC 95% -34,5 a -26,1) no estudo semanal grupo dupilumabe/dupilumabe semanal, -27,3 pontos (-32,1 a -22,4) no grupo placebo/dupilumabe semanal, -20,9% (-25,4 a -16,3) no grupo dupilumabe a cada 2 semanas/dupilumabe a cada 2 semanas, e -23,7% (-29,1 a -18,3) no grupo placebo/a cada 2 semanas dupilumabe na semana 52. A alteração média da linha de base da parte B na pontuação de referência endoscópica foi de -5,4 pontos (IC 95% -6,1 a -4,6) no grupo de dupilumabe semanal/dupilumabe semanal, -6,1 pontos (-7,3 a -4,9) no grupo placebo/dupilumabe semanal, -5,2% (-6,0 a -4,4) no grupo de dupilumabe a cada 2 semanas/a cada 2 semanas grupo dupilumabe e -4,3% (-5,4 a -3,1) no grupo placebo/dupilumabe a cada 2 semanas na semana 52. Durante a parte B-C, um (3%) paciente no grupo placebo/dupilumabe semanal, um (1%) no grupo dupilumabe semanal/semanal grupo dupilumabe, e um (3%) no grupo placebo/dupilumabe a cada 2 semanas recebeu medicação de resgate. Um (3%) paciente no grupo placebo/dupilumabe a cada 2 semanas e um (1%) no grupo dupilumabe a cada 2 semanas/dupilumabe a cada 2 semanas o grupo foi submetido a um procedimento de dilatação esofágica de resgate. No tratamento emergente mais comum os eventos adversos foram reações no local da injeção (10 [14%] no grupo dupilumabe semanal/dupilumabe semanal e 4 [11%] no grupo placebo/dupilumabe semanal). Melhora nas características histológicas, sintomáticas, endoscópicas e moleculares da esofagite eosinofílica observada após 24 semanas de tratamento semanal com dupilumabe foram mantidas ou continuaram na semana 52. Esses achados reforçam a importância do dupilumabe semanalmente, em vez de a cada 2 semanas, para a melhora dos sintomas em adultos e adolescentes com esofagite eosinofílica.

Em crianças, há evidências de que o dupilumabe prescrito para asma, DA ou polipose nasal leve à melhora histológica e sintomática em pacientes com EoE. Há um estudo de fase III em andamento em crianças (NCT04394351), com resultados preliminares, que mostra que 68% (dose mais alta) e 58% (dose mais baixa) dos pacientes pediátricos alcançaram remissão histológica após 16 semanas de tratamento. Nessa análise inicial, não houve diferença da melhora dos sintomas em 16 semanas com dupilumabe em comparação com placebo.

Onde o dupilumabe se encaixa no algoritmo de tratamento da EoE não está atualmente estabelecido; conforme aprovado, pode ser usado como tratamento de primeira linha ou tratamento secundário para aqueles que falharam com outras terapias.

Biológicos em estudo

Em ensaios com mepolizumabe, as contagens de eosinófilos em mucosa esofágica diminuíram significativamente, mas os resultados nos sintomas foram variáveis, com alguns estudos relatando melhora sintomática em apenas uma minoria de indivíduos, apesar da melhora histológica consistente. Esses estudos foram limitados pelo emprego de métricas de pontuação de sintomas de EoE não validadas e gravidade variável dos pacientes em comparação com o estudo de dupilumabe em EoE.

Ensaio clínico randomizado, duplo-cego, multicêntrico de mepolizumabe 300 mg mensal *versus* mepolizumabe 100 mg mensal *versus* placebo foi concluído recentemente, mas os resultados ainda não foram relatados (NCT03656380). Em estudo randomizado de reslizumabe em 227 crianças e adolescentes com EoE, as contagens de eosinófilos foram significativamente reduzidas (embora muito poucos tenham alcançado remissão histológica verdadeira após 4 meses de tratamento), mas os escores de sintomas melhoraram igualmente em todos os grupos do estudo.

Em um pequeno estudo controlado randomizado de omalizumabe em 30 pacientes com EoE, não houve melhora histológica ou sintomática em indivíduos tratados em comparação com placebo.

Estudo de fase III com tezepelumabe para EoE está em fase de recrutamento. E, em estudo de fase II/III com lirentelimabe em 276 indivíduos com EoE, o tratamento com lirentelimabe resultou em melhora histológica (> 85% em ambos os grupos de tratamento em comparação com 11% do placebo), mas não resultou em uma mudança significativa no Questionário de Sintomas de Disfagia, falhando em atingir seus objetivos coprimários.

CONJUNTIVITE ALÉRGICA

Entre os vários quadros de alergia ocular, quatro merecem destaque: conjuntivite alérgica sazonal, conjuntivite alérgica persistente, ceratoconjuntivite atópica e ceratoconjuntivite vernal, em sua maioria caracterizadas por inflamação Th2. As formas mais graves, muitas vezes, apesar de serem tratadas com agentes imunossupressores tópicos, corticosteroide tópico e/ou sistêmico, podem não atingir o controle. O tratamento de pacientes com formas graves de alergia ocular com imunobiológicos no Brasil é especulativo.

Omalizumabe

Anticorpo monoclonal anti-IgE indicado para o tratamento de asma grave e urticária crônica. É uma IgG1 humanizada capaz de se ligar seletivamente à IgE sérica livre, especificamente na região Cε3 do fragmento Fc, evitando a ligação da IgE ao receptor de alta afinidade FcεRI de muitos tipos de células, incluindo basófilos e mastócitos, produzindo uma redução em IgE livre total e consequente incapacidade de desencadear a liberação de mediadores desses tipos celulares. Além disso, a redução de IgE livre induz uma diminuição na expressão de FcεRI na superfície de mastócitos, basófilos e células dendríticas, o que leva a uma diminuição da inflamação alérgica e, em última análise, a uma menor produção de IgE.

Em estudo sobre o emprego do omalizumabe em pacientes com rinoconjuntivite alérgica por 12 e 16 semanas, comparado a placebo, houve redução significativa dos sintomas nasais e oculares (olhos vermelhos, lacrimejantes e comichão) no grupo com tratamento ativo em comparação ao placebo. Vale ressaltar que esse estudo não foi exclusivo em pacientes com conjuntivite alérgica isolada.

Há relatos de casos que mostram um bom efeito do omalizumabe no tratamento de ceratoconjuntivite atópica e de ceratoconjuntivite vernal com melhora parcial ou completa, mas em casos muito graves, em crianças, a melhora não foi significativa ou duradoura. Entretanto, ainda não há indicação formal na alergia ocular.

Dupilumabe

O dupilumabe é um anticorpo monoclonal humano direcionado contra a subunidade alfa do receptor de IL-4 que bloqueia a sinalização de IL-4 e IL-13 e demonstrou eficácia significativa em pacientes com DA moderada a grave. É aprovado para o tratamento de DA moderada a grave, asma com perfil inflamatório do tipo 2 ou moderada a grave dependente de corticosteroide oral e rinossinusite crônica com pólipos nasais. Não há estudos que relatem o seu uso como terapêutica na alergia ocular.

Entre pacientes tratados com dupilumabe, a conjuntivite foi relatada como efeito adverso e descrita como inflamação da conjuntiva anterior e hiperemia do limbo. A incidência varia de 5% a 28% nos grupos tratados com dupilumabe em comparação a 2% a 11% nos grupos com placebo. A conjuntivite alérgica preexistente parece ser um fator de risco, e a conjuntivite relacionada ao dupilumabe parece responder a 0,1% de fluorometolona, colírio ou indicação não marcada de tacrolimo em 0,03% de pomada oftálmica. O aparecimento de ectrópio cicatricial foi relatado em um paciente tratado com dupilumabe para DA. Os agentes biológicos direcionados à IL-5, como mepolizumabe, reslizumabe ou benralizumabe, ainda não foram estudados no contexto da conjuntivite alérgica.

O lirentelimabe, anticorpo monoclonal de lectina 8 semelhante à imunoglobulina de ligação ao ácido siálico, foi avaliado em estudo em estudo de fase I, aberto, para verificar sua eficácia e segurança em adultos com ceratoconjuntivite atópica, ceratoconjuntivite vernal e conjuntivite alérgica perene em uso de corticosteroide tópico ou sistêmico. Os pacientes receberam lirentelimabe em doses de 0,3 e 1 mg/kg e subsequentes doses de 1 ou 3 mg/kg durante 6 meses. Foram avaliadas mudanças nos eosinófilos em sangue periférico, diário de sintomas, escore de avaliação do investigador, qualidade de vida e citocinas na lágrima. Foi observada redução de 61% no escore do questionário de sintomas oculares e redução de IL-4 e IL-13 na lágrima, com eventos adversos leves.

CONCLUSÕES

Crianças e adolescentes com doenças alérgicas, especialmente em suas formas graves, estão sendo beneficiadas com a evolução no desenvolvimento de biológicos e pequenas moléculas para o seu tratamento nas últimas duas décadas. Pacientes com asma, urticária crônica espontânea, DA e esofagite eosinofílica já tem disponíveis comercialmente no Brasil fármacos com eficácia e segurança superior à dos tratamentos habituais, controlando suas doenças, melhorando sua qualidade de vida e evitando complicações. Mais recentemente já se discute a remissão clínica, como é o caso da asma, e também a possibilidade de se tratar com um único fármaco as comorbidades. Diversos estudos com novos fármacos estão em fases II e III, o que ampliará ainda mais o arsenal terapêutico, exigindo que o pediatra se mantenha atualizado das diversas possibilidades para o tratamento das doenças alérgicas de crianças e adolescentes.

BIBLIOGRAFIA

Ahn J, Choi Y, Simpson EL. Therapeutic New Era for Atopic Dermatitis: Part 2. Small Molecules. Ann Dermatol. 2021;33(2):101-7.

Ahn J, Grinich EE, Choi Y, Guttman-Yassky E, Simpson EL. Emerging systemic therapeutic biologics and small molecules for atopic dermatitis: how to decide which treatment is right for your patients. J Allergy Clin Immunol Pract. 2021;9(4):1449-60.

Anesi SD, Tauber J, Nguyen QD, Chang P, Berdy GJ, Lin CC, et al. Lirentelimab for severe and chronic forms of allergic conjunctivitis. J Allergy Clin Immunol. 2022;150(3):631-9.

Bacharier L, Maspero J, Katelaris C, Fiocchi A, Gagnon R, de Mir I, et al. Dupilumab in children with uncontrolled moderate-to-severe asthma. N Engl J Med. 2021;385(24):2230-40.

Barnes AC, Blandford AD, Perry JD. Cicatricial ectropion in a patient treated with dupilumab. Am J Ophthalmol. Case Rep. 2017;7:120-2.

Bieber T. Atopic dermatitis: an expanding therapeutic pipeline for a complex disease. Nat Rev Drug Discov. 2022;21(1):21-40.

Boguniewicz M, Fonacier L, Guttman-Yassky E, Ong P, Silverberg J. Atopic Dermatitis Yardstick update. Ann Allergy Asthma Immunol. 2023;130(6):811-20.

Bosma AL, de Wijs LEM, Hof MH, van Nieuwenhuizen BR, Gerbens LAA, Middelkamp-Hup MA, et al. Long-term effectiveness and safety of treatment with dupilumab in patients with atopic dermatitis: results of the TREAT NL (TREatment of ATopic eczema, the Netherlands) registry. J Am Acad Dermatol. 2020;83(5):1375-1384.

Brasil. Ministério da Saúde. Agência Nacional de Vigilância Sanitária. 2ª Diretoria. Gerência-Geral de Medicamentos e Produtos. Resolução RE Nº 1.355, de 28 de Abril de 2022. Brasília, DF: Diário Oficial da União; 2022.

Castro M, Corren J, Pavord I, Maspero J, Wenzel S, Rabe K, et al. Dupilumab efficacy and safety in moderate-to-severe uncontrolled asthma. N Engl J Med. 2018;378(26):2486-96.

CIBINQO® (abrocitinibe). [Bula]. [acesso em março de 2024]. Disponível em: https://www.pfizer.com.br/files/Cibinqo_Profissional_de_Saude_07.pdf

Dahdah L, Ceccarelli S, Amendola S, Campagnano P, Cancrini C, Mazzina O, et al. IgE immunoadsorption knocks down the risk of food-related anaphylaxis. Pediatrics. 2015;136(6):e1617-20.

Deleuran M, Thaci D, Beck LA, de Bruin-Weller M, Blauvelt A, Forman S, et al. Dupilumab shows long-term safety and efficacy in patients with moderate to severe atopic dermatitis enrolled in a phase 3 open-label extension study. J Am Acad Dermatol. 2020;82(2):377-88.

Delgocitinib. [Bula]. Índice. [acesso em março de 2024]. Disponível em: indice.eu/pt/medicamentos/DCI/delgocitinib/informacao-geral

Dellon ES, Mirna G, Leiman RM, David A, Spergel J, Wechsler J, et al. Results from KRYPTOS, a Phase 2/3 Study of Lirentelimab (AK002) in Adults and Adolescents With EoE. Am J Gastroenterol. 2022;117(10S):e316-e317.

Dellon ES, Rothenberg ME, Collins MH, Hirano I, Chehade M, Bredenoord AJ, et al. Dupilumab in Adults and Adolescents with Eosinophilic Esophagitis. N Engl J Med. 2022;387(25):2317-30.

Dhillon S. Delgocitinib: First Approval. Drugs 2020;80(6):609-15.

Dispenza M, Metcalfe DD, Olivera A. Research advances in mast cell biology and their translation into novel therapies for anaphylaxis. J Allergy Clin Immunol Pract. 2023;11(7):2023-42.

Diver S, Khalfaoui L, Emson C, Wenzel S, Menzies-Gow A, Wechsler M, et al. Effect of tezepelumab on airway inflammatory cells, remodelling, and hyperresponsiveness in patients with moderate-to-severe uncontrolled asthma (CASCADE): a double-blind, randomised, placebo-controlled, phase 2 trial. Lancet Respir Med. 2021;9(11):1299-312.

Doan S, Amat F, Gabison E, Saf S, Cochereau I, Just J. Omalizumab in Severe Refractory Vernal Keratoconjunctivitis in Children: Case Series and Review of the Literature. Ophthalmology and Therapy. 2017;6(1):195-206.

Dodson J, Lio PA. Biologics and small molecule inhibitors: an update in therapies for allergic and immunologic skin diseases. Curr Allergy Asthma Rep. 2022;22(12):183-93.

Dupuis P, Prokopich CL, Hynes A, Kim H. A contemporary look at allergic conjunctivitis. Allergy Asthma Clin Immunol. 2020;16:5.

European Medicines Agency. Olumiant. [acesso em março de 2024]. Disponível em: https://www.ema.europa.eu/en/medicines/human/EPAR/olumiant

European Medicines Agency. Rinvoq. [acesso em março de 2024]. Disponível em: https://www.ema.europa.eu/en/medicines/human/EPAR/rinvoq

Fasenra® (benralizumabe). [Bula]. [acesso em março de 2024]. Disponível em:https://www.astrazeneca.com.br/content/dam/az-br/Medicine/medicine-pdf/Fasenra_Bula_Paciente.pdf

Food and Drug Administration. Abrocitinib. Drugs@FDA: FDA-Approved Drugs.

Food and Drug Administration. Ruxolitinib. Drugs@FDA: FDA-Approved Drugs.

Food and Drug Administration. Upadacitinib. Drugs@FDA: FDA-Approved Drugs.

Frohlich M, Olivenstein R, Cormier M. Eosinophilic pulmonary complications of dupilumab in two patients with asthma and chronic rhinosinusitis with nasal polyps. J Allergy Clin Immunol Pract. 2022;10(2):617-9.

Fu Z, Xu Y, Cai C. Efficacy and safety of omalizumab in children with moderate-to-severe asthma: a meta-analysis. J Asthma. 2021;58(10):1350-8.

Gauvreau GM, Sehmi R, Ambrose CS, Griffiths JM. Thymic stromal lymphopoietin: its role and potential as a therapeutic target in asthma. Expert Opin Ther Targets. 2020;24(8):777-92.

Gupta A, Ikeda M, Geng B, Azmi J, Price R, Bradford E, et al. Long-term safety and pharmacodynamics of mepolizumab in children with severe asthma with an eosinophilic phenotype. J Allergy Clin Immunol. 2019;144(5):1336-42.

Guttman-Yassky E, Blauvelt A, Eichenfield LF, Paller AS, Armstrong AW, Drew J, et al. Efficacy and safety of lebrikizumab, a high-affinity interleukin-13 inhibitor, in adults with moderate to severe atopic dermatitis: a phase 2b randomized clinical trial. JAMA Dermatol. 2020;156(4):411-20.

Guttman-Yassky E, Simpson EL, Reich K, Kabashima K, Igawa K, Suzuki T, et al. An anti-OX40 antibody to treat moderate-to-severe atopic dermatitis: a multicentre, double-blind, placebo-controlled phase 2b study. Lancet. 2023;401(10372):204-14.

Halling AS, Loft N, Silverberg JI, Guttman-Yassky E, Thyssen JP. Real-world evidence of dupilumab efficacy and risk of adverse events: a systematic review and meta-analysis. J Am Acad Dermatol. 2021;84(1):139-47.

Jackson D, Bacharier L, Gergen P, Gagalis L, Calatroni A, Wellford S, et al. Mepolizumab for urban children with exacerbation-prone eosinophilic asthma in the USA (MUPPITS-2): a randomised, double-blind, placebo-controlled, parallel-group trial. Lancet. 2022;400(10351):502-11.

JAKAVI® (ruxolitinibe). [Bula]. [acesso em março de 2024]. Disponível em: https://portal.novartis.com.br/medicamentos/wp-content/uploads/2021/10/Bula-JAKAVI-Comprimido-Medico.pdf

Kabashima K, Matsumura T, Komazaki H, Kawashima M; Nemolizumab JP01 andJP02 Study Group. Nemolizumab plus topical agents in patients with atopic dermatitis (AD) and moderate-to-severe pruritus provide improvement in pruritus and signs of AD for up to 68 weeks: Results from two phase III, long-term studies. Br J Dermatol. 2022;186(4):642-51.

Klein B, Treudler R, Simon JC. JAK-inhibitors in dermatology – small molecules, big impact? Overview of the mechanism of action, previous study results and potential adverse effects. J Dtsch Dermatol Ges. 2022;20(1):19-24.

Leonardi A, Silva D, Perez Formigo D, Bozkurt B, Sharma V, Allegri P, et al. Management of ocular allergy. Allergy. 2019;74(9):1611-30.

Li Q, Kang C. Mechanisms of Action for Small Molecules Revealed by Structural Biology in Drug Discovery. Int J Mol Sci. 2020;21(15):5262.

Manti S, Giallongo A, Papale M, Parisi GF, Leonardi S. Monoclonal antibodies in treating chronic spontaneous urticaria: new drugs for an old disease. J Clin Med. 2022;11(15):4453.

Maurer M, Berger W, Giménez-Arnau A, Hayama K, Jain V, Reich A, et al. Remibrutinib, a novel BTK inhibitor, demonstrates promising efficacy and safety in chronic spontaneous urticarial. J Allergy Clin Immunol. 2022;150(6):14981506.e2.

Menzies-Gow A, Corren J, Bourdin A, Chupp G, Israel E, Wechsler M, et al. Tezepelumab in adults and adolescents with severe, uncontrolled asthma. N Engl J Med. 2021;384(19):1800-9.

Morf H, White T. Use of biosimilars in the treatment of rheumatoid arthritis: an overview. Z Rheumatol. 2022;81(2):110-7.

Morita H, Matsumoto K, Saito H. Biologics for allergic and immunologic diseases. J Allergy Clin Immunol. 2022;150(4):766-77.

Nieto García A, Garriga-Baraut T, Plaza Martín A, Nieto Cid M, Torres Borrego J, Folqué Giménez M, et al. Omalizumab outcomes for up to 6 years in pediatric patients with severe persistent allergic asthma. Pediatr Allergy Immunol. 2021;32(5):980-91.

Nogueira LB, Chong-Silva DC, Rosário Filho NA, Chong-Neto HJ. Inibidores de JAK no tratamento da dermatite atópica. Arq Asma Alerg Imunol. 2022;6(3):331-43.

Nucala® (mepolizumabe). [Bula]. [acesso em julho de 2023]. Disponível em: https://br.gsk.com/media/6289/nucala-solu%C3%A7%C3%A3o-injet%C3%A1vel.pdf

Oetjen LK, Mack MR, Feng J, Whelan TM, Niu H, Guo CJ, et al. Sensory neurons co-opt classical immune signaling pathways to mediate chronic itch. Cell. 2017;171(1):217-28.

Olumiant® (baricitinibe). [Bula]. [acesso em julho de 2023]. Disponível em: https://psoriasebrasil.org.br/anvisa-aprova-novo-tratamento-oral-para-dermatite-atopica-baricitinibe/

Orfali RL, Aoki V. Blockage of the IL-31 Pathway as a Potential Target Therapy for Atopic Dermatitis. Pharmaceutics. 2023;15(2):577.

Papp K, Szepietowski JC, Kircik L, Toth D, Eichenfield LF, Leung DYM, et al. Efficacy and safety of ruxolitinib cream for the treatment of atopic dermatitis: Results from 2 phase 3, randomized, double-blind studies. J Am Acad Dermatol. 2021;85(4):863-72.

Paller AS, Siegfried EC, Simpson EL, Cork MJ, Lockshin B, Kosloski MP, et al. A phase 2, open-label study of single-dose dupilumab in children aged 6 months to <6 years with severe uncontrolled atopic dermatitis: pharmacokinetics, safety and efficacy. J Eur Acad Dermatol Venereol. 2021;35(2):464-75.

Paller AS, Siegfried EC, Thaci D, Wollenberg A, Cork MJ, Arkwright PD, et al. Efficacy and safety of dupilumab with concomitant topical corticosteroids in children 6 to 11 years old with severe atopic dermatitis: a randomized, double-blinded, placebo controlled phase 3 trial. J Am Acad Dermatol.2020;83(5):1282-93.

Paller AS, Simpson EL, Siegfried EC, Cork MJ, Wollenberg A, Arkwright PD, et al. Dupilumab in children aged 6 months to younger than 6 years with uncontrolled atopic dermatitis: a randomised, double-blind, placebo-controlled, phase 3 trial. Lancet. 2022;400(10356):908-19.

Papp K, Szepietowski JC, Kircik L, Toth D, Eichenfield LF, Leung DYM, et al. Efficacy and safety of ruxolitinib cream for the treatment of atopic dermatitis: Results from 2 phase 3, randomized, double-blind studies. J Am Acad Dermatol. 2021;85(4):863-72.

RINVOQ® (upadacitinibe). [Bula]. [acesso em julho de 2023]. Disponível em: https://www.abbvie.com.br/content/dam/abbvie-dotcom/br/documents/RINVOQ-VP.pdf

Rothenberg ME, Dellon ES, Collins MH, Hirano I, Chehade M, Bredenoord A, et al. Efficacy and safety of dupilumab up to 52 weeks in adults and adolescents with eosinophilic esophagitis (LIBERTY EoE TREET study): a multicentre, double-blind, randomised, placebo-controlled, phase 3 trial. Lancet Gastroenterol Hepatol. 2023;8(11):990-1004.

Saxena S, Rosas-Salazar C, Fitzpatrick A, Bacharier L. Biologics and severe asthma. Curr Opin Allergy Clin Immunol. 2023;23(2):111-8.

Silverberg JI, Guttman-Yassky E, Gadkari A, Kuznik A, Mallya UG, Mastey V, et al. Real-world persistence with dupilumab among adults with atopic dermatitis. Ann Allergy Asthma Immunol. 2021;126(1):40-5.

Silverberg JI, Pinter A, Pulka G, Poulin Y, Bouaziz JD, Wollenberg A, et al. Phase 2B randomized study of nemolizumab in adults with moderate-to-severe atopic dermatitis and severe pruritus. J Allergy Clin Immunol. 2020;145(1):173-82.

Solé D, Sano F, Rosário Filho Antila MA, Aranda CS, Chong-Neto HJ, et al. Practical update guide: biological drugs in the treatment of asthma, allergic diseases and immunodeficiencies. Arq Asma Alerg Imunol. 2019;3(3):207-58.

Spergel BL, Ruffner MA, Godwin BC, Liacouras CA, Cianferoni A, Gober L, et al. Improvement in eosinophilic esophagitis when using dupilumab for other indications or compassionate use. Ann Allergy Asthma Immunol. 2022;128(5):589-93.

Stanbery AG, Smita S, von Moltke J, Wojno EDT, Ziegler SF. TSLP, IL-33, and IL-25: Not just for allergy and helminth infection. J Allergy Clin Immunol. 2022;150(6):1302-13.

Szefler S, Casale T, Haselkorn T, Yoo B, Ortiz B, Kattan M, et al. Treatment benefit with omalizumab in children by indicators of asthma severity. J Allergy Clin Immunol Pract. 2020;8(8):2673-80.

Take Action With DUPIXENT® (dupilumab). [Bula]. [acesso em julho de 2023]. Disponível em: https://www.dupixent.com/

Tezspire® (tezepelumabe). [Bula]. Disponível em: https://www.azmed.com.br/ulti-ce/dam/multibrand/br/pt/azmed-2022/home/bulas-profissionais/bulas/Tezspire_Bula_Profissional.pdf

van der Togt CJT, Van den Bemt B, Aletaha D, Alten R, Chatzidionysiou K, Galloway J, et al. Points to consider for cost-effective use of biological and targeted synthetic DMARDs in inflammatory rheumatic diseases: results from an umbrella review of international Delphi study. RMD Open. 2023;9(1):e002898.

Williams PB, Sheppard Jr JD. Omalizumab: a future innovation for treatment of severe ocular allergy? Expert Opinion on Biological Therapy. 2005;5(12):1603-9.

Wollenberg A, Ariens L, Thurau S, van Luijk C, Seegräber M, de Bruin-Weller M. Conjunctivitis occurring in atopic dermatitis patients treated with dupilumab-clinical characteristics and treatment. J Allergy Clin Immunol Pract. 2018;6(5):1778-1780.e1.

Wollenberg A, Beck LA, de Bruin Weller M, Simpson EL, Imafuku S, Boguniewicz M, et al. Conjunctivitis in adult patients with moderate-to-severe atopic dermatitis: results from five tralokinumab clinical trials. Br J Dermatol. 2022;186(3):453-65.

Wollenberg A, Blauvelt A, Guttman-Yassky E, Worm M, Lynde C, Lacour JP, et al. Tralokinumab for moderate-to-severe atopic dermatitis: results from two 52-week, randomized, double-blind, multi-centre, placebo-controlled phase III trials (ECZTRA1 and ECZTRA2). Br J Dermatol. 2021;184(3):437-49.

Worm M, Simpson EL, Thaçi D, Bissonnette R, Lacour JP, Beissert S, et al. Efficacy and Safety of Multiple Dupilumab Dose Regimens After Initial Successful Treatment in Patients With Atopic Dermatitis: A Randomized Clinical Trial. JAMA Dermatol. 2020;156(2):131-43.

Xeljanz® (citrato de tofacitinibe). [Bula]. [acesso em julho de 2023]. Disponível em: https://www.pfizer.com.br/files/Xeljanz_Profissional_de_Saude_60.pdf

Xolair® (omalizumabe). [Bula]. [acesso em julho de 2023]. Disponível em: https://portal.novartis.com.br/medicamentos/wp-content/uploads/2021/10/Bula-XOLAIR-Po-Liofilizado-para-Solucao-Injetavel-Medico.pdf

Yang N, Chen Z, Zhang X, Shi Y. Novel Targeted Biological Agents for the Treatment of Atopic Dermatitis. BioDrugs. 2021;35(4):401-15.

Zuberbier T, Wood RA, Bindslev-Jensen C, Fiocchi A, Saron Chinthrajah R, Worm M, et al. Omalizumab in IgE-mediated food allergy: a systematic review and meta-analysis. J Allergy Clin Immunol Pract. 2023;11(4):1134-46.

4

Imunobiológicos usados em Dermatologia pediátrica

Kerstin Taniguchi Abagge
Mariana Aparecida Pasa Morgan
Renata Robl Imoto
Vânia Oliveira de Carvalho

DESTAQUES

- Revisão da fisiopatologia e do mecanismo de ação dos principais biológicos e pequenas moléculas utilizados em alopécia areata, dermatite atópica e psoríase.
- Orientações de doses e protocolos de seguimento dos pacientes que utilizam esses tratamentos.
- Principais eventos adversos associados.

INTRODUÇÃO

Os imunobiológicos e as pequenas moléculas revolucionaram o tratamento de dermatoses imunomediadas. A compreensão de mecanismos fisiopatológicos, principalmente da dermatite atópica, alopecia areata e psoríase, permitiram o desenvolvimento de terapias-alvo. Com a Medicina de precisão, foi possível desenvolver classes de medicamentos mais efetivas e com menores riscos de eventos adversos, permitindo um melhor controle dessas doenças em longo prazo.

Este capítulo se propõe apresentar os imunobiológicos e as pequenas moléculas indicados na faixa etária pediátrica para essas três dermatoses.

ALOPECIA AREATA

A alopecia areata (AA) é uma doença imunomediada, com ataque do sistema imunológico nos folículos pilosos anágenos, causando a evolução prematura para as fases catágena e telógena, com queda repentina e inibição do crescimento dos cabelos. Os fatores causais da doença não são totalmente compreendidos, mas sabe-se que há suscetibilidade genética e ocorre perda do privilégio imune folicular (estado de proteção de alguns locais do corpo que impede uma resposta imune inflamatória quando expostos a antígenos), com desenvolvimento de infiltrado inflamatório mediado por células T, mastócitos e células *natural killer* (NK).

A perda do privilégio imunológico do folículo piloso é desencadeada por eventos estressores desconhecidos que levam à infiltração de células TCD8 e TCD4. Interferon-gama (IFN-γ) é secretado pelas células TCD8, que culminam com a via de sinalização pelas enzimas Janus quinase (JAK)-1 e JAK-2 nas células epiteliais do folículo piloso, estimulando a liberação de interleucina (IL)-15. Esta sinaliza, junto às JAK-1 e JAK-3, o recrutamento de mais células TCD8. A infiltração linfocítica causa apoptose nos queratinócitos do folículo piloso, o que inibe a proliferação celular dentro da matriz capilar. A intensidade da inflamação e apoptose resultam em distrofia folicular e uma mudança precoce para a fase catágena, causando a queda dos cabelos.

Independentemente do processo que iniciou as vias inflamatórias imunológicas, as respostas celulares às citocinas pró-inflamatórias responsáveis pela indução e perpetuação da resposta imune convergem nas vias de sinalização JAK-STAT. Com a inibição da enzima JAK, não ocorre a transdução do sinal intracelular, bloqueando o processo imunológico.

As enzimas JAK9 possuem receptores expressos nas superfícies das células que, após serem ativados pela ligação de citocinas, transmitem sinais intracelulares. A família JAK é composta por quatro membros: JAK-1, JAK-2, JAK-3 e tirosina quinase 2 (TYK-2), que interagem com citocinas e fatores de crescimento envolvidos na hematopoiese, inflamação e função imunológica.

Após a interação dos seus receptores com as citocinas, as JAK sofrem autofosforilação e são ativadas, causando recrutamento de transdutores de sinal e ativadores de proteínas de transcrição (STAT). A família STAT tem seis proteínas: STAT1, STAT2, STAT3, STAT5A/B e STAT6. As STAT recrutadas migram da membrana celular para o núcleo e regulam a transcrição dos genes-alvo, compreendendo a via de sinalização, o chamado caminho JAK-STAT. As enzimas do grupo JAK possibilitam que proteínas extracelulares transmitam sinais para o núcleo de células-alvo para iniciar uma resposta biológica específica.

Um ou mais membros das famílias JAK e STAT podem ser recrutados e possibilitam combinações de diferentes tipos de proteínas JAK, gerando respostas específicas das células imunes. Por isso, a modulação ou inibição da atividade dessa via intracelular representa um alvo para o tratamento de doenças imunomediadas.

Muitas dermatoses são acionadas por mediadores inflamatórios que dependem de sinais JAK-STAT, e o uso de inibidores de JAK tornou-se uma nova estratégia para o tratamento de doenças sem resposta ao tratamento convencional com imunossupressores. O mecanismo de ação é impedir a fosforilação da proteína JAK, interrompendo a transdução da sinalização intracelular. Os inibidores de JAK de primeira geração inibem várias JAK, como o baricitinibe, que atua em JAK-1 e JAK-2 e com menor potência em outros subtipos. Essa inibição não seletiva permite maior eficácia terapêutica. Por outro lado, os de segunda geração são mais seletivos e limitam os efeitos colaterais.

Para a AA, o único imunobiológico aprovado até o momento é o baricitinibe (Olumiant®), somente para uso em adultos. É um inibidor seletivo da JAK, do tipo pequenas moléculas.

Baricitinibe

Aprovações FDA, EMA e Anvisa

Em 13 de junho de 2022, o baricitinibe oral foi aprovado pela Food and Drug Administration (FDA) como tratamento sistêmico para pacientes adultos com AA grave. Esse mesmo medicamento já era aprovado pela FDA para tratamento de artrite reumatoide desde 2018 e pela European Medicines Agency (EMA) desde 2017. No Brasil, o uso do medicamento está aprovado pela Agência Nacional de Vigilância Sanitária (Anvisa) para dermatite atópica moderada a grave e artrite reumatoide.

A liberação pela FDA foi baseada em dois estudos que avaliaram a eficácia e a segurança do baricitinibe na AA, BRAVE-AA1 e BRAVE-AA2, ambos randomizados, duplo-cegos e controlados por placebo. Os pacientes eram adultos (≥ 18 anos) com AA grave (pontuação maior ou igual a 50 no Severity of Alopecia Tool (SALT) por mais de 6 meses) e foram divididos em grupos que receberam placebo, 2 mg de baricitinibe ou 4 mg de baricitinibe todos os dias. A medida primária de eficácia para ambos os ensaios foi a proporção de pacientes que atingiram pelo menos 80% de repilação capilar pelo SALT na semana 36.

Como prescrever baricitinibe

A posologia de baricitinibe é de 2 mg 1x/dia, com aumento para 4 mg se a resposta for inadequada ou ausente após 3 meses de tratamento. Pacientes com perda de cabelo do couro cabeludo quase completa ou completa podem ser tratados inicialmente com 4 mg 1x/dia, e a dose deve ser diminuída para 2 mg após a obtenção de uma resposta adequada. O tratamento deve ser suspenso se não há resposta após 6 meses de uso. Não é recomendado o uso em combinação com outros inibidores de JAK ou imunossupressores.

Deve-se realizar sorologia para hepatites virais e tuberculose, além de rastreio de insuficiência renal e gravidez antes do início da terapia. Também é recomendado fazer hemograma, avaliação da função hepática e níveis lipídicos, com periodicidade de 12 semanas.

Eventos adversos

Não há relato de complicações cardiovasculares, tromboembólicas e infecções graves com o uso de baricitinibe. Nenhum evento adverso grave ou morte foi relatado. Infecções do trato respiratório superior, cefaleia, náusea, infecção do trato urinário e acne são os efeitos adversos mais comuns. Outros efeitos associados incluem foliculite, fadiga, infecções genitais fúngicas, dor abdominal, herpes e ganho de peso. Nas alterações laboratoriais, deve-se atentar para anemia, neutropenia, aumento dos níveis de colesterol HDL e LDL, creatinofosfoquinase (CPK) e enzimas hepáticas. Na maioria dos casos, o aumento de CPK ≥ 5 vezes o limite superior do normal é relacionado ao exercício físico, e nenhum caso de rabdomiólise foi relatado.

Os dados sobre o uso de baricitinibe em crianças e adolescentes são limitados. Há um estudo com 29 adolescentes, de 12 a 17 anos, tratados com baricitinibe e minoxidil orais que apresentaram redução de 60% na pontuação SALT; estudos adicionais são necessários para confirmar a eficácia e segurança na faixa etária pediátrica e nos adolescentes.

Ritlecitinibe

Publicação recente avaliou a eficácia e segurança do ritlecitinibe, inibidor oral seletivo de JAK-3 e TYK-2, para o tratamento da AA em 105 adolescentes entre 12 e 17 anos (subgrupo do estudo ALLEGRO fase 2b/3 - NCT03732807) com pontuação ≥ 50% no SALT. Os pacientes receberam 50 ou 30 mg de ritlecitinibe 1x/dia (± 4 semanas de dose de ataque de 200 mg), 10 mg de ritlecitinibe ou placebo, por 24 semanas. Nas 24 semanas subsequentes, os grupos de ritlecitinibe continuaram a administração, e o grupo placebo iniciou a medicação. Os resultados demonstraram eficácia do ritlecitinibe pela melhora da pontuação SALT em comparação ao grupo placebo. Os eventos adversos mais comuns foram cefaleia, acne e nasofaringite. Nenhum evento grave foi relatado. Contudo, ainda são necessários estudos com maior número de pacientes para conclusões efetivas.

Outros inibidores de JAK já foram testados para o tratamento de AA em pacientes adultos, como o tofacitinibe (inibidor de JAK-1 e JAK-3) na dose de 5 mg 2x/dia. No entanto, a FDA emitiu alertas relacionados ao risco de infecções graves, mortalidade e eventos cardiovasculares.

Como cerca de 31% a 48% dos pacientes com AA apresentam manifestações antes de 20 anos, são necessários mais estudos com a faixa etária pediátrica para conclusões sobre eficácia e segurança em longo prazo do uso dessas medicações.

DERMATITE ATÓPICA

Na fisiopatologia da dermatite atópica (DA) há interação de fatores genéticos, quebra da barreira epidérmica, anormalidades do microbioma cutâneo e desregulação imunológica do tipo Th2 na fase aguda e tipo Th1 na fase crônica. Ocorre deficiência na produção da filagrina, que resulta em inflamação e infiltração de células T, com exacerbação do dano da barreira cutânea, e disbiose, favorecendo a proliferação do *Staphylococcus aureus*, resultando na clínica de xerose, prurido e eczema. A resposta imunológica tem predomínio de citocinas inflamatórias do tipo 2, principalmente IL-4, IL-5 e IL-13, que inibem lipídios e proteínas na barreira epidérmica e participam da ativação de eosinófilos e mastócitos, aumentando a produção de imunoglobulina E (IgE).

A via JAK/STAT tem papel importante na fisiopatologia da doença. Quando há ativação dos receptores das enzimas JAK, ocorre a fosforilação das proteínas transdutoras de sinal e ativadoras de transcrição (STAT), o que estimula a transcrição e regulação da expressão de genes e resulta em moléculas e citocinas inflamatórias que ativam leucócitos e proliferação celular.

Com o conhecimento atual sobre os mecanismos fisiopatológicos da DA, foram desenvolvidas novas opções terapêuticas para o tratamento da doença, como agentes biológicos e inibidores de JAK (Tabela 1).

TABELA 1 Imunobiológicos e inibidores da via JAK/STAT para uso na dermatite atópica

Tratamento de longo prazo/permanente
• Agentes biológicos: dupilumabe (anti-IL-4/IL-13Ra), traloquinumabe (anti-IL-13), lebrikizumab (anti-IL-13) • Inibidores de JAK: upadacitinibe (JAK-1-seletivo), abrocitinibe (JAK-1-seletivo), ruxolitinibe (JAK-1/JAK-2-seletivo), baricitinibe (JAK-1/JAK-2-seletivo) e delgocitinibe (inibe JAK-1, JAK-2, JAK-3 e TYK-2)
Tratamento sistêmico para crianças e adolescentes
• Dupilumabe (a partir dos 6 meses) • Traloquinumabe (a partir dos 12 anos) • Upadacitinibe (a partir dos 12 anos) • Abrocitinibe (a partir dos 12 anos) • Ruxolitinibe (a partir dos 12 anos)

Nota: dados atualizados em 13.07.2023.

Biológicos

Dupilumabe

O dupilumabe é um anticorpo monoclonal do tipo IgG4 totalmente humano, administrado por injeção subcutânea. É uma proteína que se liga à subunidade alfa do receptor IL-4 e bloqueia vias de sinalização de IL-4 e IL-13, reduzindo os sintomas da doença pela diminuição do processo de inflamação. Há melhora de 75% nos escores clínicos da doença após 3-4 meses de tratamento em cerca de 50% dos pacientes em monoterapia e 70% dos que usam dupilumabe em combinação com corticosteroides tópicos (CT). A concentração clinicamente eficaz é atingida na segunda semana de tratamento.

Indicação na dermatite atópica

É indicado para o tratamento de crianças e adolescentes de 6 meses a 11 anos de idade e adolescentes com DA grave, cuja doença não foi adequadamente controlada com tratamentos tópicos ou quando esses tratamentos são contraindicados. Pode ser utilizado com ou sem CT. Tem eficácia em pacientes com asma persistente com eosinofilia elevada, melhorando a função pulmonar, reduzindo exacerbações e diminuindo os biomarcadores de Th2. Está sendo estudado em outras doenças, incluindo prurigo nodular, pênfigo vulgar, sinusite crônica com polipose nasal, esofagite eosinofílica e alergia alimentar. É contraindicado a pacientes com hipersensibilidade conhecida à medicação ou a qualquer excipiente.

Aprovações FDA, EMA e Anvisa

Foi aprovado pela Anvisa em 2017 para uso em adultos. Em 2019, houve a extensão do uso para pacientes a partir de 12 anos e, em 2022, para crianças e adolescentes com idade entre 6 meses e 11 anos com DA grave. Não consta na lista de medicamentos liberados pelo Sistema Único de Saúde (SUS). Aprovado pela FDA e EMA para pacientes com DA moderada a grave a partir de 6 meses de idade.

Como prescrever dupilumabe

A dose da medicação será aplicada de acordo com a idade e o peso do paciente (Tabela 2).

TABELA 2 Dose de dupilumabe para administração subcutânea em pacientes com dermatite atópica de acordo com idade e peso corporal

Paciente	Dose inicial	Doses subsequentes
06-17 anos: ≥ 15 a < 30 kg	600 mg (2 injeções de 300 mg)	300 mg (cada 4 semanas)
06-17 anos: ≥ 30 a < 60 kg	400 mg (2 injeções de 200 mg)	200 mg (cada 2 semanas)
06-17 anos: ≥ 60 kg	600 mg (2 injeções de 300 mg)	300 mg (cada 2 semanas)
6 meses a 5 anos: < 15 kg	200 mg (1 injeção de 200 mg)	200 mg (cada 4 semanas)
6 meses a 5 anos: 15 a 30 kg	300 mg (1 injeção de 200 mg)	300 mg (cada 4 semanas)

Fonte: adaptada da bula Dupixent®.

O dupilumabe é administrado por meio de injeção subcutânea na coxa, parte superior do braço e abdômen, exceto nos 5 cm ao redor do umbigo, utilizando uma seringa preenchida de uso único. Recomenda-se que o local seja rotativo para cada injeção. Não deve ser injetado em áreas sensíveis, lesadas ou que tenham hematomas ou cicatrizes. Nenhum exame laboratorial é necessário antes ou durante o tratamento.

Os pacientes tratados concomitantemente com corticosteroide oral (CO) podem reduzir a dose deste, uma vez que tenha ocorrido melhora clínica com o dupilumabe. Reduções na dose de CO devem ser graduais e podem estar associadas a sintomas de abstinência sistêmica e/ou revelar condições previamente suprimidas pelo tratamento sistêmico.

Os pacientes com infecções helmínticas preexistentes devem ser tratados antes de iniciar o uso da medicação, e aqueles que contraírem a infecção durante o tratamento e não responderem ao anti-helmíntico devem descontinuar o dupilumabe até resolução da infecção.

Eventos adversos

- Imediatos: os efeitos colaterais mais comuns incluem reações locais no local da injeção, eritema e edema, que em geral são leves e transitórias.
- Tardios: foram descritas reações de hipersensibilidade como reação anafilática, doença do soro e angioedema. Alguns pacientes relataram distúrbios visuais como blefarite, conjuntivite e ceratite. Os casos de conjuntivite não têm etiopatogenia bem compreendida, mas são tratados com CT ou imunomodulador tópico (IT), como tacrolimo 0,03% em forma de pomada oftálmica. Preferencialmente, devem ser avaliados pelo oftalmologista.

Houve relatos de cefaleia e infecções virais por herpes-simples, herpes genital e otite externa.

Orientação de vacinação

O dupilumabe não foi estudado com vacinas de vírus vivo, dessa maneira não devem ser administradas concomitantemente ao tratamento.

As respostas imunológicas à vacinação foram avaliadas em estudo no qual os pacientes com DA foram tratados uma vez por semana, durante 16 semanas, com 300 mg de dupilumabe. Após 12 semanas, os pacientes foram vacinados com vacina dTpa (célula T-dependente) e vacina meningocócica polissacarídica (célula T-dependente), e as respostas imunológicas foram avaliadas 4 semanas depois. As respostas de anticorpos tanto da vacina de tétano quanto da vacina meningocócica polissacarídica foram similares nos grupos de pacientes tratados com dupilumabe e placebo. Nenhuma interação adversa entre a vacina com vírus inativado e dupilumabe foi observada no estudo, portanto as vacinas de vírus inativados podem ser administradas.

Traloquinumabe

É um anticorpo monoclonal humanizado do tipo IgG4 que se liga especificamente à IL-13, bloqueando a interação dela com o complexo receptor IL-13Rα1/IL-4Rα. A IL-13 está entre as principais IL mediadoras da resposta imune na doença inflamatória humana tipo 2, como a DA. A inibição da via da IL-13 com traloquinumabe nos doentes diminui muitos dos mediadores da inflamação.

Indicação na dermatite atópica

Indicado para o tratamento de DA moderada a grave a partir dos 12 anos de idade. Houve 75% de melhora clínica na pontuação dos escores clínicos por cerca de 30% dos pacientes após 16 semanas de monoterapia, e em 56% após tratamento em combinação com CT. É contraindicado aos pacientes com hipersensibilidade à substância ativa ou a qualquer um dos excipientes da medicação.

Aprovações FDA, EMA e Anvisa

Aprovado pela EMA em 22 de junho de 2021 para adultos com DA moderada a grave e em 27 de dezembro de 2021 pela FDA. Em outubro de 2022, a Comissão Europeia (CE) estendeu o uso para adolescentes de 12 a 17 anos com DA moderada a grave. No Brasil, encontra-se em fase de aprovação.

Como prescrever traloquinumabe

O tratamento tem posologias distintas para dose inicial e manutenção (Tabela 3).

TABELA 3 Dose de traloquinumabe para administração subcutânea em pacientes adolescentes com idade igual ou superior a 12 anos com dermatite atópica

Dose inicial	Doses subsequentes (semanas alternadas)
600 mg (4 injeções de 150 mg)	300 mg (2 injeções de 150 mg)

Fonte: adaptada da bula Adtralza®.

O traloquinumabe é administrado por via subcutânea, na coxa, parte superior do braço e abdome, exceto nos 5 cm ao redor do umbigo. Para a dose inicial de 600 mg, devem ser administradas quatro injeções de 150 mg consecutivamente em locais distintos na mesma área do corpo. Recomenda-se que se alterne o local de injeção em cada dose. Não deve ser injetado em áreas sensíveis, lesionadas, com hematomas ou cicatrizes.

Dependendo da resposta, poderá ser considerada uma dose a cada 4 semanas para os pacientes que alcancem melhora clínica (pele "limpa" ou "quase limpa") após 16 semanas de tratamento. Deve-se considerar a interrupção do tratamento quando não houver resposta após 16 semanas de tratamento.

O traloquinumabe pode ser utilizado com ou sem CT, e a associação pode reforçar a eficácia geral do imunobiológico. Podem ser utilizados com IT, mas devem ser reservados apenas para regiões especiais, como o rosto, o pescoço, regiões intertriginosas e genitais. Nenhum exame laboratorial é necessário antes ou durante o tratamento.

Os pacientes com infecções helmínticas preexistentes devem ser tratados antes de iniciar o uso da medicação, e aqueles que contraírem a infecção durante o tratamento e não responderem ao anti-helmíntico devem descontinuar o uso do traloquinumabe até a resolução da infecção.

Eventos adversos

- Imediatos: os principais efeitos colaterais são reações no local da injeção, como edema e eritema.
- Tardios: os efeitos colaterais mais comuns foram maior ocorrência de infecções do trato respiratório superior, cefaleia, conjuntivite alérgica e ceratite, mas os estudos mostraram boa tolerância e segurança.

Orientação de vacinação

Não devem ser administradas vacinas vivas e vivas atenuadas, uma vez que segurança e eficácia não foram estabelecidas. Recomenda-se a atualização de todas as imunizações vivas e vivas atenuadas dos doentes, em conformidade com as orientações atuais relativas à imunização, antes do início do tratamento com traloquinumabe.

Lebriquizumabe

Anticorpo monoclonal específico humanizado em injeção subcutânea e antagonista da IL-13. Foi aprovado pela FDA em dezembro de 2019 para pacientes adultos com DA moderada e grave. Atualmente está passando por ensaios clínicos para aprovação de uso em DA moderada a grave em adultos e adolescentes no Brasil.

Um estudo em fase II, duplo-cego e placebo controlado, multicêntrico, avaliou 209 pacientes adultos com DA moderada a grave randomizados para lebriquizumabe 125 mg em dose única e lebriquizumabe 250 mg em dose única a cada 4 semanas e por 12 semanas ou placebo. Na semana 12, os pacientes recebendo lebriquizumabe em dose de 125 mg apresentavam EASI-50 melhor do que os placebos (82,4% *vs.* 62,3%). Uma das limitações do estudo foi que a resposta do grupo placebo poderia ter sido influenciada pelo uso de CT. O imunobiológico foi bem tolerado, e os efeitos adversos foram semelhantes entre grupo tratado e grupo placebo.

Ensaio clínico de fase 3, duplo-cego, controlado por placebo, multicêntrico incluiu 211 adolescentes de 12 a 18 anos e pacientes adultos com DA moderada a grave. Os pacientes foram randomizados para lebriquizumabe (doses de 500 mg no início do estudo e semana 2, seguidas de 250 mg a cada 2 semanas) ou placebo, em combinação com CT por 16 semanas. Na semana 16 os pacientes recebendo lebriquizumabe apresentavam significantemente EASI-75 melhor do que o grupo placebo (69,5% *vs.* 42,2%). A maioria dos eventos adversos não foram graves e não levaram a descontinuação do estudo, incluindo conjuntivite, cefaleia, hipertensão, reações no local da injeção e infecção por herpes.

Assim, os resultados preliminares sugerem que a medicação pode melhorar significativamente a gravidade da doença quando combinada com CT. Além da DA, foram conduzidos ensaios clínicos para o tratamento de condições associadas à IL-13, como asma, fibrose pulmonar idiopática e doença pulmonar obstrutiva crônica. Atualmente, há dados limitados sobre as interações medicamentosas do lebriquizumabe.

Inibidores de JAK

Upadacitinibe

Inibidor seletivo e reversível da JAK-1 em apresentação de comprimidos revestidos de liberação prolongada de 15 e 30 mg. É absorvido no intestino e atinge concentração plasmática máxima em 2 a 4 horas. O início da resposta ao medicamento pode ser observado logo na primeira semana de tratamento.

Indicação na dermatite atópica

Indicado para o tratamento de pacientes com idade igual ou maior a 12 anos e peso corporal maior que 40 kg, com DA, candidatos à terapia sistêmica. Já foi previamente autorizado para uso em artrite reumatoide. É contraindicado a pacientes com insuficiência hepática grave, hipersensibilidade à substância ativa ou aos excipientes da fórmula, com tuberculose ativa ou infecções graves ativas e gravidez.

Aprovações FDA, EMA e Anvisa

O upadacitinibe foi aprovado para tratamento de DA em pacientes acima de 12 anos pela EMA em agosto de 2021, pela FDA em janeiro de 2022 e pela Anvisa em maio de 2022. Ainda não consta na lista de medicamentos liberados pelo SUS.

Como prescrever upadacitinibe

A dose da medicação será de acordo com a idade e o peso do paciente (Tabela 4).

TABELA 4 Dose de upadacitinibe em pacientes com dermatite atópica

Paciente com idade igual ou superior a 12 anos e peso corporal mínimo de 40 kg
• 15 mg 1x/dia.
Pacientes adultos
• 30 mg (2 comprimidos), 1x/dia.
Pacientes adultos ≥ 65 anos
• 15 mg 1x/dia.

Nota: a dose 30 mg (2 comprimidos) 1x/dia pode ser indicada para pacientes com resposta inadequada à dose de 15 mg 1x/dia. A menor dose eficaz para manutenção deve ser considerada.
Fonte: adaptada da bula Rinvoq®.

A medicação deve ser ingerida por via oral, com ou sem alimento, com água, no mesmo horário todos os dias. Não deve ser partida, aberta ou mastigada. Pode ser usada em associação a CT e IT. Deve-se considerar a interrupção do tratamento em qualquer paciente que não demonstre evidência de benefício terapêutico após 12 semanas de tratamento.

Mulheres em idade fértil e adolescentes sexualmente ativas devem utilizar métodos contraceptivos eficazes durante o tratamento e durante 4 semanas após a dose final de upadacitinibe. Recomenda-se que o upadacitinibe não seja iniciado em pacientes com contagem absoluta de linfócitos < 500 células/mm^3, contagem absoluta de neutrófilos < 1.000 células/mm^3 ou que possuam níveis de hemoglobina < 8 g/dL.

Eventos adversos

Foram relatados casos de infecções graves, algumas vezes fatais, como tuberculose, herpes-zóster em múltiplos dermátomos, candidíase oral/esofágica e criptococose. Foram descritos casos de câncer de pele não melanoma, por isso recomenda-se exame periódico da pele em pacientes que apresentam maior risco para câncer de pele.

Um dos principais efeitos adversos foi o aparecimento de acne vulgar, na maioria dos casos de grau leve a moderada, e sua incidência foi proporcionalmente maior quanto maior a dose recebida, sendo a face o local mais acometido. Além disso, casos de nasofaringite, infecções das vias aéreas superiores (IVAS), cefaleia, aumento sérico de CPK, hipercolesterolemia, hipertrigliceridemia, neutropenia, linfopenia, anemia, dor abdominal, perfuração intestinal, trombose e eventos cardiovasculares também foram relatados.

Orientação de vacinação

Não há dados disponíveis sobre o uso de vacinas de agentes vivos. Vacinas vivas atenuadas durante ou imediatamente antes da terapia não são recomendadas. Antes de iniciar o uso de upadacitinibe recomenda-se atualização do calendário vacinal, incluindo vacinações profiláticas contra o herpes-zóster.

Abrocitinibe

Inibidor seletivo da JAK-1, de ação sistêmica e administração via oral, comprimidos nas apresentações de 50 mg, 100 mg ou 200 mg.

Indicação na dermatite atópica

Indicado para o tratamento de DA moderada a grave, em adultos e adolescentes acima de 12 anos, candidatos à terapia sistêmica, podendo ser utilizado com ou sem a associação de terapias tópicas. É contraindicado para pacientes com hipersensibilidade conhecida ao abrocitinibe ou a qualquer componente da fórmula, na gravidez, lactação ou insuficiência hepática.

Aprovações FDA, EMA e Anvisa

Aprovado para o tratamento de adolescentes acima de 12 anos de idade e adultos com DA moderada a grave em setembro de 2021 no Reino Unido e no Japão. Em dezembro de 2021, foi aprovado pela EMA para adultos; em janeiro de 2022, pelo FDA para o tratamento da DA moderada a grave maiores de 18 anos, e em fevereiro de 2023, para adolescentes de 12 a 17 anos. No Brasil, está aprovado para pacientes maiores de 12 anos com DA moderada e grave desde junho de 2023 pela Anvisa. Ainda não consta na lista de medicamentos liberados pelo SUS.

Como prescrever abrocitinibe

A dose recomendada é de 100 a 200 mg 1x/dia (Tabela 5).

TABELA 5 Dose de abrocitinibe em pacientes com dermatite atópica

Dose
Paciente com risco de tromboembolismo venoso, evento cardiovascular adverso e malignidade • 100 mg 1x/dia.
Pacientes sem risco de tromboembolismo venoso, evento cardiovascular adverso e malignidade • 200 mg 1x/dia.

Nota: se o paciente não responder adequadamente a 100 mg 1x/dia, a dose pode ser aumentada para 200 mg 1x/dia. Após o controle da doença, a dose deve ser reduzida para 100 mg 1x/dia. Se o controle da doença não for mantido após a redução da dose, o novo tratamento com 200 mg 1x/dia pode ser considerado.

Fonte: adaptada da bula Cibinqo®.

A descontinuação do tratamento deve ser considerada em pacientes que não apresentam evidência de benefício terapêutico após 24 semanas. Pode ser usado com ou sem terapias tópicas para o tratamento da DA. Deve ser administrado via oral 1x/dia, com ou sem alimentos, no mesmo horário do dia. Para pacientes que sentem náusea durante o tratamento, a ingestão com alimentos pode melhorar o sintoma. Não é recomendado esmagar, cortar ou mastigar os comprimidos. Os pacientes devem fazer triagem para tuberculose e hepatite viral antes de iniciar a terapia.

Deve-se monitorar a contagem de plaquetas e contagem absoluta de linfócitos 4 semanas após o início da terapia e, posteriormente, de acordo com o tratamento de rotina do paciente. Hemograma completo deve ser monitorado antes do início da terapia, 4 semanas após o início da medicação e, posteriormente, de acordo com o tratamento de rotina do paciente. Os parâmetros lipídicos também devem ser avaliados antes do início da terapia, 4 semanas após o início da terapia com abrocitinibe e, posteriormente, conforme a necessidade clínica. Mulheres devem ser orientadas a usar métodos contraceptivos eficazes durante o tratamento e por 1 mês após a dose final da medicação. Atenção em pacientes diabéticos, pois a medicação contém açúcar.

Eventos adversos

Em relação aos efeitos adversos, os sintomas mais frequentes são náusea, nasofaringite, cefaleia, IVAS, infecções relacionadas a herpes-vírus (herpes-simples, zóster, oral ou eczema herpético) e tendência a plaquetopenia dependente da dose. Casos de câncer de pele não melanoma, linfoma e outras malignidades também foram relatados.

Orientação de vacinação

Não há dados disponíveis sobre a resposta à vacinação em pacientes que recebendo abrocitinibe. O uso de vacinas vivas atenuadas deve ser evitado durante ou imediatamente antes do tratamento. Antes de iniciar a medicação, recomenda-se que seja atualizada a imunização, incluindo vacinações profiláticas (preventivas) contra herpes-zóster.

Ruxolitinibe

Inibidor tópico da JAK-1 e JAK-2, desenvolvido para melhorar a ação dos medicamentos utilizados e diminuir os riscos de efeitos colaterais sistêmicos. Medicação está disponível em creme na dose de 15 mg/g.

Indicação na DA

Tem indicação nos pacientes com DA maiores de 12 anos e em adultos com vitiligo não segmentar (face). É contraindicado a pacientes com hipersensibilidade à substância ativa ou a qualquer um dos excipientes, na gestação e amamentação.

Aprovações FDA, EMA e Anvisa

Foi aprovado para uso de pacientes com DA acima de 12 anos, pela FDA, na concentração de 1,5% em setembro de 2021. No Brasil, encontra-se em avaliação pela Anvisa.

Como prescrever ruxolitinibe

Recomenda-se aplicar camada fina de creme, 2x/dia na pele até um máximo de 10% da área da superfície corporal, com um mínimo de 8 horas entre as duas aplicações da medicação. Evitar lavar a pele tratada durante pelo menos 2 horas após a aplicação do creme. Não se destina a utilização oftálmica, oral ou vaginal. Devem-se lavar as mãos depois de aplicar a medicação, a menos que sejam as mãos as áreas a serem tratadas. Suspender quando houver resolução. Orienta-se o uso de métodos contraceptivos eficazes durante o tratamento e nas 4 semanas após a descontinuação do tratamento.

Eventos adversos

O efeito adverso mais comum foi queimação no local de aplicação, e nenhum efeito adverso grave foi relacionado ao uso da medicação. Foram descritos casos de acne no local da aplicação.

Orientação de vacinação

Não há contraindicação de vacinas durante o uso da medicação.

Baricitinibe

Inibidor da JAK-1 e JAK-2 na forma de comprimidos revestidos com 2 ou 4 mg. A dose recomendada é de 4 mg 1x/dia. Para alguns pacientes, a dose de 2 mg 1x/dia pode ser aceitável, como aqueles de 75 anos ou mais e pacientes com histórico de infecções crônicas ou recorrentes. Após a administração oral, é rapidamente absorvido pelo corpo humano, com tempo máximo médio de cerca de 1 hora para o início da ação.

Não é recomendado o uso concomitante com vacinas vivas atenuadas. Seu uso foi associado a aumento da taxa de infecções, como infecções do trato respiratório superior, e não deve ser administrada a pacientes com tuberculose ativa. Além disso, há casos de reativação viral; em caso de herpes-zóster, o tratamento deve ser interrompido até que o episódio se resolva.

Alteração nos parâmetros de lipídeos, alanina aminotransferase (ALT), aspartato aminotransferase (AST), contagem absoluta de neutrófilos e linfócitos foram observados em pacientes em uso de baricitinibe. Tais exames devem ser avaliados cerca de 12 semanas após o início da terapia.

Estudos de fase 3 avaliaram a eficácia do baricitinibe em pacientes adultos com DA moderada a grave como monoterapia ou em combinação com CT, nas doses 1 mg, 2 mg e 4 mg/dia. No estudo em combinação com CT, a porcentagem de pacientes que atingiram EASI-75 e EASI-90 foi de 48% e 24%, respectivamente, mostrando que a associação é efetiva. Seu uso ainda está em estudo e mostrou redução significativa nas escalas de prurido, porém tem eficácia menor em relação ao dupilumabe e aos outros inibidores de JAK quanto a melhorias nos escores clínicos de gravidade.

Associação a imunomoduladores, biológicos, outros inibidores de JAK, ciclosporina ou outros imunossupressores potentes não foi estudada em pacientes com DA e não é recomendada.

Foi o primeiro inibidor de JAK aprovado para eczema na Europa, em setembro de 2020. No Brasil, foi aprovado pela Anvisa em agosto de 2021, para o tratamento de pacientes adultos com DA moderada a grave, candidatos à terapia sistêmica.

Delgocitinibe

É considerado um inibidor pan-Janus Quinase, ou seja, inibe JAK-1, JAK-2, JAK-3 e TYK-2, de apresentação tópica. O uso da medicação mostrou-se seguro, com poucas reações locais, alguns relatos de foliculite e acne, e aparente melhora clínica e do prurido após a primeira semana de tratamento, com as duas doses. Foi aprovado para uso tópico na DA no Japão, na concentração 0,25% e 0,5% para a população adulta e crianças acima dos 2 anos de idade, desde março de 2021. No Brasil, encontra-se em fase de aprovação.

PSORÍASE

A psoríase é uma doença inflamatória imunomediada multifatorial, crônica e recidivante, que afeta de 2% a 3% da população mundial. As células T têm atividade aberrante, determinando hiperproliferação de queratinócitos epidérmicos, culminando com placas cutâneas eritematosas com escamas prateadas e espessas. A psoríase em placas, denominada de "psoríase vulgar", é a forma mais frequente e caracteriza-se por placas nos cotovelos, joelhos, couro cabeludo e tronco. Seu início ocorre durante a infância em um terço dos casos. Quando se inicia na infância, a psoríase tem gatilhos ambientais, como trauma, estresse e infecção bacteriana. Reações a drogas, tabagismo, uso de álcool e infecção subjacente por HIV são gatilhos mais frequentes na psoríase com início na idade adulta. Tem sido considerada uma doença inflamatória sistêmica, associada a comorbidades, como obesidade, síndrome plurimetabólica, além de outros fatores de risco cardiovascular, artrite e transtornos psiquiátricos.

As opções de tratamento disponíveis são baseadas na fisiopatologia da dermatose com alvos moleculares específicos, resultando em maior eficácia e menos efeitos colaterais. Entre os mecanismos fisiopatológicos da psoríase está a ativação da via Th17/IL-23, com inflamação persistente devido à liberação de citocinas pró-inflamatórias, como TNF-α, IL-23 e IL-17. Recentemente, com o reconhecimento de comorbidades extracutâneas, o potencial de doença crônica e efeitos ao longo da vida, o tratamento da psoríase pediátrica mudou, e foi reconhecida a necessidade de uma abordagem efetiva e precoce para crianças com doença moderada e grave. A discussão com pacientes e familiares sobre os fatores envolvidos na tomada de decisões de tratamento, os riscos, benefícios, alternativas para cada tratamento e o compartilhamento dessas decisões otimizam os resultados e a satisfação da família.

O uso de medicamentos biológicos para intervenção precoce no primeiro surto grave de psoríase em uma criança ou paciente adulto tem sido investigado. É sugerido que o tratamento precoce com medicamentos sistêmicos pode alterar o curso da doença com maior controle em longo prazo, mesmo após a interrupção do tratamento. No entanto, não há evidências suficientes sobre essa estratégia terapêutica, portanto não há produtos biológicos aprovados para essa finalidade.

A aprovação de terapias direcionadas para a psoríase alterou drasticamente o panorama do tratamento. Como os biológicos têm como alvo direto as citocinas na cascata inflamatória da psoríase, eles estão associados a menor toxicidade do que os tratamentos sistêmicos convencionais como metotrexato, ciclosporina e acitretina. Em novembro de 2016, o anti-TNF denominado etanercepte foi aprovado pela FDA e pela EMA para uso em crianças maiores de 4 anos com psoríase em placas moderada a grave. A aprovação baseou-se em um ensaio clínico duplo-cego, randomizado, controlado por placebo, e o medicamento mostrou-se eficaz na redução da gravidade, com efeito significativo na qualidade de vida e seguro em longo prazo.

Ensaios clínicos e evidências crescentes apoiam o uso de outros inibidores de TNF e do ustequinumabe, inibidor de IL-12/23 para tratamento de psoríase pediátrica.

Um ensaio clínico controlado randomizado (estudo da segurança e eficácia de ustequinumabe em adolescentes com psoríase) documentou a segurança e eficácia de ustequinumabe para adolescentes de 12 a 17 com psoríase em placas moderada a grave. Em 2015, o ustequinumabe foi aprovado na Europa para uso em adolescentes (idade ≥ 12) e adalimumabe para uso em crianças (idade ≥ 4 anos) e adolescentes com psoríase que tiveram resposta inadequada com terapia tópica e fototerapia. Existem poucos estudos sobre o uso de agentes anti-IL-17 na faixa etária pediátrica.

Aprovações FDA, EMA e Anvisa

Na Tabela 6 estão enumerados os imunobiológicos com indicação de uso na psoríase em crianças e sua idade de uso pelas agências de regulamentação nacionais e estrangeiras.

TABELA 6 Imunobiológicos por apresentação e idade de aprovação pediátrica em bula para o tratamento da psoríase

Imunobiológicos	Apresentação solução injetável	EMA	FDA	Anvisa
Adalimumabe	40 mg/0,8 mL	> 4 anos	Não	Não
Ixequizumabe	80 mg/mL	> 6 anos	> 6 anos	> 6 anos
Etanercepte	25 mg/1,0 mL e 50 mg/1,0 mL	> 6 anos	> 4 anos	> 6 anos
Secuquinumabe	150 mg/1,0 mL	> 6 anos	> 6 anos	> 6 anos
Risanquizumabe	75 mg/0,83 mL	> 6 anos	Não	Não
Ustequinumabe	45 mg/0,5 mL e 90 mg/1,0 mL	> 6 anos	> 6 anos	> 6 anos

EMA: Agência Europeia de Medicamentos; FDA: Agência Americana de Drogas e Medicamentos; Anvisa: Agência Nacional de Vigilância Sanitária.
Fonte: adaptada de Diotallevi F et al., 2022 e Palma S, 2020.

Indicação na psoríase

É considerado candidato à terapia sistêmica o paciente que tenha os seguintes critérios de gravidade: PASI (índice de gravidade da psoríase por área) > 10 (avalia a gravidade da psoríase) ou BSA (área de superfície corporal) > 10 (avalia a superfície corporal atingida) ou DLQI (índice de qualidade de vida em Dermatologia) > 10 (avalia a qualidade de vida do paciente) – denominado de regra dos 10. Um paciente tratado e que retorna sem lesões apresenta melhora de 100%, ou seja, uma resposta PASI-100, e essa seria a meta ideal do tratamento, porém o Protocolo Clínico de Diretrizes Terapêuticas (PCDT) para psoríase considera uma melhora em relação ao basal de 75%, ou seja, PASI (PASI-75) como melhora clinicamente significativa.

Tanto o PASI-75 quanto o DLQI < 5 são índices utilizados para definir tratamento, para troca ou manutenção dele. Entretanto, considera-se que o DLQI

0/1 é a meta a ser atingida, significando que a doença não afeta a qualidade de vida do paciente. Recentemente, as respostas PAS-I90 e PASI-100 têm adquirido relevância com a maior eficácia dos novos inibidores da IL-17 e da IL-23. Existe um consenso cada vez maior de que os valores absolutos de PASI inferiores a 3 ou 5 poderiam proporcionar melhor referência de êxito terapêutico.

No Consenso de Psoríase da Sociedade Brasileira de Dermatologia, utilizando a ferramenta Delphi, estabeleceu-se como meta terapêutica a ser atingida para os pacientes em uso de imunobiológicos o PASI-90 ou o PASI absoluto < 3. Para crianças nesse Consenso, o tratamento sistêmico deve ser indicado pela extensão da psoríase pelo BSA e gravidade pelo PASI, sendo considerada moderada a grave quando os escores são maiores do que 10 ou quando ocorre acometimento de áreas de difícil tratamento como face, unhas ou região genital. A qualidade de vida deve ser avaliada pelo CDLQI (Children's Dermatology Life Quality Index).

Principais imunobiológicos utilizados na psoríase

Anti-TNF

Etanercepte

Medicamento biológico com ação anti-TNF. É uma proteína de fusão humanizada, com porção extracelular do receptor de TNF-α ligada à porção Fc de uma imunoglobulina do tipo IgG1. Em 2008, 211 pacientes com psoríase em placas moderada a grave com idades entre 4 e 17 anos foram tratados por 12 semanas com etanercepte na dosagem de 0,8 mg/kg ou placebo, seguido por avaliação aberta de 24 semanas e uma segunda randomização para 36 semanas, para examinar os efeitos da descontinuação do tratamento em um ensaio clínico randomizado, duplo-cego, de fase 3. PASI-75 e PASI-90 foram encontrados em 57% e 27% das crianças, respectivamente, ao final do primeiro período de 12 semanas, em comparação com 11% e 7% no grupo placebo. Esse benefício parece ser mantido na maioria dos pacientes após 96 semanas.

O etanercepte está associado a menos eventos adversos comparado ao metotrexato ou a acitretina. Em um estudo com 181 pacientes que receberam etanercepte por longo prazo, 145 (80,1%) apresentaram eventos adversos, como infecções do trato respiratório superior (24,9%), nasofaringite (17,1%), faringite estreptocócica (12,7%), cefaleia (11,6 %) e sinusite (10,5%). Não houve infecções oportunistas ou malignidade.

O etanercepte é recomendado pelo protocolo de diretrizes clínicas como primeira etapa de segunda linha após falha da terapia-padrão de primeira linha para os pacientes pediátricos com idade de 6 a 18 anos. Apresenta bom perfil de segurança, sendo medicamento biológico aprovado em pacientes pediátricos com psoríase em placas moderada a grave, baseada em estudos que mostraram boa eficácia e segurança para essa faixa etária, com melhora da gravidade da doença medida pelo PASI – 89% dos pacientes atingiram PASI-50, 61% atingiram PASI-75 e 30% atingiram PASI-90. É esperado que se atinja PASI-75 no terceiro mês de tratamento; caso isso não ocorra, deve-se suspender o medicamento.

Como prescrever etanercepte

A via de administração é subcutânea:

- Dose de 0,8 mg/kg/semana para a faixa etária de 6 a 18 anos.
- Dose máxima de 50 mg por semana.
- Apresentação de etanercepte: solução injetável de 25 e 50 mg.

Quando a psoríase se mantém controlada, o medicamento pode ser mantido na idade adulta.

Contraindicação

São contraindicações para o uso: insuficiência cardíaca congestiva; tuberculose ativa e infecções ativas (sepse e infecções oportunistas).

Eventos adversos

O tratamento com anti-TNF está associado a aumento na incidência de infecções, como as de vias aéreas superiores e do trato geniturinário. Infecções graves incluem endocardite, pneumonia, artrite séptica, infecções de próteses e pós-operatórias, erisipelas, celulites, diverticulites e pielonefrites. Por esse motivo é necessário monitorar infecções nas visitas de rotina com anamnese, exame físico e quando necessário triar com exames laboratoriais para detecção precoce. Em caso de suspeita de doença infecciosa, o imunobiológico deve ser descontinuado temporariamente. Pacientes com infecções graves recorrentes e uso concomitante de outros imunossupressores devem ser avaliados quanto ao risco do uso de anti-TNF. Pode ocorrer supressão da febre, o que demanda cautela para o uso nos pacientes que residem em regiões endêmicas para agentes infeciosos oportunistas.

Trombocitopenia, leucopenia, urticária, angioedema e anafilaxia são eventos raros. Malignidades, especialmente o linfoma, tem associação com a classe, porém são raras, sendo maiores para o adalimumabe e infliximabe e menores para etanercepte.

A terapia com anti-TNF pode induzir o desenvolvimento de autoanticorpos antinucleares e anti-DNA dupla-hélice, sendo estes geralmente do tipo IgM e tendem a desaparecer após a interrupção do tratamento. O uso do etanercepte está associado ao surgimento desses anticorpos em 10% a 70% nos casos de artrite reumatoide e em 18% dos pacientes com psoríase. Alguns autores recomendam a solicitação de FAN antes de iniciar o tratamento com anti-TNF para facilitar a identificação de eventos autoimunes desencadeados pelo medicamento.

Investigação prévia ao tratamento

Antes do início do medicamento biológico, deve-se pesquisar a tuberculose (TB) ativa e infecção latente pelo *Mycobacterium tuberculosis* (ILTB). É necessário avaliação clínica, epidemiologia de contato e exames complementares para investigação:

- Radiografia simples de tórax em posteroanterior e perfil.
- Prova tuberculínica (PT) com o *purified protein derivative* (PPD).

O IGRA (*interferon-gamma release assays*) pode ser solicitado para pacientes que atenderem aos critérios de indicação específicos para a realização desse exame, aprovados na sua portaria de incorporação.

O tratamento da ILTB é indicado para pacientes com PT ≥ 5 mm, ou positividade ao IGRA, alterações radiográficas de tuberculose prévia não tratada ou contato próximo com pessoas com diagnóstico de tuberculose. O esquema de tratamento da TB ativa e ILTB deve seguir o Manual de Recomendações para o Controle da Tuberculose no Brasil do Ministério da Saúde. O início do uso de medicamento biológico ocorre após 1 mês do tratamento de ILTB e concomitante ao tratamento da TB ativa. No acompanhamento, é desnecessário repetir a PT nos pacientes tratados para TB, naqueles com PT ≥ 5 mm, e nos tratados para ILTB em qualquer momento da vida e sem re-exposição à tuberculose.

O etanercepte apresenta menor risco de reativação de tuberculose comparado aos demais biológicos anti-TNF, por ser uma proteína de fusão.

Adalimumabe

Trata-se de um anticorpo monoclonal humano que se liga ao TNF-alfa.

Aprovação FDA, EMA e Anvisa

Na Europa, o adalimumabe está aprovado pela EMA para o tratamento da psoríase em crianças e adolescentes (4 anos ou mais) não responsivas à terapia tópica e à fototerapia. Embora seja aprovado pela FDA para crianças com doença de Crohn e artrite idiopática juvenil, ele não é aprovado para indicação de psoríase pediátrica nos Estados Unidos, nem no Brasil pela Anvisa.

O adalimumabe mostrou segurança e eficácia na psoríase pediátrica. Um estudo de fase 3 comparou adalimumabe e metotrexato em 114 pacientes pediátricos de 4 a 17 anos com psoríase em placas grave. Na semana 16, 58% dos indivíduos que receberam adalimumabe atingiram PASI-75 *vs.* 32% daqueles tratados com metotrexato. Em um estudo multicêntrico retrospectivo de 52 semanas, foram observadas a eficácia e a resposta. Na semana 16, 29,6% dos pacientes alcançaram PASI-90 e 55,5% PASI-75. Foram observadas infecções leves de vias aéreas superiores.

No Brasil, para adultos, o adalimumabe é recomendado como primeira etapa de segunda linha após falha, toxicidade (intolerância, hipersensibilidade ou outro evento adverso) ou contraindicação ao uso da terapia-padrão (metotrexato, acitretina e ciclosporina), e o secuquinumabe ou ustequinumabe na segunda etapa após falha, toxicidade (intolerância, hipersensibilidade ou outro evento adverso) ou contraindicação ao adalimumabe.

Anti-IL-12/23

Ustequinumabe

Tem ação anti-IL da classe dos anti-IL-12/23. É um anticorpo monoclonal IgG1 kappa humano que se liga com alta afinidade e especificidade à subunidade proteica p40 das citocinas humanas IL-12 e IL-23, assim inibe a bioatividade da IL-12 e da IL-23 humanas, impedindo que essas citocinas se liguem ao receptor proteico IL-12Rbeta1 expresso na superfície das células do sistema imunológico.

A IL-12 e a IL-23 são citocinas heterodiméricas secretadas pelas células apresentadoras de antígeno ativadas, como macrófagos e células dendríticas. A

IL-12 estimula as células NK, conduz a diferenciação das células TCD4 para o fenótipo de células auxiliares T1 (Th1) e estimula a produção de IFN-γ. A IL-23 induz a via da célula auxiliar T17 (Th17) e promove a secreção de IL-17A, IL-21 e IL-22. Os níveis de IL-12 e IL-23 são elevados na pele e no sangue de pacientes com psoríase, e a IL-12/23p40 sérica faz a distinção entre pacientes com artrite psoriásica e indivíduos sadios. Em resumo, a IL-12 e a IL-23 são implicadas na inflamação encontrada na psoríase. Polimorfismos genéticos nos genes da IL-23A, IL-23R e IL-12B conferem suscetibilidade a essa doença. Adicionalmente, a IL-12 e a IL-23 são altamente expressas na pele psoriásica lesionada, e a indução de IFN-γ mediada pela IL-12 está correlacionada com a atividade da doença psoriásica.

Aprovações FDA, EMA e Anvisa

O ustequinumabe foi aprovado para o tratamento da psoríase infantil pela EMA em 2015 para ≥ 12 anos e pela FDA em 2017, também para crianças ≥ 12 anos. A segurança, eficácia e farmacocinética do ustequinumabe foram estudadas em pacientes com psoríase moderada a grave ≥ 6 anos de idade, e o uso foi expandido para pacientes de 6 a 11 anos pela EMA e FDA em 2020.

É indicado para o tratamento da psoríase em placa, moderada a grave, em crianças maiores de 6 anos e adolescentes, inadequadamente controlados ou intolerantes a outras terapias sistêmicas ou fototerapia. Dois estudos clínicos de fase 3 na psoríase pediátrica em placas moderada a grave (6 a 11 anos e 12 a 17 anos) comprovaram a segurança e a eficácia pelas respostas PASI-75 (80,6% a 84,1%) e PASI-90 (61,1% a 63,6%) com acompanhamento de 60 semanas.

No estudo CADMUS Jr de fase 3, pacientes com psoríase em placas moderada a grave, com idades entre 6 e menos de 12 anos, receberam ustequinumabe. Após 12 semanas, 77% dos pacientes obtiveram uma resposta 0/1 da Avaliação Global do Médico (PGA). Além disso, 84% dos pacientes atingiram PASI-75 e 64% atingiram PASI-90. Os ensaios clínicos CADMUS e CADMUS Jr mostraram que o ustequinumabe foi bem tolerado em crianças com psoríase em placas.

Foi aprovado pela Anvisa para o tratamento da psoríase moderada a grave a partir de 6 anos de idade e para artrite psoriásica. Em 2019, foi incorporado ao PCDT do Ministério da Saúde, na segunda etapa do tratamento da psoríase em placas moderada a grave após falha, intolerância ou contraindicação ao adalimumabe em pacientes adultos.

Investigação prévia ao tratamento

- Inicial: PPD/IGRA, raio X de tórax, sorologias (hepatite B, C e HIV), hemograma, provas de função renal e hepática.
- Acompanhamento: PPD/IGRA anualmente para pacientes que nunca trataram TB latente.
- Os demais exames no 3º e 6º mês e, após, a cada 6 meses.

Como prescrever ustequinumabe

A via de administração é subcutânea, na dose de acordo com o peso.

- Nas semanas 0 e 4, e depois a cada 12 semanas.
- 18 anos: ≤ 60 kg – 0,75 mg/kg; entre > 60 e ≤ 100 kg – 45 mg; > 100 kg – 90 mg.
- Apresentação em seringas de 45 mg/0,5 mL e 90mg/1,0 mL.
- Frasco de 45 mg está disponível para pacientes pediátricos > 6 anos de idade.
- Para calcular o volume de injeção (mL) para pacientes < 60 kg, use a seguinte fórmula: peso corporal (kg) x 0,0083 (mL/kg).
- O volume calculado deve ser arredondado para o valor mais próximo de 0,01 mL e administrado com uma seringa graduada de 1 mL.

Em caso de resposta inadequada com doses de 45 mg a cada 12 semanas, pode-se considerar o aumento para 90 mg e, caso insuficiente, o intervalo pode ser reduzido para 8 semanas. A interrupção do tratamento deve ser considerada em pacientes sem resposta até a 28ª semana.

O retratamento, após interrupção da terapia, com esquema posológico nas semanas 0 e 4 foi considerado seguro e eficaz. Com a finalidade de acelerar o processo de melhora das lesões, pode-se associar fototerapia UVB ao uso de ustequinumabe.

Eventos adversos

Infecções do trato respiratório superior, nasofaringite, prurido, infecções odontológicas, mal-estar, cefaleia, fadiga, reação no local da injeção, náuseas, vômitos e diarreia são as mais referidas.

Não foi observado risco aumentado de malignidades, eventos adversos cardiovasculares graves, infecções graves ou aumento na mortalidade, no acompanhamento por 8 anos de 12 mil pacientes em uso de ustequinumabe para psoríase e em 5 anos nos estudos de extensão randomizados e controlados.

Ustequinumabe tem maior sobrevida comparado com inibidores de TNF, como terapia de primeira e segunda linhas. A suspensão do tratamento em paciente que será submetido a cirurgia deve levar em consideração o risco de infecção, a interferência na cicatrização e a possibilidade de exacerbação da psoríase. Para a realização de cirurgia com baixo risco de infecção, o ustequinumabe deve ser suspenso 10 semanas, antes da cirurgia, e frente a risco elevado de infecção interromper 15 semanas antes da cirurgia.

Na gestação, é considerado categoria B. Assim, para adolescentes férteis deve ser indicado um método contraceptivo no período do tratamento e, mantido por 15 semanas após a última dose do medicamento.

Contraindicação

São contraindicações para o seu uso: TB ativa e infecções ativas.

Orientação de vacinação

As vacinas com microrganismos vivos ou atenuados não devem ser administradas 4 semanas antes do início do tratamento, concomitantemente com ustequinumabe e durante 4-5 meias-vidas depois de interrompido o tratamento. Podem ser utilizadas as vacinas não vivas/inativas durante o tratamento (Tabela 7). É necessário cautela ao administrar vacinas de microrganismos vivos para contatos domiciliares dos pacientes em tratamento pelo risco de transmissão a partir do contato familiar para o paciente.

TABELA 7 Uso de vacinas na vigência de tratamento com ustequinumabe

Vacinas atenuadas - não aplicar	Vacinas inativas - podem ser aplicadas
Tríplice viral (caxumba/sarampo e rubéola)	Pentavalente (difteria, tétano, coqueluche, *Haemophilus influenzae* e pólio)
Tetra viral (tríplice +varicela)	Hexavalente (penta + hepatite B)
Varicela	Meningococo C ou ACWY
Febre amarela	Pneumococo
Poliomielite oral	VIP (pólio inativada)
BCG	*Influenza* tri e tetravalente
Rotavírus	Dupla adulto (tétano e difteria)
Herpes-zóster	HPV
	Hib (*Haemophilus* B)
	Hepatite A e B

Fonte: adaptada de Palma S, 2020.

Risanquizumabe

É um anticorpo monoclonal humano que inibe seletivamente a IL-23 por ligação à subunidade p19. A IL-23 é um heterodímero composto pelas subunidades p19 e p40. A subunidade p40 é compartilhada por IL-12 e IL-23, enquanto a subunidade p19 é exclusiva da IL-23. Atualmente o risanquizumabe é o medicamento biológico de maior eficácia no tratamento da psoríase em adultos.

O último estudo de fase 3 e uma metanálise evidenciaram eficácia superior do risanquizumabe em comparação com o adalimumabe para o tratamento da psoríase moderada a grave. Um estudo comparativo de risanquizumabe em relação ao ustequinumabe para pacientes pediátricos com psoríase moderada a grave está em andamento (NCT04435600).

Como prescrever risanquizumabe

O fármaco é de uso subcutâneo, e a dose preconizada é de 150 mg (duas injeções de 75 mg), administradas por via subcutânea na semana 0, semana 4 e a cada 12 semanas. Cada dose de 150 mg é constituída de duas injeções de 75 mg, injetadas uma após a outra. A segunda injeção deve ser aplicada logo após a primeira com pelo menos 3 cm de distância do local da primeira injeção. É esperado que alcance melhora com PASI-75 na semana 12.

Anti-IL-17

Secuquinumabe

É um anticorpo monoclonal humano que se liga seletivamente, neutralizando a IL-17A. Essa é a principal citocina efetora produzida pelas células Th17 e se encontra aumentada nas lesões e no plasma dos pacientes com psoríase. Os anti-IL-17 se mostraram eficazes no tratamento da psoríase cutânea, apresentando altas taxas de resposta nos pacientes não responsivos aos medicamentos sintéticos e naqueles que falharam ao tratamento com outros biológicos.

Foi aprovado pela EMA em 2020 e pela FDA em 2021, para o tratamento da psoríase em placas nos maiores de 6 anos. O estudo de fase 3 mostrou que ambas as doses de secuquinumabe, uma dose baixa e uma dose alta, tiveram eficácia superior em comparação ao placebo na resposta PASI-90 (72,5% e 67,5% *vs.* 2,4%) e resposta PASI-75 (80,0% e 77,5% *vs.* 14,6%) na semana 12. A resposta foi mantida até a semana 52 – PASI-75/90/100: secuquinumabe em baixa dose, 87,5%/75,0%/40,0%; secuquinumabe em alta dose, 87,5%/80,0%/47,5% *vs.* etanercepte, 68,3 %/51,2%/22,0%.

Os perfis de segurança foram semelhantes aos dos estudos em adultos com secuquinumabe, com eventos adversos em menos de 10% dos pacientes até a semana 52. Foram observados nasofaringite (23,5% com secuquinumabe *vs.* 26,8% com etanercepte) e cefaleia (10,2% *vs.* 9,8%).

Ixequizumabe

É um anticorpo monoclonal que neutraliza as ações da IL-17A, reduzindo o processo inflamatório e os sintomas da psoríase. Foi aprovado pela EMA e FDA em 2020 e pela Anvisa em dezembro de 2021 para pacientes pediátricos, maiores de 6 anos de idade e com peso maior que 50 kg, com psoríase em placas moderada a grave, elegíveis à terapia sistêmica ou fototerapia.

O estudo duplo-cego, randomizado, controlado por placebo de fase 3 IXORA-PEDS avaliou o ixequizumabe na psoríase pediátrica. A medicação foi superior ao placebo com PASI-75 (89% *vs.* 25%) na semana 12.

Como prescrever ixequizumabe

A dose recomendada para pacientes pediátricos maiores de 6 anos de idade e com peso maior que 50 kg é de 160 mg por injeção subcutânea (duas injeções de 80 mg) na semana 0, seguida por uma injeção de 80 mg a cada 4 semanas. Para adultos, a dose recomendada para psoríase em placas é de 160 mg por injeção subcutânea (duas injeções de 80 mg) na semana 0, seguida por uma injeção de 80 mg nas semanas 2, 4, 6, 8, 10 e 12 e, então, 80 mg a cada 4 semanas. A interrupção do tratamento estará indicada se não houver resposta após 16 a 20 semanas de tratamento.

Eventos adversos

Pode determinar maior risco de infecções das vias aéreas superiores, conjuntivite e infecções por tínea. Não deve ser usado na vigência de infecção ativa clinicamente grave, como HIV, hepatite B e hepatite C. O tratamento não deve ser administrado para pacientes com tuberculose. Foram relatados casos novos e exacerbações da doença de Crohn e colite ulcerativa.

Diretrizes em destaque para o tratamento da psoríase

Conforme indicado no Consenso da Sociedade Brasileira de Dermatologia para psoríase pediátrica moderada a grave, são indicados fototerapia, metotrexato, acitretina e ciclosporina. Se houver falha ou resposta parcial, indicar os medicamentos imunobiológicos: etanercepte e ustequinumabe.

Segundo o PCDT do Ministério da Saúde para psoríase, está indicado o tratamento sistêmico para pacientes com diagnóstico de psoríase cutânea tegumentar moderada a grave definida por um dos seguintes critérios:

- Escore PASI > 10.
- Acometimento > 10% da superfície corporal.
- DLQI > 10.
- Acometimento do aparelho ungueal (onicólise ou onicodistrofia em ao menos duas unhas).
- Psoríase palmoplantar resistente a tratamentos tópicos de uso padrão, como corticosteroides de alta potência, análogo da vitamina D e queratolíticos (ácido salicílico a 5%) com uso contínuo por 3 meses.
- Psoríase acometendo áreas especiais, como genitália, rosto, couro cabeludo e dobras, resistentes a medicamentos tópicos, como corticosteroides e análogos da vitamina D e fototerapia com uso contínuo por 3 meses.

Os pacientes pediátricos com psoríase não controlados com tratamentos tópicos devem ser tratados com fármacos de primeira linha com boa eficácia e baixa incidência de efeitos adversos.

Fármacos de primeira linha:

- Acitretina.
- Metotrexato.
- Ciclosporina.

A acitretina teria melhor eficácia nos casos de psoríase em placas, pustular e palmoplantar; o metotrexato, nas formas gutata e em placas; a ciclosporina, nas formas eritrodérmica e palmoplantar. Se houver falha à terapia de primeira linha citada, recomenda-se o etanercepte conforme deliberação da CONITEC e revisão sistemática da Cochrane.

O etanercepte é recomendado pelo PCDT como primeira etapa de segunda linha após falha da terapia-padrão de primeira linha para os pacientes pediátricos com idade de 6 a 18 anos. Os demais imunobiológicos (ustequinumabe, secuquinumabe, izequizumabe, adalimumabe), apesar de serem liberados pela

Anvisa e por outras agências regulatórias, não estão indicadas no PCDT para faixa etária pediátrica.

Imunobiológicos disponibilizados pelo SUS

- Adalimumabe: solução injetável de 40 mg.
- Etanercepte: solução injetável de 25 e 50 mg.
- Ustequinumabe: solução injetável de 45 mg/0,5 mL e solução injetável de 90 mg/1,0 mL.
- Secuquinumabe: 150 mg/mL pó para solução injetável.

Uma metanálise avaliou cinco ensaios clínicos randomizados, incluindo etanercepte, ixequizumabe, secuquinumabe e ustequinumabe em crianças com psoríase, num total de 768 pacientes. Houve melhora com PASI-75 em 12 a 16 semanas e 0,95 de eventos adversos, demonstrando a segurança e eficácia dos biológicos para psoríase pediátrica.

Dados de estudos clínicos em adultos e relatos de séries de casos em crianças sugerem que outros biológicos e pequenas moléculas são efetivos para psoríase pediátrica, como infliximabe (inibidor de fator de TNF-alfa), guselkumabe (anticorpo monoclonal seletivo anti-IL-23) e tofacitinibe (um inibidor de JAK-1/3).

Na psoríase, os medicamentos biológicos, em comparação com tratamentos sistêmicos como metotrexato e ciclosporina, requerem esquemas de tratamento mais fáceis e têm menos eventos adversos, menor necessidade de monitoramento e maior eficácia. Importante salientar que o perfil de segurança em longo prazo não está totalmente definido e que as vacinas vivas são contraindicações à terapia biológica.

CONCLUSÕES

Os avanços terapêuticos têm determinado melhores desfechos clínicos em doenças crônicas dermatológicas tanto em adultos quanto em crianças e adolescentes. As terapias-alvo conseguem atuar de maneira mais específica, levando em consideração a fisiopatologia das dermatoses inflamatórias, com poucos efeitos adversos e melhora significativa nos escores de gravidade e de qualidade de vida.

QUADRO 1 Resumo dos principais imunobiológicos utilizados para tratamento de psoríase

Biológico	Mecanismo de ação	Dose subcutânea	Contraindicações	Exames antes do início	Exames no seguimento	Eventos adversos
Adalimumabe	Anticorpo monoclonal anti-TNF-α totalmente humano	≥ 15 kg e < 30 kg: 20 mg a cada 2 semanas; ≥ 30 kg: 40 mg a cada 2 semanas	Infecções ativas ou recorrentes graves, falência cardíaca, esclerose múltipla, doença desmielinizante	PPD ou QuantiFERON®, função hepática, hemograma, hepatites e HIV	Hemograma e função hepática: 4 a 6 meses PPD anual	Infecções do trato respiratório superior, infecções não complicadas, reações no local da injeção
Etanercepte	Proteína de fusão anti-TNF	0,8 mg/kg/semana	Infecções ativas ou recorrentes, doença desmielinizante, falência cardíaca, esclerose múltipla	PPD ou QuantiFERON®, função hepática, hemograma, hepatites e HIV	Hemograma e função hepática: 4 a 6 meses PPD anual	Zumbido, odinofagia, tosse, dor abdominal, infecções respiratórias, cefaleia e rinite
Ustequinumabe	Anticorpo monoclonal humano-alvo subunidade p40 IL-12 e IL-23	Frasco 45 mg/0,5 mL > 6 anos – peso (kg) x 0,0083 (mL/kg)/ subcutâneo nas semanas 0 e 4 e depois a cada 12 semanas	Infecção ativa ou recorrente	PPD: atualizar o calendário vacinal restante semelhante a outros biológicos	PPD anual	Infecção de vias respiratórias, cefaleia, fadiga, reação no local da aplicação
Secuquinumabe	Anticorpo monoclonal anti-IL-17A humano	Dosagem semanal por 5 semanas, seguida de dosagem mensal para manutenção < 25 kg: 75 mg ≥ 25 kg e < 50 kg: 75 mg ≥ 50 kg: 150 mg (pode aumentar até 300 mg)	Infecção ativa ou recorrente	PPD: atualizar o calendário vacinal restante semelhante a outros biológicos	PPD anual	Infecção de vias aéreas superiores e cefaleia, herpes oral, candidíase diarreia e urticária
Ixequizumabe	Anticorpo monoclonal humanizado anti-IL-17A	25 a 50 kg: 80 mg SC, seguido de 40 mg cada 4 semanas > 50 kg: 160 mg SC (duas injeções de 80 mg), seguido de 80 mg cada 4 semanas	Hipersensibilidade grave conhecida ao ixequizumabe	PPD: atualizar o calendário vacinal restante semelhante a outros biológicos	PPD anual	Infecções de trato respiratório superior, bronquiolite, sinusite e reações no local da injeção

IL: interleucina; PPD: derivado proteico purificado; TNF: fator de necrose tumoral alfa

BIBLIOGRAFIA

Brasil. Ministério da Saúde. Secretaria de Ciência, Tecnologia e Insumos Estratégicos. Departamento de Gestão e Incorporação de Tecnologias em Saúde. Coordenação de Avaliação e Monitoramento de Tecnologias. Adalimumabe, etanercepte, infliximabe, secuquinumabe e ustequinumabe para psoríase moderada a grave. Relatório de recomendação nº 385. Outubro/2018. [acesso em março de 2024]. Disponível em: https://www.gov.br/conitec/pt-br/midias/relatorios/2018/relatorio_biologicos_psoriase.pdf

Cork MJ, McMichael A, Teng J, Valdez H, Rojo R, Chan G, et al. Impact of oral abrocitinib on signs, symptoms and quality of life among adolescents with moderate-to-severe atopic dermatitis: an analysis of patient-reported outcomes. J Eur Acad Dermatol Venereol. 2022;36(3):422-33.

Criado PR, Lorenzini D, Miot HA, Bueno-Filho R, Carneiro FRO, Ianhez M. New small molecules in dermatology: for the autoimmunity, inflammation and beyond. Inflamm Res. 2023;72(6):1257-74.

Diotallevi F, Simonetti O, Rizzetto G, Molinelli E, Radi G, Offidani A. Biological Treatments for Pediatric Psoriasis: State of the Art and Future Perspectives. Int J Mol Sci. 2022;23(19):11128.

Dubin C, Del Duca E, Guttman-Yassky E. The IL-4, IL-13 and IL-31 pathways in atopic dermatitis. Expert Rev Clin Immunol. 2021;17(8):835-52.

Eichenfield LF, Paller AS, Tom WL, Sugarman J, Hebert AA, Friedlander SF, et al. Pediatric psoriasis: Evolving perspectives. Pediatr Dermatol. 2018;35(2):170-81.

Hebert AA, Bobonich MA, Rodriguez Capriles C, Gallo G, Li L, Somani N, et al. Higher rates of skin clearance and efficacy in challenging body areas are associated with better health-related quality of life following ixekizumab maintenance treatment in pediatric patients with plaque psoriasis. Pediatr Dermatol. 2022;39(1):55-60.

Hordinsky M, Hebert AA, Gooderham M, Kwon O, Murashkin N, Fang H, et al. Efficacy and safety of ritlecitinib in adolescents with alopecia areata: Results from the ALLEGRO phase 2b/3 randomized, double-blind, placebo-controlled trial. Pediatr Dermatol. 2023;40(6):1003-1009.

Kwon O, Senna MM, Sinclair R, Ito T, Dutronc Y, Lin CY, et al. Efficacy and Safety of Baricitinib in Patients with Severe Alopecia Areata over 52 Weeks of Continuous Therapy in Two Phase III Trials (BRAVE-AA1 and BRAVE-AA2). Am J Clin Dermatol. 2023;24(3):443-51.

Landells I, Marano C, Hsu MC, Li S, Zhu Y, Eichenfield LF, et al. Ustekinumab in adolescent patients age 12 to 17 years with moderate-to-severe plaque psoriasis: results of the randomized phase 3 CADMUS study. J Am Acad Dermatol. 2015;73(4):594-603.

Mendes-Bastos P, Ladizinski B, Guttman-Yassky E, Jiang P, Liu J, Prajapati VH, et al. Characterization of acne associated with upadacitinib treatment in patients with moderate-to-severe atopic dermatitis: A post hoc integrated analysis of 3 phase 3 randomized, double-blind, placebo-controlled trials. J Am Acad Dermatol. 2022;87(4):784-91.

Moussa A, Eisman S, Kazmi A, Poa J, Chitreddy V, Rathnayake D, et al. Treatment of moderate-to-severe alopecia areata in adolescents with baricitinib: A retrospective review of 29 patients. J Am Acad Dermatol. 2023;88(5):1194-6.

Nakagawa H, Nemoto O, Igarashi A, Saeki H, Kabashima K, Oda M, et al. Delgocitinib ointment in pediatric patients with atopic dermatitis: A phase 3, randomized, double-blind, vehicle-controlled study and a subsequent open-label, long-term study. J Am Acad Dermatol. 2021;85(4):854-62.

Paller AS, Siegfried EC, Thaci D, Wollenberg A, Cork MJ, Arkwright PD, et al. Efficacy and safety of dupilumab with concomitant topical corticosteroids in children 6 to 11 years old with severe atopic dermatitis: A randomized, double-blinded, placebo-controlled phase 3 trial. J Am Acad Dermatol. 2020;83(5):1282-93.

Palma S, coordenador. Consenso Brasileiro de Psoríase 2020: algoritmo de tratamento da Sociedade Brasileira de Dermatologia. 3. ed. Rio de Janeiro: Sociedade Brasileira de Dermatologia; 2020.

Papp K, Szepietowski JC, Kircik L, Toth D, Eichenfield LF, Leung DYM, et al. Efficacy and safety of ruxolitinib cream for the treatment of atopic dermatitis: Results from 2 phase 3, randomized, double-blind studies. J Am Acad Dermatol. 2021;85(4):863-72.

Sanclemente G, Murphy R, Contreras J, Garcia H, Bonfill Cosp X. Anti-TNF agents for paediatric psoriasis. Cochrane Database Syst Rev. 2015(11):Cd010017.

Shalabi MMK, Garcia B, Coleman K, Siller A Jr, Miller AC, Tyring SK. Janus quinase and Tyrosine quinase Inhibitors in Dermatology: A Review of Their Utilization, Safety Profile and Future Applications. Skin Therapy Lett. 2022;27(1):4-9.

Simpson EL, Flohr C, Eichenfield LF. Efficacy and safety of lebrikizumab (an anti-IL-13 monoclonal antibody) in adults with moderate-to-severe atopic dermatitis inadequately controlled by topical corticosteroids: a randomized, placebo-controlled phase II trial (TREBLE). J Am Acad Dermatol. 2018;78(5):863-71.

Simpson EL, Gooderham M, Wollenberg A, Weidinger S, Armstrong A, Soung J, et al.; ADhere Investigators. Efficacy and safety of lebrikizumab in combination with topical corticosteroids in adolescents and adults with moderate-to-severe atopic dermatitis: a randomized clinical trial (ADhere). JAMA Dermatol. 2023;159(2):182-91.

Sun HY, Phan K, Paller AS, Sebaratnam DF. Biologics for pediatric psoriasis: A systematic review and meta-analysis. Pediatr Dermatol. 2022;39(1):42-8.

Wollenberg A, Blauvelt A, Guttman-Yassky E, Worm M, Lynde C, Lacour JP, et al. Tralokinumab for moderate-to-severe atopic dermatitis: results from two 52-week, randomized, double-blind, multicentre, placebo-controlled phase III trials (ECZTRA 1 and ECZTRA 2). Br J Dermatol. 2021;184(3):437-49.

Wollenberg A, Werfel T, Ring J, Ott H, Gieler U, Weidinger S. Atopic Dermatitis in Children and Adults: Diagnosis and Treatment. Deuts Ärzt Int. 2023;120(13):224-34.

Zhang J, Qi F, Dong J, Tan Y, Gao L, Liu F. Application of Baricitinib in Dermatology. J Inflamm Res. 2022;15:1935-41.

5

Imunobiológicos usados em Cardiologia

Jorge Yussef Afiune

DESTAQUES

- O uso de imunobiológicos na cardiologia pediátrica não é tão frequente quanto em outras áreas da pediatria, entretanto existem algumas situações específicas em que essas medicações devem ser utilizadas. O reconhecimento dessas situações, bem como o uso adequado dos imunobiológicos nestes casos, podem trazer inúmeros benefícios clínicos para as crianças que estejam diante destas situações.
- Descrição dos principais imunobiológicos utilizados na cardiologia pediátrica.

IMUNOGLOBULINA HUMANA

A imunoglobulina humana policlonal (Ig) é derivada do plasma de doadores e usada para o tratamento de várias doenças, incluindo imunodeficiências primárias e secundárias, além de distúrbios autoimunes e inflamatórios. Na Cardiologia Pediátrica, existem algumas situações clínicas em que os efeitos anti-inflamatórios da Ig podem ser benéficos. As principais doenças que podem se beneficiar do seu uso são a miocardite aguda e a lesões coronarianas na doença de Kawasaki, neste caso, como prevenção.

Mecanismos de ação

A Ig apresenta diversos efeitos anti-inflamatórios e imunomoduladores. A contribuição relativa desses efeitos em qualquer paciente individual é difícil de avaliar, uma vez que diferentes mecanismos podem predominar em diferentes doenças. Os principais mecanismos de ação da Ig são os seguintes:

- Redução de fatores pró-inflamatórios e supressão da produção de citocinas provenientes de monócitos do sangue periférico.
- Supressão ou neutralização de citocinas por anticorpos específicos na Ig.
- Bloqueio da adesão leucocitária ao endotélio vascular, podendo ser este um dos mecanismos de ação na doença de Kawasaki.
- Fornecimento de anticorpos específicos dirigidos a autoanticorpos circulantes, resultando em depuração destes, ou a receptores de Ig de células B, levando à redução da produção de anticorpos.

INDICAÇÕES POR DOENÇAS

Doença de Kawasaki

A doença de Kawasaki é uma vasculite sistêmica aguda que se apresenta com febre alta e sinais de inflamação sistêmica. Uma das mais temidas complicações dessa fase é a inflamação das artérias coronárias, que podem acarretar o surgimento de aneurismas e tromboses coronarianas. O tratamento mais indicado é o uso da Ig, em associação ao ácido acetilsalicílico (AAS®/Aspirina®).

Ao longo dos últimos anos, foram testadas diversas doses e esquemas diferentes de Ig entre as instituições, sendo importante saber quais regimes são os mais seguros e eficazes na prevenção de complicações cardíacas nessa doença. Uma revisão sistemática recentemente publicada pela *Cochrane Library* descreve de forma bastante detalhada os resultados de 31 estudos randomizados prospectivos controlados envolvendo 4.609 crianças, que avaliaram a eficácia do uso de Ig na doença de Kawasaki. Os resultados desse estudo demonstraram que o tratamento com Ig, quando comparado ao tratamento com AAS, reduziu a incidência de aneurisma de coronárias nos primeiros 30 dias da doença de 29,5% para 21,5% (OR:0,60; IC95%:0,41-0,87). Foram analisados 11 estudos com 1.437 participantes, evidência considerada de moderada qualidade (classificação GRADE).

Em relação ao melhor esquema posológico, observou-se que o uso de Ig em dose alta (2.000 mg/kg dose única), quando comparado com os esquemas de dose menores (200 a 400 mg/kg em até 5 dias), reduziu a incidência de aneurisma de coronárias nos primeiros 30 dias da doença de 20,4% para 13,5% (OR:0,60; IC95%:0,40-0,89). Foram analisados oito estudos com 1.824 participantes, evidência considerada de moderada qualidade (classificação GRADE). Observou-se ainda que esse regime de dose alta não aumentou o número de efeitos adversos em relação às doses mais baixas. Diante disso, atualmente é recomendado que o tratamento da doença de Kawasaki na fase aguda seja realizado, ainda, nos primeiros 10 dias da doença, com a administração de Ig na dose única de 2g/kg em infusão de 10 a 12 horas de duração.

Existem várias opções de Ig disponíveis no mercado. A maioria das apresentações farmacêuticas é de 5% ou 10%, podendo ser diluída em solução glicosada a 5%. O volume total de infusão deve ser feito em 10 a 12 horas, sendo sugerido que se inicie a infusão com uma velocidade baixa (em torno de 50 mg/kg/hora) nas primeiras 2 horas de infusão e progredindo gradualmente a cada 30 minutos, até atingir a dose de 200 mg/kg/hora. É importante que se monitorem os sinais vitais da criança durante toda a infusão e que se observem possíveis reações adversas. Esses efeitos adversos ocorrem em cerca de 5% dos casos e geralmente estão relacionados aos efeitos de sobrecarga volêmica decorrente dessa infusão. A maioria das soluções de Ig apresenta alta concentração de sódio e albumina, o que pode acarretar piora de sinais de insuficiência cardíaca em algumas crianças. Nessa situação, o uso de diuréticos pode ajudar a reduzir esses efeitos.

A administração de Ig pode dificultar a eficácia das vacinas constituídas por vírus vivos atenuados, como as vacinas contra sarampo, rubéola, caxumba e varicela. Após a administração de Ig em dose alta, sugere-se esperar um período de 11 meses antes de administrar esse tipo de vacina. Caso a criança tenha recebido essas vacinas nas duas semanas que antecederam a administração da Ig, pode ser necessário um controle dos anticorpos de proteção pós-vacina para decidir sobre a necessidade ou não de nova vacinação.

Miocardite aguda

A miocardite aguda é definida como um processo inflamatório agudo do coração cuja apresentação clínica é bastante variável, podendo se apresentar de forma subclínica até quadros graves de insuficiência cardíaca, arritmia, choque cardiogênico e óbito. A incidência anual é de 1 a 2 casos por 100 mil crianças; cerca de 50% dos casos irão se apresentar de forma fulminante e bastante grave, com elevada mortalidade nessa etapa. Além disso, em cerca de 20% dos casos ocorrerão sequelas e cronificação da doença, podendo levar à necessidade de transplante cardíaco. Infecções virais são a etiologia mais comum de miocardite aguda na criança. A lesão miocárdica decorre de uma lesão direta do vírus, mas geralmente predominam os mecanismos imunológicos e inflamatórios deflagrados pela infecção viral.

A base racional para utilizar a Ig nos casos de miocardite decorre do fato de que essa medicação apresenta efeitos antivirais e antibacterianos, além de propriedades imunossupressoras e imunomoduladoras. O tratamento da miocardite aguda pediátrica permanece controverso, e os reais benefícios da Ig são, até o momento, inconclusivos. Um estudo do registro pediátrico de cardiomiopatias (*Pediatric Cardiomyopathy Registry*) não encontrou associação entre o uso de Ig ou corticoterapia e a sobrevida ou normalização de função ventricular.

Por outro lado, alguns estudos mostraram que o uso de Ig foi efetivo na melhoria da fração de ejeção do ventrículo esquerdo e na taxa de sobrevida.

Recentemente tivemos a publicação de uma extensa revisão sistemática e metanálise que avaliou os estudos publicados até o ano de 2018. Treze estudos foram selecionados, de acordo com os critérios de inclusão com um total de 1.404 crianças e adolescentes com idades menores que 18 anos, 812 no grupo que utilizou Ig e 592 no grupo que não utilizou Ig. Os autores observaram grande heterogeneidade e assimetria entre os estudos, principalmente em relação aos grupos de estudo, etiologia, dosagem de medicação e tempo de uso da medicação, além do fato de que a grande maioria dos estudos avaliados era retrospectiva. Os resultados desse estudo mostraram que o uso de Ig não aumentou de forma significativa a sobrevida de crianças e adolescentes com miocardite aguda, tendo sido encontrada uma razão de chance de 1,40 (IC95%: 0,83-2,35) sem significância estatística. Os autores concluem dizendo que o uso de Ig na miocardite aguda não deveria ser recomendado de forma rotineira.

Apesar dessa discrepância de resultados na literatura médica, sabemos que a Ig é frequentemente empregada para tratar a miocardite aguda na criança e no adulto. Um estudo multi-institucional realizado nos Estados Unidos mostrou que a Ig era utilizada em mais de 70% das crianças com miocardite aguda.

Em relação ao melhor esquema posológico, a maioria dos estudos publicados utilizou Ig em dose alta (1.000 a 2.000 mg/kg) em dose única ou em 2 dias consecutivos, sendo essa a dose atualmente recomendada nessa situação. Os cuidados com a infusão da Ig, nesses casos, são os mesmos daqueles citados anteriormente durante o uso na doença de Kawasaki. Vale ressaltar o fato de que, na miocardite aguda, é frequente a presença de disfunção ventricular e sinais de congestão venosa sistêmica e pulmonar, o que deve nos alertar mais ainda para a vigilância quanto à possível sobrecarga de volume durante a infusão.

Síndrome inflamatória multissistêmica pediátrica

A síndrome inflamatória multissistêmica pediátrica (SIMP) é definida como miocardite e vasculite inflamatória pós-viral que surge após um processo de infecção da covid-19. Dos pontos de vista clínico, fisiopatológico e imunológico, a síndrome apresenta muitas semelhanças com outras doenças infecciosas e inflamatórias com acometimento cardíaco na criança, como a doença de Kawasaki e a própria miocardite aguda. A presença de lesão endotelial aguda, além de elevada ativação da via da interleucina IL-1, parecem ser os mecanismos deflagradores de uma cascata de eventos imunológicos e inflamatórios que culminam com uma lesão cardíaca aguda significativa além do potencial dano nas artérias coronárias.

O uso de Ig na SIMP tem como racional o fato de fornecer imunidade passiva a muitos agentes infecciosos, incluindo coronavírus comuns que podem compartilhar especificidade de epítopo com o SARS-CoV-2, além de servir como imunomodulador da imunidade inata e adaptativa por vários mecanismos. Seu uso na SIMP tem sido feito de forma ampla em vários países e faz parte de diversos guias de sociedades médicas. Embora não haja nenhum estudo randomizado controlado que tenha avaliado sua eficácia e efetividade na SIMP, vários estudos observacionais já mostraram uma rápida resolução dos sintomas, além de redução significativa nas citocinas, monócitos, macrófagos, neutrófilos, células T ativadas, bem como aumento nas células *natural killer* (NK) após o tratamento com Ig.

Quanto à dose, a maioria dos estudos publicados empregaram dose de 2.000 mg/kg em administração única, sendo essa a atualmente recomendada nessa situação. Os cuidados com a infusão da Ig nesse caso são os mesmos daqueles citados anteriormente, sobretudo com relação à possibilidade de sobrecarga volêmica e descompensação hemodinâmica durante a infusão.

Palivizumabe

O palivizumabe (Synagis®) é um anticorpo monoclonal humanizado da classe IgG1, cujo mecanismo de ação é a neutralização e a inibição da atividade de fusão das cepas A e B do vírus sincicial respiratório (VSR) nas células do epitélio respiratório. O uso de palivizumabe mostrou-se eficaz na redução de internações de bebês cardiopatas com bronquiolite aguda pelo VSR, sendo utilizado nos Estados Unidos desde 1998. No Brasil, desde 2013, o Ministério da Saúde disponibiliza a imunização com palivizumabe para as crianças que fazem parte do grupo de alto risco para infecções por VSR, incluindo os bebês prematuros, pneumopatas crônicos e cardiopatas. Em 2018, a Agência Nacional de Saúde Suplementar (ANS) incluiu a aplicação de palivizumabe entre os procedimentos que devem ser fornecidos pelas operadoras de planos de saúde privados.

As infecções respiratórias causadas pelo VSR, em geral têm maior gravidade clínica quando ocorrem em lactentes com cardiopatias congênitas com repercussão hemodinâmica. A presença de sinais de insuficiência cardíaca, hipóxia ou hipertensão pulmonar aumenta o risco de descompensação hemodinâmica durante o período de infecção respiratória pelo VSR. Entre os fatores responsáveis pelo aumento dessa morbidade está o fato de que essas crianças não conseguem aumentar o débito cardíaco em resposta a uma infecção respiratória, além do fato de que a presença de hipertensão pulmonar pode resultar em aumento do *shunt* direita-esquerda em determinadas cardiopatias, agravando o quadro de hipoxemia. Em um estudo randomizado duplo-cego placebo-controlado, publicado em 2003, Feltes e colaboradores observaram que a profilaxia com palivizumabe reduziu de forma significativa a taxa de hospitalização decorrente de infecção por VSR em crianças, com idade menor que 2 anos, com cardiopatia congênita com repercussão hemodinâmica (9,3% x 5,3% – redução relativa de 45%).

A recomendação atual é que crianças com idade menor que 2 anos e que tenham cardiopatia com repercussão hemodinâmica façam a profilaxia para infecção pelo VSR com uso do palivizumabe, durante o período de sazonalidade. São considerados cardiopatias com repercussão hemodinâmica os seguintes grupos:

- Cardiopatias acianóticas, que apresentam sinais de insuficiência cardíaca e que estejam em uso de medicações para o tratamento dessa insuficiência cardíaca (comunicação interventricular grande, defeito do septo atrioventricular total, persistência do canal arterial grande, janela aortopulmonar, coarctação de aorta, valvopatia mitral, valvopatia aórtica).

- Cardiopatias cianóticas – saturação de oxigênio < 90% (Tetralogia de Fallot, dupla via de saída de ventrículo direito com estenose pulmonar, ventrículo único funcional, síndrome de hipoplasia do coração esquerdo, síndrome de hipoplasia do coração direito, tronco arterial comum, conexão anômala total de veias pulmonares).
- Cardiopatias (cianóticas ou acianóticas) que apresentam sinais de hipertensão pulmonar de grau moderado ou acentuado.
- Crianças submetidas a cirurgia cardíaca corretiva e que ainda necessitam do uso de medicações para controlar a insuficiência cardíaca ou que tenham realizado tratamento cirúrgico estadiado ou paliativo.

Vale ressaltar que crianças com cardiopatias congênitas sem repercussão hemodinâmica não necessitam realizar a profilaxia com palivizumabe, como comunicação interventricular pequena, comunicação interatrial pequena, persistência do canal arterial pequeno, disfunção valvar discreta, entre outras.

A posologia recomendada de palivizumabe é de 15 mg/kg de peso corporal, administrados por via intramuscular, uma vez por mês, com o máximo de cinco aplicações mensais consecutivas, dentro do período de sazonalidade da circulação do VSR de acordo com a região do país. A primeira dose deve ser administrada 1 mês antes do início do período de sazonalidade, e as quatro doses subsequentes devem ser administradas com intervalos de 30 dias durante esse período.

Crianças submetidas a cirurgia cardíaca com circulação extracorpórea podem apresentar redução de até 50% no nível sérico do palivizumabe. Nessa situação, deve-se fazer uma dose de reforço de palivizumabe (15 mg/kg) após o procedimento cirúrgico, ainda durante o período de internação hospitalar.

As reações adversas mais comuns incluem infecções do trato respiratório superior, otite média, rinite, faringite, erupção cutânea e dor no local da injeção. Reações alérgicas, incluindo muito raramente a anafilaxia, foram relatadas após a administração de palivizumabe. É importante que medicamentos para o tratamento de reações graves de hipersensibilidade, incluindo anafilaxia, devem estar disponíveis para uso imediato, acompanhando a administração de palivizumabe. Crianças com histórico de reação anterior grave à aplicação de palivizumabe ou a quaisquer de seus excipientes ou a outros anticorpos monoclonais humanizados não devem receber outras doses da medicação. Apesar de não haver estudos formais de interação medicamentosa, até o momento não foram descritas interações com outros medicamentos, alimentos ou resultado de exames laboratoriais.

Como o anticorpo monoclonal é específico para VSR, não se espera que o palivizumabe interfira com a resposta imunológica às vacinas, incluindo vacinas de vírus vivos.

Rituximabe

O medicamento rituximabe (Mabthera®) é um anticorpo monoclonal quimérico (camundongo/humano) ligado especificamente ao antígeno transmembrana CD20, que se expressa desde os linfócitos pré-B até os linfócitos B maduros. Ao se ligar nesse antígeno dos linfócitos B, o rituximabe inicia reações imunológicas que mediarão a lise da célula B pelos possíveis mecanismos seguintes: citotoxicidade complemento-dependente, citotoxicidade celular anticorpo-dependente e indução de apoptose. As principais indicações para uso dessa medicação incluem linfoma não Hodgkin, artrite reumatoide, leucemia linfoide crônica e granulomatose de Wegener, além de ser aprovado pela Agência Nacional de Vigilância Sanitária (Anvisa).

Uma das principais complicações após um transplante cardíaco pediátrico é a rejeição do enxerto, que pode ser do tipo celular ou humoral. A rejeição humoral é mediada por anticorpos e ocorre em aproximadamente 10% a 20% das crianças transplantadas, associada a elevada taxa de mortalidade. O mecanismo de injúria ao enxerto nesse tipo de rejeição é mediado pelos linfócitos B e pela ativação da cascata do complemento. O tratamento dessa condição se baseia na tentativa de eliminar essas células e anticorpos.

O rituximabe é capaz de depletar os linfócitos B no sangue periférico nas primeiras 72 horas após a infusão, e essa resposta pode se manter sustentada por até 12 meses; em decorrência disso, tem sido muito utilizado no tratamento desse tipo de rejeição. A International Society for Heart and Lung Transplantation (ISHLT) recomenda que o tratamento desse tipo de rejeição na criança deve ser feito por um conjunto de ações que incluem altas dose de corticosteroide, plasmaferese, Ig e rituximabe.

A dose de rituximabe para o tratamento de rejeição humoral é de 375 mg/m^2, por via endovenosa, em doses semanais que podem variar de 1 a 4 doses, de acordo com a evolução do paciente. A medicação pode ser diluída em soro fisiológico ou solução glicosada 5%, e a concentração final, de 1 a 4 mg/mL da solução. A infusão total deve ser feita em 6 a 8 horas, devendo-se iniciar com uma velocidade mais lenta, visto que os principais efeitos adversos ocorrem nas primeiras horas de infusão. As reações à infusão ocorrem em cerca de 70% dos pacientes com a primeira perfusão e diminui com infusões subsequentes. As reações ocorrem nos primeiros 30 a 120 minutos e podem incluir hipotensão, angioedema, broncoespasmo, hipóxia, urticária, febre, calafrios, tremores e outros sintomas. A alta incidência de reações à infusão levou à prática geral de empregar pré-medicações com um anti-histamínico e antipirético antes de cada infusão.

CONCLUSÕES

O uso de imunobiológicos na cardiologia pediátrica não é tão frequente quanto em outras áreas da pediatria, entretanto em algumas situações específicas, o uso destes agentes pode trazer inúmeros benefícios clínicos para as crianças. Imunoglobulina humana (utilizada nas situações de doença de Kawasaki, miocardite aguda e síndrome inflamatória multissistêmica) e anticorpos monoclonais tais como palivizumabe (utilizado como profilaxia de infecção por VSR em bebê cardiopatas) e rituximabe (utilizado no tratamento de rejeição humoral após transplante cardíaco) são, atualmente, os principais imunobiológicos utilizados na cardiologia pediátrica.

BIBLIOGRAFIA

Berry GJ, Angelini A, Burke MM, Bruneval P, Fishbein MC, Hammond E, et al. The ISHLT working formulation for pathologic diagnosis of antibody-mediated rejection in heart transplantation: evolution and current status (2005-2011). J Heart Lung Transplant. 2011;30(6):601-11.

Boros P, Gondolesi G, Bromberg JS. High dose intravenous immunoglobulin treatment: mechanisms of action. Liver Transpl. 2005;11(12):1469-80.

Brasil. Agência Nacional de Vigilância Sanitária. Rituximabe. [Bula]. 2015. [acesso em fevereiro de 2024]. Disponível em: https://www.gov.br/anvisa/pt-br/search?SearchableText=rituximabe

Brasil. Ministério da Saúde. Secretaria de Ciência, Tecnologia e Insumos Estratégicos. Departamento de Gestão e Incorporação de Tecnologias em Saúde. Protocolo do uso: palivizumabe para a prevenção da infecção pelo vírus sincicial respiratório. Brasília, DF: Ministério da Saúde; 2018.

Broderick C, Kobayashi S, Suto M, Ito S, Kobayashi T. Intravenous immunoglobulin for the treatment of Kawasaki disease. Cochrane Dat System Rev. 2023;1(1):CD014884.

Erdogan I, Varan B, Sezgin A, Pirat A, Zeyneloglu P. Rituximab Therapy for Rejection in Pediatric Heart Transplant. Exp Clin Transpl. 2018;16(2):199-203.

Feltes TF, Cabalka AK, Meissner HC, Piazza FM, Carlin DA, Top FH Jr, et al. Palivizumab prophylaxis reduces hospitalization due to respiratory syncytial virus in young children with hemodynamically significant congenital heart disease. J Pediatr. 2003;143(4):532-40.

Foerster SR, Canter CE, Amy Cinar A, Sleeper LA, Webber SA, Pahl E, et al. Ventricular remodeling and survival are more favorable for myocarditis than for idiopathic dilated cardiomyopathy in childhood: an outcome study from the Pediatric Cardiomyopathy Registry. Circ Heart Fail. 2010;3(6):689-97.

Ghelani SJ, Spaeder MC, Pastor W, Spurney CF, Klugman D. Demographics, trends, and outcomes in pediatric acute myocarditis in the United States, 2006 to 2011. Circ Cardiovasc Qual Outcomes. 2012;5(5):622-7.

Heidendael JF, Den Boer Sl, Wildenbeest JG, Dalinghaus M, Straver B, Pajkrt D. Intravenous immunoglobulins in children with new onset dilated cardiomyopathy. Cardiol Young. 2018;28(1):46-54.

McMurray JC, May JW, Cunningham MW, Jones OY. Multisystem Inflammatory Syndrome in Children (MIS-C), a Post-viral Myocarditis and Systemic Vasculitis – A Critical Review of Its Pathogenesis and Treatment. Front Pediatr. 2020;8:626182.

Siedlar M, Strach M, Bukowska-Strakova K, Lenart M, Szaflarska A, Węglarczyk K, et al. Preparations of intravenous immunoglobulins diminish the number and proinflammatory response of CD14+-CD16++ monocytes in common variable immunodeficiency (CVID) patients. Clin Immunol. 2011;139(2):122-32.

Toubiana J, Poirault C, Corsia A, Bajolle F, Fourgeaud J, Angoulvant F, et al. Kawasaki-like multisystem inflammatory syndrome in children during the covid-19 pandemic in Paris, France: prospective observational study. BMJ. 2020;369:m2094.

Yen CY, Hung MC, Wong YC, Chang CY, Lai CC, Wu KG. Role of intravenous immunoglobulin therapy in the survival rate of pediatric patients with acute myocarditis: A systematic review and meta-analysis. Nat Sci Rep. 2019;9(1):10459.

6

Imunobiológicos usados em Gastroenterologia

Luciana Rodrigues Silva

DESTAQUES

- Grande desenvolvimento recente com o surgimento de novas drogas para o tratamento de doenças inflamatórias intestinais em pediatria.
- Os imunobiológicos vêm mudando a qualidade de vida dos pacientes com doenças inflamatórias intestinais. No entanto, é preciso estar bem familiarizado com a farmacodinâmica e a farmacocinética dessas medicações para empregá-las.
- Novos imunobiológicos e pequenas moléculas já em uso em adultos ainda requerem mais estudos para a faixa pediátrica.

INTRODUÇÃO

As doenças inflamatórias intestinais (DII) se caracterizam por um amplo espectro de alterações crônicas com curso, duração e gravidade variáveis, e são representadas pela doença de Crohn, a colite ulcerativa e a colite indeterminada. Vários fatores estão imbricados na sua determinação, entre eles alterações genéticas, da resposta imunológica, da microbiota, fatores dietéticos e ambientais, uso excessivo de antibióticos, entre outros. São doenças para toda a vida e geralmente se apresentam de forma mais extensa e mais grave quando se iniciam na faixa etária pediátrica. Tem havido um aumento significativo na prevalência e incidência dessas condições.

A melhor compreensão da fisiopatologia das doenças autoimunes e imunomediadas e dos mecanismos inflamatórios desencadeados nessas condições tem permitido o desenvolvimento de novos potenciais medicamentos. O tratamento tem evoluído nos últimos tempos e atualmente o objetivo se baseia na obtenção da cicatrização da mucosa, da redução das complicações e melhora da qualidade de vida. Várias drogas podem ser empregadas e a escolha delas se baseia na classificação da gravidade, extensão e grau de atividade da doença. Recomenda-se que o esquema terapêutico dessas condições se baseie na estratificação de risco dos pacientes, sempre de forma individualizada.

No arsenal terapêutico do tratamento das DII constam os aminossalicilatos, os corticosteroides, a nutrição enteral, os imunossupressores e a terapia biológica, representada pelos imunobiológicos. Nos adultos, novas drogas têm sido empregadas, entre imunobiológicos e novas pequenas moléculas; no entanto, a experiência em Pediatria ainda se mantém com poucas opções à espera de mais evidências científicas e estudos que envolvam eficácia e segurança das novas drogas.

Os imunobiológicos, biossimilares e as pequenas moléculas são também denominados de "terapia-alvo" e são medicamentos que agem no sistema imunológico para modular a resposta inflamatória. Os imunobiológicos são uma classe de medicamentos fabricados por processos biológicos a partir de organismos vivos. São usados no tratamento de várias condições, incluindo doenças autoimunes e inflamatórias, como as DII, artrite reumatoide, psoríase, asma, dermatite atópica, esofagite eosinofílica e outras condições. São representados por um grupo de medicamentos que atuam diretamente no sistema imunológico, nas células T e B, nas interações ligante-receptor, nas citocinas e quimiocinas produzidas nas reações inflamatórias, reduzindo a atividade da doença e melhorando a qualidade de vida dos pacientes.

Por outro lado, biossimilares são drogas sucessoras de um imunobiológico prévio, cuja patente expirou após algum tempo. Eles representam uma alternativa de menor custo, equivalente aos medicamentos de referência com eficácia e segurança comparáveis, no entanto, sempre se enfatiza que idealmente as drogas não devem ser intercambiáveis no esquema terapêutico dos pacientes.

Para as formas mais graves, extensas e complicadas e aquelas que comprometem o crescimento e desenvolvimento, além das formas que não respondem aos tratamentos nas fases iniciais ou aquelas com características de mau prognóstico, hoje há indicação para o uso dos imunobiológicos em Pediatria para doença de Crohn e colite ulcerativa. Além disso, para as formas graves de doença perianal na doença de Crohn, desde o início o tratamento é feito com imunobiológicos. Os imunobiológicos têm revolucionado o tratamento de diversas doenças em Pediatria, especialmente as DII.

O tratamento deve ter duas fases: a obtenção da remissão e, em seguida, a manutenção da remissão. O uso de imunobiológicos em crianças com DII, como a doença de Crohn e a retocolite ulcerativa, é considerado quando outras terapias convencionais, como aminossalicilatos, corticosteroides, imunomoduladores (como azatioprina, 6-mercaptopurina, metotrexato) e terapias nutricionais não são eficazes em controlar a doença ou quando a criança apresenta intolerância a essas terapias e perde a resposta depois de algum tempo à terapêutica empregada. Além disso, os imunobiológicos podem ser considerados em crianças com DII moderada a grave que apresentam características como: falha na resposta aos tratamentos convencionais; dependência crônica de corticosteroides para controlar os sintomas; presença de complicações, como estenoses, fístulas, abscessos ou comprometimento do crescimento; sintomas extraintestinais significativos; comprometimento do estado nutricional devido à doença. O tratamento cirúrgico da doença de Crohn pode estar indicado nas seguintes situações: doença ativa de segmento curto, enteroplastia em estenoses, colectomia com ileostomia na ausência de doença perianal; nos pacientes com risco de recorrência, reintroduz-se os imunobiológicos após quatro semanas da cirurgia. Como tratamento cirúrgico na colite ulcerativa está indicada a colectomia nos casos de doença ativa, esteroide-dependente, em que houve falha de várias terapias biológicas, ou nas displasias ou neoplasias colônicas; colectomia total em três estágios para colite grave aguda que não respondeu a corticoides e imunobiológicos e com desnutrição grave.

Há algumas peculiaridades no tratamento das DII na idade pediátrica: deve-se fazer uso racional do corticoide, em curta duração; a terapia com imunossupressor precoce modificou a evolução da DII pediátrica; enfatiza-se a importância da nutrição enteral exclusiva na indução da remissão da doença de Crohn e a terapia com anti-TNF modificou de modo significativo a evolução da DII pediátrica.

O momento preciso para iniciar o tratamento com imunobiológicos em crianças com DII é determinado com base na avaliação clínica individual de cada paciente, considerando fatores como a gravidade dos sintomas, a extensão e a localização da inflamação intestinal, o crescimento e desenvolvimento da criança, bem como a resposta e tolerância aos tratamentos convencionais. Na infância, muitas vezes, deve-se pensar nas doenças monogênicas, sobretudo nas crianças muito jovens, pois essas condições mimetizam as DII e não respondem bem aos biológicos, e entre elas há algumas que necessitam de outros tratamentos.

A decisão de iniciar o tratamento com imunobiológicos em crianças deve ser tomada em conjunto com uma equipe médica especializada em Gastroenterologia Pediátrica, que pode avaliar de forma abrangente o estado de saúde da criança, discutir as opções de tratamento disponíveis e fornecer orientações à família e aos pacientes maiores sobre os riscos e benefícios associados ao uso desses medicamentos. A monitorização regular durante o tratamento é fundamental para avaliar a eficácia do medicamento, a adesão à terapêutica, detectar possíveis efeitos colaterais e ajustar o tratamento conforme necessário e se é preciso mudar a medicação, de acordo com a resposta do paciente.

Cada imunobiológico tem aspectos particulares no seu mecanismo de ação de imunomodulação em várias etapas da resposta imune. Os medicamentos imunobiológicos e biossimilares são aprovados a partir de estudos multicêntricos controlados, sempre visando à eficácia e à segurança. Alguns estão disponíveis no Brasil pela Anvisa, por meio do Sistema Único de Saúde (SUS), em protocolos clínicos e diretrizes terapêuticas (PCDT), e também têm cobertura pelos planos de saúde privados.

Antes de iniciar o tratamento com imunobiológicos e imunomoduladores é fundamental:

- Confirmar o diagnóstico e classificar a atividade da doença e sua extensão e gravidade.
- Avaliar a presença de fatores de mau prognóstico para doença de Crohn: presença de lesões perianais, localização ileocolônica, idade jovem ao diagnóstico, necessidade de uso de corticoides no primeiro surto de atividade, doença extensa no intestino delgado, doença do trato digestivo superior, ulcerações colônicas profundas, presença de fístulas e abscessos, perda de peso significativa antes do diagnóstico, parada importante no crescimento, história de hospitalização ou cirurgia prévia para a doença, anemia grave, PCR e VHS muito elevados
- Avaliar a presença de fatores de mau prognóstico para colite ulcerativa: idade jovem ao diagnóstico, colite extensa, associação com colangite esclerosante primária, ulcerações colônicas profundas, anemia grave, PCR e VHS muito elevados, infecção por *C. difficile*, hospitalização ou cirurgia prévia para a doença.
- Excluir as contraindicações para o tratamento.
- Decisão compartilhada com a família sobre a escolha das medicações, suas ações e efeitos colaterais.

- Realizar triagem para tuberculose doença e tuberculose latente, hepatites infecciosas (HBV, HCV), varicela, HIV, EBV e, dependendo do local, também para estrongiloidíase, e eventualmente para sífilis, doenças fúngicas e leishmaniose. As crianças e adolescentes com indicação para utilizar imunobiológicos devem realizar prova tuberculínica com teste PPD ou teste de liberação do gama-interferon com IGRA ou Quantiferon® Gold. Caso os testes sejam positivos, deve-se realizar raio X de tórax e toda a família e o paciente devem fazer investigação completa para tuberculose doença e tuberculose latente. Caso seja diagnosticada tuberculose, será feito o tratamento e postergada a administração dos imunobiológicos.
- Testes laboratoriais com hemograma, albumina, beta-hCG para gravidez, provas de função hepática, ureia, creatinina, eletrólitos, PCR, calprotectina fecal, ferro, cálcio, vitamina D e outros, a depender do quadro clínico do paciente.
- Avaliar e atualizar o calendário vacinal.
- Tratar estrongiloidíase.

O tratamento atualmente deve alcançar alguns alvos terapêuticos descritos no Consenso Stride II, a curto, médio e longo prazo: resposta clínica, remissão de sintomas e queda do PCR, queda aceitável dos níveis da calprotectina fecal, retomada do crescimento e estado nutricional, cicatrização endoscópica e melhora na qualidade de vida. Embora não façam ainda parte dos alvos formais, na doença de Crohn se espera a cicatrização da mucosa, e na colite ulcerativa, a cicatrização histológica.

As doses de imunobiológicos para o tratamento em crianças com DII, como doença de Crohn e colite ulcerativa, podem variar dependendo do medicamento específico utilizado, da gravidade da doença e da resposta individual do paciente ao tratamento. Cada caso é único, e a escolha do imunobiológico específico depende da condição clínica da criança, da gravidade da doença, da resposta ao tratamento e de outros fatores individuais. O tratamento com imunobiológicos em crianças deve ser realizado sob a supervisão de um médico especialista, como um gastroenterologista pediátrico, com acompanhamento periódico. A seguir estão algumas informações gerais sobre os imunobiológicos comumente utilizados para tratar as DII na faixa pediátrica no Brasil:

1. Infliximabe: é um anticorpo murino monoclonal, produzido a partir de células idênticas de ratos, com sequência de proteínas modificadas qua-

se iguais aos anticorpos humanos, por isso denominado de anticorpo monoclonal quimérico. É um anticorpo composto por um fragmento Fab murino e um fragmento Fc humano, que se liga e neutraliza o fator de necrose tumoral alfa (TNF-α). Representa uma terapia anticitocina anti-TNF, que é uma citocina pró-inflamatória, que afeta o crescimento tumoral e a apoptose. É utilizado no tratamento de DII, sendo o que se tem maior experiência na faixa etária pediátrica, com maior número de estudos. Habitualmente é empregado em conjunto inicialmente com imunossupressor. A dose de infliximabe administrada para o tratamento em crianças geralmente segue um regime de indução, seguido por terapia de manutenção. Durante a indução, a dose padrão é de 5 mg/kg de peso corporal, administrada via intravenosa na semana 0, 2 e 6. Para a terapia de manutenção, as doses subsequentes geralmente são administradas a cada 8 semanas. Doses maiores iniciais de 10 mg/kg podem ser administradas na colite aguda grave, na doença perianal grave e em casos selecionados de comprometimento nutricional significativo. No entanto, em casos de doença perianal grave, doses mais frequentes ou ajustes de dose podem ser considerados. Alguns pacientes, com o tempo, podem perder a resposta e, com a monitorização dos níveis séricos da droga e os níveis séricos do anticorpo antidroga (TDM), poder-se-á aumentar as doses ou diminuir o intervalo entre elas com a finalidade de otimizar o tratamento e manter a resposta, mantendo a janela terapêutica. Esta individualização da terapêutica mediada pela monitorização sérica representou um grande avanço na terapêutica dessas condições. Se mesmo assim houver perda de resposta, outras classes de biológicos poderão ser empregadas. Os primeiros estudos foram o ACCENT I e II, o ACT e, em Pediatria, o Reach.

2. Adalimumabe: é um anticorpo monoclonal recombinante humano anti-TNF-T, utilizado principalmente no tratamento de DII e em outras condições em crianças. Liga-se ao TNF-alfa circulante, bloqueando a sua interação com seus receptores e neutraliza a atividade desta citocina. É um anticorpo monoclonal recombinante bloqueador da ação da citocina pró-inflamatória, fator de necrose tumoral (TNF); é totalmente humano e administrado por via subcutânea. É produzido a partir da imunoglobulina humana com tecnologia DNA recombinante. A dose de adalimumabe utilizada perianal em crianças com mais de 40 kg é de 160 mg, seguida de 80 mg depois de

duas semanas e depois 40 mg a cada duas semanas, por via subcutânea a cada duas semanas. Assim como com o infliximabe, o tratamento com adalimumabe pode começar com uma fase de indução seguida por terapia de manutenção. Nas crianças menores de 40 kg, emprega-se a dose de adalimumabe baseada na superfície corporal: indução com 92 mg/m2, seguida de 46 mg/m2, seguida de 23 mg/m2 a cada duas semanas de manutenção. Em alguns casos também se pode otimizar a dose. O primeiro estudo foi o CLASSIC I e II, o EXTEND e o CHARM.

3. Vedolizumabe: é um anticorpo monoclonal que atua inibindo seletivamente a migração de linfócitos para o intestino, sendo utilizado no tratamento de DII em crianças. Para o vedolizumabe, a dose recomendada é geralmente de 6 mg/kg/dose no máximo de 300 mg administrados por via intravenosa na semana 0, 2 e 6, seguidos de doses de manutenção a cada 8 semanas. Nas crianças com peso acima de 30 kg, 177 mg/superfície corporal. Estudos clássico são o GEMINI I, II e III.
4. Ustequinumabe: é um anticorpo monoclonal totalmente humano que se liga a IL-23 e IL-12, citocinas pró-inflamatórias produzidas pelas células T-*helper*, impedindo a interação com seus receptores, que se liga seletivamente às subunidades p40 compartilhadas pelas citocinas interleucina-12 (IL-12) e interleucina-23 (IL-23). É utilizado no tratamento de DII em geral em não respondedores a outros imunobiológicos ou em pacientes que perderam a resposta a outros biológicos. A dose de ustekinumabe é administrada na indução inicial seguida de doses de manutenção. A dose de indução inicial pode ser de 6 mg/kg/dose intravenosa, com dose máxima de 520 mg dependendo do peso corporal da criança, seguida de doses de manutenção a cada 8 semanas de dose ajustada de superfície corporal adulto padrão 1,73 m^2 – 90 mg via subcutânea.

É importante ressaltar que as doses e o regime de tratamento podem variar de acordo com as diretrizes clínicas específicas, as características individuais do paciente e a prática clínica do médico responsável pelo tratamento. Portanto, é fundamental que o tratamento seja individualizado e supervisionado por uma equipe médica especializada em gastroenterologia pediátrica. O monitoramento regular da resposta ao tratamento e dos efeitos colaterais também é essencial para garantir a eficácia e segurança do tratamento da doença perianal em crianças com DII.

A monitorização terapêutica de fármacos (TDM) é definida como a avaliação das concentrações de medicamentos e de anticorpo antidroga, sendo uma ferramenta importante para otimizar a terapia biológica. A monitorização dos níveis séricos dos imunobiológicos e dos anticorpos antidrogas são atualmente fundamentais para individualizar o tratamento, ajustar as doses, superar a perda de resposta ou indicar a troca de agentes dos pacientes em uso de biológicos. A TDM ou monitorização terapêutica dos fármacos pode ser proativa ou reativa, com a finalidade de manter o alvo terapêutico adequado. Diante de um quadro sugestivo de perda de resposta ao biológico, deve-se:

- Confirmar a atividade da doença (sintomas, biomarcadores, endoscopia, imagem, exames laboratoriais).
- Descartar complicações cirúrgicas (estenose, abscessos, fibrose); neoplásicas; intestino irritável, infecções (CMV, *C. difficile* e outras).
- Verificar a adesão ao tratamento com o controle das datas das infusões ou aplicações periódicas.
- Verificar os níveis séricos do imunobiológico e do anticorpo antidroga

A perda de resposta com infliximabe habitualmente é estimada em 33% e com adalimumabe, 30%, além de se sugerir um risco de perda anual de resposta por volta de 20%/ano/paciente. A necessidade de otimização da dose ocorre por volta de um terço dos pacientes.

Representam contraindicações para o uso de imunobiológicos: tuberculose ou outras infecções como sepse, abscessos, infecções oportunistas e insuficiência cardíaca congestiva (ICC) III/IV, insuficiência cardíaca moderada ou grave.

O uso de imunobiológicos em crianças para tratar DII pode ser eficaz, mas também pode estar associado a efeitos colaterais. As reações adversas que podem surgir com a administração dos biológicos podem ser classificadas em alérgicas do tipo I ou de hipersensibilidade, se mediadas por IgE, e não alérgicas ou de hipersensibilidade tipo II, quando mediadas por liberação de citocinas com surgimento de anticorpos. Muitas ocorrem nas primeiras horas após a administração das drogas e por isso enfatiza-se a necessidade de vigilância nos locais e centros de administração desses medicamentos. Aqui estão alguns dos potenciais efeitos colaterais dos imunobiológicos em crianças:

1. Como efeitos imediatos:
   - Reações infusionais: após a administração intravenosa de imunobiológicos, as crianças podem desenvolver reações infusionais ou imediatas, quando ocorrem durante a administração ou até 30 minutos após, que podem incluir febre, calafrios, náuseas, vômitos, dor de cabeça, dor nas articulações, angioedema, manifestação gastrointestinal, cutânea, respiratória, neurológica e mistas. Os efeitos mais comuns são náuseas, vômitos, dor abdominal, exantema, rubor e urticária. Essas reações geralmente são leves, mas em alguns casos podem ser graves, necessitando suporte nos casos de anafilaxia. Com o infliximabe podem ocorrer reações leves e moderadas, e mais raramente graves, entre eles febre, dispneia, exantema, tosse, urticária e anafilaxia. Com o adalimumabe podem ocorrer mais comumente reações no local da infusão, como dor, calor e edema.
2. Como efeitos tardios: entre estes estão a indução de formação de anticorpos antidroga, infecções, desencadeamento de doenças autoimunes, doenças desmielinizantes e excepcionalmente malignidade, pois os imunobiológicos são imunogênicos.
   - Produção de anticorpos antidrogas: mesmo os monoclonais humanizados podem induzir formação desses anticorpos, que determinam redução dos níveis séricos das drogas, reações anafiláticas e perda de eficácia das drogas.
   - Aumento do risco de infecções: os imunobiológicos podem suprimir o sistema imunológico, aumentando o risco de infecções bacterianas, virais e fúngicas. As crianças podem ficar mais suscetíveis a infecções respiratórias, infecções de pele e infecções gastrointestinais enquanto estiverem em tratamento. Antes das infusões periódicas, é indispensável investigar se há sinais ou sintomas sugestivos de infecções.
   - Reativação de infecções latentes: alguns imunobiológicos podem causar a reativação de infecções latentes, como a tuberculose e a hepatite B. Portanto, é importante realizar testes de triagem antes de iniciar o tratamento com imunobiológicos em crianças.
   - Reações dermatológicas: efeitos colaterais dermatológicos, como *rash* cutâneo, dermatite de contato e eczema, podem ocorrer em crianças tratadas com imunobiológicos.
   - Outros efeitos colaterais: as crianças podem experimentar outros efeitos colaterais menos comuns, como dor abdominal, diarreia, aumento

da pressão arterial, alterações nos níveis de enzimas hepáticas, doenças desmielinizantes, desencadeamento de doenças autoimunes e autoinflamatórias.

- Risco de malignidades: embora seja raro, alguns estudos sugeriram um possível aumento do risco de câncer em crianças tratadas com imunobiológicos. No entanto, a relação precisa entre o tratamento e o desenvolvimento de câncer ainda não está totalmente esclarecida.

É fundamental a orientação correta da vacinação nesses pacientes. Antes de iniciar o tratamento com imunobiológicos, biossimilares e com imunossupressores, recomenda-se checar o cartão de vacinação e atualizar as vacinas incompletas e repetir esta checagem anualmente. É importante também verificar a vacinação dos familiares e dos profissionais que lidam com esses pacientes. Nos contactantes deve-se contraindicar a vacinação oral de poliomielite. Nos pacientes as vacinas inativadas são seguras e devem ser feitas quinze dias antes do início da medicação biológica, enfatizando-se as vacinas de influenza, HPV, hepatites A e B, tríplice bacteriana acelular, meningocócica B e ACWY e a vacina para hemófilos. Por outro lado, as vacinas de agentes vivos não devem ser administradas durante o uso dos imunobiológicos, e sim no máximo quatro semanas antes do seu início.

Enfatiza-se que os pais ou responsáveis pelas crianças e os adolescentes estejam cientes desses potenciais efeitos colaterais e discutam quaisquer preocupações com o médico responsável pelo tratamento. O monitoramento regular da saúde da criança durante o tratamento com imunobiológicos é essencial para detectar precocemente quaisquer problemas e ajustar o tratamento conforme necessário.

CONCLUSÕES

É muito importante que os pacientes com DII sejam acompanhados por uma equipe multidisciplinar, incluindo gastroenterologistas, cirurgiões, enfermeiros especializados, nutricionistas, psicólogos e outros profissionais em centros de referência, para garantir uma abordagem abrangente e personalizada do tratamento. Essa equipe deve estar preparada também para transferir os pacientes para especialistas de adultos na idade adequada. A terapia das DII vai muito além dos medicamentos e deve incluir a saúde nutricional, psicocomportamental, a prevenção da incapacidade e a melhoria da qualidade de vida. As DII em Pediatria requerem um diagnóstico precoce, acompanhamento em centro de referência com equipe multidisciplinar, a estratificação do risco da doença para o planejamento adequado do tratamento, a avaliação periódica para identificar perda de resposta e otimização do tratamento ou mudança de imunobiológico, transferência para o ambulatório de transição na época adequada e o monitoramento de neoplasias e complicações.

Os imunobiológicos revolucionaram o tratamento e a evolução dos pacientes pediátricos com DII.

BIBLIOGRAFIA

Hyams J, Crandall W, Kugathasan S, Griffiths A, Olson A, Johanns J, et al. Induction and maintenance infliximab therapy for the treatment of moderate-to-severe Crohn's disease in children. Gastroenterology. 2007;132(3):863-73; quiz 1165-6.

Lomazi EA, Oba J, Rodrigues M, Marmo MCDR, Sandy NS, Sdepanian VL, et al. Brazilian Consensus on the management of inflammatory bowel diseases in pediatrics patients: A consensus of the Brazilian Organization for Chron's Disease and colitis (GEDIIB). Arq Gastroenterol. 2023;59(suppl 1):85-124.

Nambu R, Warner N, Mulder DJ, Kotlarz D, McGovern DPB, Cho J, et al. A Systematic Review of Monogenic Inflammatory Bowel Disease. Clin Gastroenterol Hepatol. 2022;20(4):e653-e63.

Ramos GP, Papadakis KA. Mechanisms of Disease: Inflammatory Bowel Diseases. Mayo Clin Proc. 2019;94(1):155-65.

Rodrigues M, Sdepanian VL, Ferreira CT. Doenças Inflamatórias Intestinais em Gastroenterologia e Nutrição em Pediatria. Carvalho E, Silva LR, Ferreira CT (Eds.). Barueri: Manole; 2011.

Sulz MC, Burri E, Michetti P, Rogler G, Peyrin-Biroulet L, Seibold F; on behalf of the Swiss IBDnet, an official working group of the Swiss Society of Gastroenterology. Treatment Algorithms for Crohn's Disease. Digestion. 2020;101 Suppl 1:43-57.

Torres, Billioud V, Sachar DB, Peyrin-Biroulet L, Colombel JF. J et al. Inflamm Bowel Dis. 2012;18(7);1356-63. Turner D, Ricciuto A, Lewis A, D'Amico F, Dhaliwal J, Griffiths AM, et al. STRIDE-II: An Update on the Selecting Therapeutic Targets in Inflammatory Bowel Disease (STRIDE) Initiative of the International Organization for the Study of IBD (IOIBD): Determining Therapeutic Goals for Treat-to-Target strategies in IBD. Gastroenterology. 2021;160(5):1570-83.

Turner D, Ruemmele FM, Orlanski-Meyer E, Griffiths AM, de Carpi JM, Bronsky J, et al. Management of Paediatric Ulcerative Colitis, Part 2: Acute Severe Colitis – An Evidence-based Consensus Guideline From the European Crohn's and Colitis Organization and the European Society of Paediatric Gastroenterology, Hepatology and Nutrition. J Pediatr Gastroenterol Nutr. 2018;67(2):292-310.

7

Imunobiológicos usados em Hematologia pediátrica

Josefina Aparecida Pellegrini Braga
Liane Esteves Daudt
Sandra Regina Loggetto

DESTAQUES

- Doenças imunomediadas, como a anemia hemolítica autoimune e a trombocitopenia imune (PTI), podem se beneficiar de imunobiológicos quando refratárias aos corticosteroides. A imunoglobulina humana intravenosa é a medicação de resgate e urgência aprovada para essas doenças. Os agonistas da trombopoietina (TPO) são alternativas para o tratamento da PTI crônica.
- A hidroxiureia é a medicação de escolha para o tratamento de pacientes com doença falciforme.
- A correta quelação do ferro permite o aumento da sobrevida dos pacientes com talassemia dependente de transfusão
- A base do tratamento da trombose venosa em Pediatria é realizada de acordo com a experiência em adultos. Porém, os anticoagulantes orais diretos têm estudos clínicos fase 3 em Pediatria, aumentando a segurança do tratamento.
- Pacientes com hemofilia A e presença de inibidores podem se beneficiar do uso do anticorpo monoclonal emicizumabe.
- Pacientes com aplasia de medula óssea grave e sem doador compatível para transplante de células-tronco hematopoiéticas (TCTH) têm indicação de imunomodulação e agonistas da TPO (eltrombopague).
- Além dos imunobiológicos e das pequenas moléculas indicados no TCTH alogênico, é de extrema importância revacinar os pacientes após 3-24 meses do TCTH, conforme as características de cada vacina.
- É importante ressaltar que a orientação do tratamento deve ser feita por um hematologista pediatra experiente.

INTRODUÇÃO

O objetivo deste capítulo é abordar os principais imunobiológicos, biossimilares e pequenas moléculas indicados nas doenças mais comuns na Hematologia pediátrica, conforme o Quadro 1.

QUADRO 1 Indicação de imunobiológicos, biossimilares e pequenas moléculas

Indicação	Imunobiológicos: imunoglobulina humana, imunoglobulina anti-D, rituximabe
Trombocitopenia imune	Biossimilar: rituximabe
	Pequenas moléculas: agonistas dos receptores da trombopoietina (eltrombopague, romiplostim)
Anemia hemolítica autoimune	Imunobiológicos: imunoglobulina humana, rituximabe
	Biossimilar: rituximabe
Doença falciforme	Pequenas moléculas: hidroxiureia, voxelotor
Talassemias	Pequenas moléculas: desferroxamina, deferiprona, deferasirox, luspatercepte
Trombose	Pequenas moléculas: heparina não fracionada, heparina de baixo peso molecular, antagonistas da vitamina K, anticoagulantes orais diretos (rivaroxabana, dabigatrana)
Hemofilias	Imunobiológicos: emicizumabe
Anemia aplástica	Imunobiológicos: globulina antitimocítica, filgrastim
	Pequenas moléculas: eltrombopague, ciclosporina
Transplante de medula óssea	Imunobiológicos: globulina antitimocítica, imunoglobulina intravenosa, alentuzumabe, rituximabe, infliximabe, basiliximabe, filgrastim
	Biossimilares: rituximabe, infliximabe
	Pequenas moléculas: ciclosporina, metotrexato, tacrolimo, sirolimo, micofenolato de mofetila, bussulfano, ciclofosfamida
Vacinas	Imunobiológicos para receptores de transplante de células tronco hematopoiéticas

É importante ressaltar que a orientação do tratamento deve ser feita por um hematologista pediatra experiente.

ANEMIA HEMOLÍTICA AUTOIMUNE

A anemia hemolítica autoimune (AHAI) é adquirida, de gravidade variável, causada pela destruição autoimune dos glóbulos vermelhos. A AHAI é rara em

Pediatria, com incidência anual estimada em cerca de 0,8 por 100 mil indivíduos menores de 18 anos. Ela é causada por autoanticorpos contra antígenos da membrana dos eritrócitos, via complemento e sistema reticuloendotelial, resultando em hemólise. A forma mais comum em Pediatria é por anticorpo a quente (IgG), mas também ocorre por aglutinina a frio e por hemoglobinúria paroxística a frio. Os pacientes apresentam sinais e sintomas inespecíficos de icterícia, urina escura, fadiga, esplenomegalia e possivelmente hepatomegalia. No caso de AHAI crônica, também pode ocorrer colelitíase.

O diagnóstico da AHAI por anticorpo quente é feito com hemograma, reticulócitos, Coombs direto (CD), marcadores de hemólise (DHL, BTF, haptoglobina) e esfregaço periférico com microesferócitos e policromasia. A avaliação da função hepática ajuda a verificar a associação à hepatite de células gigantes. Deve-se investigar possível doença de base (imunodeficiência, doenças reumatológicas, sorologias virais). Exames mais específicos devem ser discutidos com o hematologista pediatra.

A AHAI primária, mais frequente em crianças e adolescentes, é autolimitada e tem boa resposta à primeira linha de tratamento com corticosteroides (prednisona ou prednisolona por via oral ou metilprednisolona por via intravenosa, dependendo da gravidade da anemia). Na falha ao corticosteroide, podem-se indicar a imunoglobulina intravenosa (IgIV), rituximabe (anticorpo monoclonal anti-CD20), imunossupressores e a esplenectomia. Importante ressaltar que o tratamento deve ser individualizado, conforme a gravidade e o tipo de AHAI. Na AHAI secundária, procede-se ao tratamento da doença de base.

Trombocitopenia imune

A trombocitopenia imune (PTI) é uma doença adquirida, autoimune e com contagem de plaquetas inferior a 100.000 plaquetas/mm^3, podendo ser primária ou secundária. A PTI primária deve ser um diagnóstico de exclusão com a PTI secundária e com a trombocitopenia não imune. Quanto ao tempo de evolução, a PTI pode ser recém-diagnosticada (até 3 meses do diagnóstico), persistente (entre 3 e 12 meses) e crônica (mais de 12 meses de plaquetopenia). A incidência anual de PTI recém-diagnosticada em Pediatria é de 1,9-6,4/100 mil crianças. A idade de início é variável, com pico de incidência entre 2 e 6 anos de idade.

A PTI é caracterizada pela produção de autoanticorpos IgG contra antígenos das plaquetas e dos megacariócitos. Os macrófagos fagocitam e destroem as plaquetas, principalmente no baço. Os autoanticorpos ligados aos megacariócitos inibem sua maturação e promovem sua destruição. A trombopoietina (TPO; hormônio que promove a trombopoiese) pode estar diminuída. Os linfócitos B estimulam a produção de anticorpos antiplaquetas. A criança é previamente saudável e tem algum sinal de sangramento (equimoses, petéquias, epistaxe, hematúria, sangramento oral, gastrintestinal, mais raramente no sistema nervoso central), em geral com antecedente de infecção nos últimos 30 dias. O sangramento da PTI recém-diagnosticada, mesmo com plaquetopenia importante, é menos grave do que nos pacientes com plaquetopenia não imune secundária a outras doenças, possivelmente porque as poucas plaquetas circulantes são jovens, grandes e granulares, o que resulta em hemostasia eficaz.

O diagnóstico é feito com base em história clínica, exame físico, hemograma e avaliação do esfregaço de sangue periférico. Devem-se excluir outras causas de trombocitopenia. O mielograma é coletado quando há linfadenomegalia e/ou hepatoesplenomegalia, outras citopenias no hemograma ou falha terapêutica. O tratamento da PTI deve ser individualizado, dependendo mais do nível ou risco de sangramento do que da contagem de plaquetas. Na maioria dos casos, a recuperação das plaquetas é espontânea. O tratamento tem a finalidade de conter o sangramento, e não o de elevar o número de plaquetas. As opções terapêuticas de primeira linha para a PTI recém-diagnosticada incluem: corticoterapia, IgIV e a imunoglobulina anti-D (Ig anti-D). Na falha terapêutica, temos relato do uso de rituximabe. Na PTI crônica com indicação de tratamento, é possível utilizar um agonista do receptor de trombopoietina (eltrombopague, romiplostim). A esplenectomia é o último recurso nos pacientes pediátricos com PTI crônica que sangram e não responderam ao tratamento medicamentoso.

Imunobiológicos e biossimilares indicados na anemia hemolítica autoimune e na trombocitopenia imune

Imunoglobulina humana

A IgIV deriva do plasma combinado de doadores humanos e satura os receptores Fc da membrana dos macrófagos do sistema reticuloendotelial. Está incluída no Protocolo Clínico e Diretrizes Terapêuticas (PCDT) do Sistema Único de Saúde (SUS) para o tratamento da AHAI e da PTI.

Na AHAI por anticorpo a quente (IgG), a IgIV está indicada a pacientes que não responderam ao tratamento inicial com corticosteroide e àqueles com anemia grave de rápida evolução e com risco iminente de óbito. Na PTI, ao saturar os receptores Fc, inibe a fagocitose das plaquetas revestidas de anticorpos, aumentando rapidamente a sobrevida das plaquetas. Porém, tem efeito de curta duração e não induz remissões permanentes. Em 85% dos pacientes, ocorre aumento na contagem de plaquetas dentro de 24 a 48 horas. A resposta pode ser transitória, de 3 a 4 semanas. Os eventos adversos (EA) mais comuns da IgIV são náuseas, vômitos, cefaleia, febre e neutropenia.

Imunoglobulina anti-D

Tem uso restrito à PTI e não está aprovada em bula para uso no Brasil e na Europa. O seu uso para PTI é recomendado apenas pela Food and Drug Administration (FDA, agência reguladora americana). O Ministério da Saúde (MS) do Brasil não incorporou a Ig anti-D no SUS por não apresentar vantagem clínica em relação à IgIV.

Rituximabe

É um anticorpo monoclonal quimérico anti-CD20 que se liga ao CD20 presente na superfície dos linfócitos B, desencadeando citotoxicidade mediada por células dependentes de anticorpos. A depleção dos linfócitos B pode persistir por 6 a 12 meses. Não tem indicação em bula para o tratamento da AHAI ou da PTI.

Em pacientes com AHAI, a resposta ao rituximabe foi associada à diminuição das citocinas Th1 interferon-γ, interleucina IL-12, fator de necrose tumoral-α e IL-17, sugerindo atividade imunomoduladora no equilíbrio Th1/Th2. Foi utilizado nos casos de refratariedade à terapia e em situações de recaída nas formas primárias e secundárias da AHAI a quente, doença da aglutinina fria e síndrome de aglutinina fria secundária.

Na PTI, a apoptose dos linfócitos B leva à redução da produção de anticorpos antiplaquetas. A resposta clínica foi associada a *upregulation* das células Treg e restauração da relação Th1/Th2. A utilização na PTI aconteceu em pacientes com alto risco de sangramento que falharam ao tratamento com as medicações de primeira linha.

Os eventos adversos durante a infusão de rituximabe incluem alergia ou anafilaxia (febre, prurido, exantema, tosse, dor no peito, dispneia, broncoespasmo, queda de pressão). A neutropenia é observada em 2% dos pacientes e hipogamaglobulinemia ocorre ocasionalmente, mas infecções não são comuns.

Rituximabe biossimilar

Está aprovado no Brasil, com as mesmas indicações em bula do rituximabe referência.

Pequenas moléculas indicadas para o tratamento da anemia hemolítica autoimune e da trombocitopenia imune

Agonistas dos receptores da trombopoietina (TPO-R)

Estimulam a TPO por meio da ativação dos receptores TPO nos megacariócitos, aumentando a produção de plaquetas pelas vias JAK2 e STAT5 quinase.

Eltrombopague: interage com o domínio transmembrana do TPO-R e inicia cascatas de sinalização similares. Está incluído no PCDT do SUS para o tratamento da PTI crônica. Mostrou-se eficaz na elevação da contagem de plaquetas e na redução de sangramentos em pacientes adultos e crianças maiores de 6 anos de idade com PTI crônica e previamente tratados com pelo menos uma linha de tratamento. Recomendado como segunda linha para pacientes com PTI crônica com risco de sangramento e recidiva após esplenectomia com risco de sangramento e que foram refratários a pelo menos uma linha de tratamento (corticosteroides, imunoglobulinas ou recidiva após esplenectomia) ou que tenham contraindicação à esplenectomia.

Romiplostim: é um análogo da proteína de fusão da TPO produzido por tecnologia de DNA recombinante em *Escherichia coli*. Por mecanismo análogo ao da TPO endógena, aumenta a produção de plaquetas na medula óssea pela ligação e ativação das vias transicionais intracelulares do receptor da TPO (c-Mpl). O romiplostim também aumenta o crescimento e a maturação das unidades formadoras de megacariócitos. Sua indicação em bula é para o tratamento de PTI crônica em adultos e crianças maiores de 1 ano de idade, previamente tratados, incluindo ou não a esplenectomia. Não está incluído no PCDT do SUS para o tratamento da PTI crônica.

Mais detalhes sobre os medicamentos imunobiológicos, biossimilares e pequenas moléculas na AHAI e na PTI estão na Tabela 1 e a sua situação regulatória, na Tabela 2.

TABELA 1 Medicamentos imunobiológicos, biossimilares e pequenas moléculas usados no tratamento da anemia hemolítica autoimune e da trombocitopenia imune

Medicação	Doença	Ação	Dose	Eventos adversos
IgIV	AHAI por anticorpo quente (IgG)	Nos receptores Fc dos macrófagos do SRE	400-1.000 mg/kg/dia, IV, 5 dias Manutenção: a cada 21 dias se necessário	Náuseas, vômitos, cefaleia, febre e neutropenia
IgIV	PTI	Nos receptores Fc dos macrófagos do SRE	0,8-1g/kg/dia, IV, 1 a 2 dias	Náuseas, vômitos, cefaleia, febre e neutropenia
Rituximabe	AHAI PTI	Anticorpo monoclonal dirigido contra CD20	375 mg/m², IV, 1 x/semana, 3 a 4 doses	Reação alérgica ou anafilática durante a infusão, redução da produção de anticorpos e da resposta à vacinação
Eltrombopague	PTI crônica	Ativa os receptores TPO nos megacariócitos e induz a produção de plaquetas	Dose inicial: 50 mg, VO, 1x/dia Ajuste de dose para atingir plaquetas > 50.000/mm³: até dose máxima de 75 mg/dia Pacientes com ascendência asiática ou insuficiência hepática: 25 mg, VO, 1 x/dia	Aumento das enzimas hepáticas, complicações trombóticas/tromboembólicas, cefaleia, insônia, fadiga, anemia, náuseas, diarreia, mialgia, astenia, edema periférico e *rash* cutâneo
Romiplostim	PTI crônica	Aumenta a produção de plaquetas pela ligação e ativação do receptor da TPO	Dose inicial: 1 mcg/kg, SC, 1 x/semana	Sangramentos (epistaxe, petéquias, boca), cefaleia, vômito, dor em orofaringe, diarreia, náusea e febre

IgIV: imunoglobulina humana intravenosa; SC: subcutâneo; SRE: sistema reticuloendotelial; IV: intravenoso; TPO: trombopoietina; VO: via oral.

TABELA 2 Indicação e aprovação dos medicamentos imunobiológicos, biossimilares e pequenas moléculas no tratamento da anemia hemolítica autoimune e da trombocitopenia imune

Medicamento	Doença	FDA	EMA	ANVISA	SUS
IgIV	AHAI, PTI	Sim	Sim	Sim	Sim
Ig anti-D	PTI	Sim	Não	Não	Não
Rituximabe referência	AHAI, PTI	Não	Não	Não	Não
Rituximabe biossimilar	AHAI, PTI	Não	Não	Não	Não
Eltrombopague*	PTI crônica	Sim	Sim	Sim	Sim
Romiplostim**	PTI crônica	Sim	Sim	Sim	Não

* Crianças maiores de 6 anos de idade, adolescentes e adultos.
** Crianças maiores de 1 ano de idade.
Anvisa: Agência Nacional de Vigilância Sanitária; EMA: European Medicines Agency; FDA: US Food and Drug Administration; Ig: imunoglobulina; IgIV: imunoglobulina humana intravenosa; SUS: Sistema Único de Saúde.

DOENÇA FALCIFORME

A doença falciforme (DF) é uma hemoglobinopatia resultante da troca do aminoácido glutâmico pela valina na sexta posição da cadeia beta da hemoglobina, levando à produção da HbS. A hemoglobina S, quando desoxigenada, sofre polimerização, com hemólise e vaso-oclusão (caracterizada por dor). No Brasil, estimam-se entre 60.000 e 100.000 pessoas com DF.

A principal manifestação clínica da DF na Pediatria é a crise vaso-oclusiva dolorosa (mão-pé, membros, síndrome torácica aguda), mas manifestações importantes também incluem infecções, sequestro esplênico, acidente vascular cerebral, crise aplástica e lesão crônica de órgãos. O diagnóstico já é possível na triagem neonatal e confirmado pela eletroforese de hemoglobina após os 6 meses de vida.

A cura da DF é obtida pelo TCTH quando indicado pelo hematologista. Porém, poucos pacientes têm doador familiar compatível. Assim, o principal tratamento medicamentoso é a hidroxiureia (HU). Recentemente, novas moléculas têm sido estudadas para casos específicos, com a aprovação do voxelotor na Europa e nos Estados Unidos.

Pequenas moléculas indicadas para o tratamento da anemia falciforme

Hidroxiureia

Está aprovada em bula e indicada na DF para prevenção de crises dolorosas vaso-oclusivas recorrentes, incluindo a síndrome torácica aguda, para adultos, adolescentes e crianças maiores de 2 anos de idade. Seus mecanismos de ação incluem o aumento da concentração da hemoglobina fetal (interfere na polimerização da HbS, impedindo a falcização e diminuindo a vaso-oclusão e hemólise), a geração de óxido nítrico (estimula a produção da guanosina monofosfatase cíclica (cGMP), que em seguida ativa uma proteína quinase e aumenta a produção de HbF), a redução de leucócitos, o aumento do teor de água dos glóbulos vermelhos, melhorando sua hidratação, o aumento da deformabilidade das células falciformes e a alteração da adesão dos glóbulos vermelhos ao endotélio.

Voxelotor

É um inibidor da polimerização da HbS. Ao aumentar a afinidade da hemoglobina pelo oxigênio, o voxelotor inibe a polimerização da HbS, evitando a forma de foice e melhorando a deformabilidade dos glóbulos vermelhos. Está aprovado na DF para adultos e crianças com 12 anos ou maiores na Europa e para adultos e crianças com 4 anos ou mais nos Estados Unidos. Mais detalhes sobre as pequenas moléculas na DF estão na Tabela 3, e a sua situação regulatória, na Tabela 4.

TABELA 3 Pequenas moléculas usadas na doença falciforme

Medicação	Ação	Dose	Eventos adversos
Hidroxiureia	Aumento da HbF, geração de óxido nítrico, redução de leucócitos, hidratação das hemácias, melhora da deformabilidade das células falciformes e alteração da adesão das hemácias ao endotélio	Dose inicial: 15 mg/kg/dia, por via oral, em dose única Deve-se atingir a dose máxima tolerada (máximo 35 mg/kg/dia)	Neutropenia, macrocitose, oligospermia, azoospermia, trombocitopenia, anemia, cefaleia, hiperpigmentação (oral, ungueal e cutânea) e mucosite oral
Voxelotor	Inibição da polimerização da HbS	1.500 mg, via oral, 1x/dia	Cefaleia, diarreia, dor abdominal, náuseas e erupção cutânea

TABELA 4 Aprovação das pequenas moléculas na doença falciforme

Medicamento	FDA	EMA	Anvisa	SUS
Hidroxiureia*	Sim	Sim	Sim	Sim
Voxelotor	Sim**	Sim***	Não	Não

* A partir de 9 meses de idade.
** A partir de 4 anos de idade, adolescentes e adultos.
*** A partir de 12 anos de idade, adolescentes e adultos.
Anvisa: Agência Nacional de Vigilância Sanitária; EMA: European Medicines Agency; FDA: US Food and Drug Administration; SUS: Sistema Único de Saúde.

BETATALASSEMIAS

A betatalassemia é uma doença autossômica recessiva, caracterizada pela síntese inadequada de cadeias de betaglobina (componente da hemoglobina), resultando em anemia. Algumas mutações dominantes foram relatadas. Levantamento realizado pelo MS entre 2013 e 2015 identificou 593 pessoas no Brasil com a doença talassemia, a maioria na Região Sudeste (60%). Acredita-se que esses números estejam subestimados, uma vez que a Organização Mundial da Saúde (OMS) prevê cerca de 1.000 pessoas com talassemia no Brasil.

A falta de produção ou produção muito reduzida da hemoglobina A ocorre quando os dois cromossomos 11 apresentam mutação nos genes que codificam a produção da betaglobina, resultando em eritropoiese ineficaz e anemia microcítica hipocrômica grave (talassemia dependente de transfusão, TDT). Na talassemia não dependente de transfusão (TNDT), as mutações de ambos os beta-genes não são tão graves e resultam em anemia moderada.

A anemia grave na TDT manifesta-se já nos primeiros meses de vida, com necessidade de regime de transfusões regulares de concentrado de hemácias. Caso as crianças não recebam tratamento adequado, evoluem para a idade adulta com deformidades ósseas, hepatoesplenomegalia, cardiopatia, endocrinopatias, hepatopatia, entre outras complicações. Os pacientes com TNDT manifestam quadro clínico mais brando em relação à TDT, podendo apresentar de anemia leve à necessidade de transfusões esporádicas, deformidades ósseas, osteoporose, úlceras de perna, hiperesplenismo, trombose, hipertensão arterial pulmonar, entre outras complicações. Em algum momento da vida podem necessitar de transfusões regulares de concentrado de hemácias, quando então passam para a classificação de TDT.

O diagnóstico é feito a partir do hemograma (anemia hipocrômica microcítica importante, codócitos, esquizócitos, dacriócitos, pontilhados basófilos, corpúsculo de Howell-Jolly, eritroblastos), reticulocitose, eletroforese de hemoglobina (aumento de HbF 60-90%, HbA2 normal ou elevada e HbA1 ausente ou diminuída [na deficiência parcial da síntese de cadeias beta]) e biologia molecular (sequenciamento do gene da cadeia beta da hemoglobina HBB).

O tratamento da TDT tem como base a transfusão regular de concentrado de hemácias fenotipadas e filtradas, a terapia quelante de ferro devido ao acúmulo de ferro transfusional e a adesão ao tratamento. O TCTH alogênico é curativo, entretanto requer doadores compatíveis e boa avaliação dos riscos e benefícios para cada paciente.

Pequenas moléculas indicadas para o tratamento da betatalassemia

Quelantes de ferro

A quelação do ferro em geral tem início após 10 a 20 transfusões. Os quelantes de ferro aprovados no Brasil são desferroxamina, deferiprona e deferasirox (Tabela 5).

Luspatercepte

É uma proteína de fusão recombinante que se une a ligantes específicos da superfamília TGF-β (do inglês *transforming growth factor beta*) e aumenta a maturação eritroide, atuando na eritropoiese ineficaz e melhorando os níveis de hemoglobina. Não é um substituto das transfusões, mas pode ser utilizado em conjunto com as transfusões, na tentativa de reduzir a necessidade transfusional (Tabela 6).

A situação regulatória das pequenas moléculas na beta talassemia está na Tabela 7.

TROMBOSE VENOSA

O tromboembolismo venoso (TEV) pode ocorrer como embolia pulmonar, trombose venosa profunda de extremidades ou fora das extremidades, incluindo pescoço, veia cava, intracardíaca, intra-abdominal/pélvica e trombose venosa cerebral. A incidência de TEV em crianças e adolescentes é muito baixa, de 0,07 a 0,14 por 10 mil crianças. Porém, em crianças hospitalizadas, a taxa aumenta para 58 por 10 mil internações ou mais, principalmente em neonatos e adolescentes.

No TEV, ocorrem lesão endotelial, estase sanguínea e mudanças nos níveis de fatores de coagulação e seus inibidores. O seu principal fator desencadeante é a presença de cateter venoso central, responsável por 90% dos casos no período neonatal e > 60% na infância. Outros fatores de risco associados à trombose são trauma, infecção, inflamação (doenças autoimunes), medicamentos, neoplasias, cardiopatias congênitas e prematuridade. Na ausência de fatores de risco para TEV, deve-se pensar em trombofilia.

TABELA 5 Propriedades químicas e farmacológicas das pequenas moléculas (quelantes de ferro) aprovadas no Brasil

Propriedades	Desferroxamina	Deferiprona	Deferasirox
Peso molecular (dáltons)	560	139	373
Apresentação	Frasco-ampola 500 mg	Comprimidos de 500 mg	Comprimidos dispersíveis de 125, 250 e 500 mg
Meia-vida	20-30 minutos	3-4 horas	12-16 horas
Indicação	Hemossiderose transfusional	Talassemia maior Anemia falciforme	Hemossiderose transfusional
Idade	Adultos e crianças	Acima de 10 anos	Acima de 2 anos
Administração	SC ou IV 12-24 horas 5-7 dias/semana	VO A cada 8 horas	VO 1 x/dia
Dose	20-60 mg/kg Crianças até 40 mg/kg	75-100 mg/kg/dia	20-40 mg/kg/dia
Eliminação do ferro	Urina, fezes	Urina	Fezes
Eventos adversos	Catarata, diminuição da audição, retardo de crescimento ósseo, reações locais, alergia	Epigastralgia, artralgia, agranulocitose/neutropenia	Diarreia, náuseas, aumento da creatinina, aumento das enzimas hepáticas
Contraindicações	Gravidez – já foi usado no terceiro trimestre Hipersensibilidade	Gravidez História de neutropenia ou condição com citopenia de base Hipersensibilidade, incluindo Púrpura de Henoch-Schönlein, urticária e edema periorbital com erupção cutânea	Gravidez Hipersensibilidade Depuração da creatinina < 60 mL/min Insuficiência hepática ou renal

(continua)

TABELA 5 Propriedades químicas e farmacológicas das pequenas moléculas (quelantes de ferro) aprovadas no Brasil (*continuação*)

Propriedades	Desferroxamina	Deferiprona	Deferasirox
Interações medicamentosas	Proclorperazina: pode levar ao comprometimento temporário da consciência Gálio-67: imagem pode ser distorcida pela rápida excreção urinária de gálio-67 ligado à desferroxamina. Deve descontinuar 48 horas antes do exame	Possível com inibidores de UGT1A6 como diclofenaco, probenecida ou silimarina Evitar uso concomitante com medicamentos associados com neutropenia Gálio-67 (semelhante a desferroxamina) Preparados via oral com cátions polivalentes como alumínio, antiácidos, zinco – dar intervalo de pelo menos 4 horas	Possível com medicamentos metabolizados pela CYP3A4, como midazolam Possível com medicamentos metabolizados pela CYP1A2, como teofilina Gálio-67 (semelhante a desferroxamina) Preparados via oral com cátions polivalentes

Fonte: adaptada de Cappellini MD, Farmakis D, Porter J, Taher A, 2021.
IV: intravenoso; SC: subcutâneo; VO: via oral.
Observação: quelantes de ferro não aprovados no Brasil: deferasirox na apresentação em comprimido revestido por película e em grânulos; deferiprona na apresentação em solução oral e em comprimidos de 1.000 mg.

TABELA 6 Propriedades químicas e farmacológicas do luspatercepte (pequena molécula)

Propriedades	Luspatercepte
Apresentação	Pó liofilizado para solução injetável com 25 e 75 mg
Meia-vida	11 dias
Indicação	Talassemia dependente de transfusão
Idade	Adultos
Administração	Subcutânea a cada 3 semanas
Dose	1,0-1,25 mg/kg
Eventos adversos	Fadiga, diarreia, astenia, náuseas, tontura, dorsalgia, cefaleia Observar trombose e hipertensão arterial
Contraindicações	• Gravidez • Hipersensibilidade
Interações medicamentosas	• Nenhuma conhecida • O uso concomitante com quelantes de ferro não teve efeito sobre a farmacocinética de luspatercepte.

TABELA 7 Aprovação das pequenas moléculas na betatalassemia

Medicamento	FDA	EMA	Anvisa	SUS
Desferroxamina*	Sim	Sim	Sim	Sim
Deferiprona 500 mg**	Sim	Sim	Sim	Sim
Deferasirox comprimidos dispersíveis***	Sim	Sim	Sim	Sim
Luspatercepte****	Sim	Sim	Sim	Não

* Adultos e crianças.
** Maiores de 10 anos.
*** Maiores de 2 anos.
**** Adultos.
Anvisa: Agência Nacional de Vigilância Sanitária; EMA: European Medicines Agency; FDA: US Food and Drug Administration; SUS: Sistema Único de Saúde.

Os sinais e sintomas são comumente inespecíficos ou mascarados por outras doenças e sintomas. Trombose de veia renal apresenta-se com hematúria, proteinúria, trombocitopenia e perda de função do rim envolvido. O tromboembolismo pulmonar tem quadro clínico comumente confundido com a doença de base. Edema do membro acometido ocorre em apenas 10% a 36% dos casos. A trombose de veia porta pode levar a distensão abdominal, trombocitopenia e aumento de transaminases. Trombos intracardíacos pequenos são geralmente assintomáticos, mas podem migrar para os pulmões, causando embolismo pulmonar ou para a circulação sistêmica, podendo causar isquemia cerebral em pacientes com forame oval patente.

Os exames diagnósticos devem ser solicitados de acordo com a suspeita da localização do TEV: a) ultrassonografia com Doppler, b) angiorressonância venosa e c) pesquisa de trombofilia: no caso de ausência de fatores desencadeantes e no caso de tromboses venosas recorrentes na presença de fator desencadeante ou história familiar consistente.

Pequenas moléculas indicadas no tratamento da trombose venosa

As evidências para o uso de anticoagulantes em Pediatria são extrapoladas da prática de adultos. As medicações indicadas em diretrizes pediátricas internacionais incluem heparina não fracionada, heparina de baixo peso molecular como a enoxaparina e antagonistas da vitamina K (Tabela 8), bem como os anticoagulantes orais diretos (DOAC) estudados para crianças e adolescentes em estudos clínicos fase 3, alguns já com aprovação pelo FDA e EMA (Tabela 9).

A situação regulatória das pequenas moléculas na trombose venosa está na Tabela 10.

HEMOFILIA

A hemofilia é uma doença hemorrágica hereditária ligada ao cromossomo X que se caracteriza pela deficiência do fator da coagulação VIII (hemofilia A) ou do fator da coagulação IX (hemofilia B). As hemofilias A e B ocorrem em cerca de 1:10.000 e 1:40.000 nascimentos de crianças do sexo masculino, respectivamente. Clinicamente as hemofilias A e B são semelhantes, diferenciadas pela dosagem da atividade dos fatores VIII e IX da coagulação. A hemofilia é classificada como leve (atividade do fator entre 5% e 40%), moderada (atividade do fator entre 1% e 5%) ou grave (atividade do fator inferior a 1%). A manifestação clínica mais frequente nos casos graves é a hemartrose.

O tratamento com concentrado de fatores de coagulação (fator VIII ou fator IX) pode ser realizado sob demanda (após sangramento) ou profilático (uso contínuo para prevenir o sangramento). A profilaxia pode ser primária (ideal, iniciada na ausência de doença articular, antes do segundo sangramento

TABELA 8 Propriedades químicas e farmacológicas dos anticoagulantes (pequenas moléculas)

Propriedades	Heparina não fracionada	Heparina de baixo peso molecular (enoxaparina)	Antagonistas da vitamina K (varfarina)
Apresentação	Frasco-ampola 5.000 UI/mL	Seringa preenchida de 20 mg, 40 mg, 60 mg, 80 mg e 100 mg	Comprimidos de 2,5 mg, 5 mg e 7,5 mg
Meia-vida	1,5 hora	Após dose única: 4 horas Após doses repetidas: 7 horas	20-60 horas (média 40 horas)
Indicação	Profilaxia e tratamento da trombose venosa		
Idade	Adultos e pediatria	Adultos e Pediatria	Adultos
Administração	IV contínuo	SC	VO
Controle	TTPA: manter 60-85s Ou antifator Xa: manter 0,3 a 0,7 U/mL	Antifator Xa: manter 0,5 a 1,0 U/mL	RNI: 2,0 a 3,0
Antídoto	Sulfato de protamina	Sulfato de protamina	Vitamina K
Eventos adversos	Trombocitopenia, aumento das transaminases, sangramento	Sangramento, trombocitopenia ou trombocitose, reação alérgica, aumento das transaminases	Diarreia, náuseas, aumento da creatinina, aumento das enzimas hepáticas
Contraindicações	• Hipersensibilidade • Trombocitopenia grave • Sangramento ativo ou risco de sangramento • Hemofilia • Insuficiência hepática grave • Gravidez	• Hipersensibilidade • Trombocitopenia induzida por heparina • Sangramento ativo ou risco de sangramento	• Gravidez • Hipersensibilidade • Depuração da creatinina < 60 mL/min • Insuficiência hepática ou renal
Interações medicamentosas	• Antiagregantes plaquetários, antitrombina, ingestão de álcool: aumentam o risco de sangramento • Anti-histamínicos, digitálicos, tetraciclinas, nitroglicerina, nicotina: diminuem o efeito da heparina	• Antiagregantes plaquetários e medicamentos que afetam a hemostasia: aumentam o risco de sangramento	Alguns medicamentos de uso em Pediatria que: • Potencializam a ação da varfarina: amiodarona, cefaclor, oxacilina, prednisona, ranitidina, sulfametoxazol-trimetoprima, neomicina, metronidazol • Inibem a ação da varfarina: carbamazepina, fenitoína, fenobarbital, contraceptivos orais. Alimentos com vitamina K diminuem a eficácia

IV: intravenoso; RNI: relação normatizada internacional; SC: subcutâneo; TTPA: tempo de tromboplastina parcial ativado; VO: via oral.

TABELA 9 Pequenas moléculas: anticoagulantes orais diretos (DOAC) com estudos clínicos fase 3 em Pediatria

DOAC	Aprovação
Rivaroxabana	FDA e EMA: tratamento de TEV e prevenção de recorrência de TEV em crianças e adolescentes com menos de 18 anos FDA: crianças com 2 anos ou mais com cardiopatia congênita após procedimento de Fontan
Dabigatrana	FDA: em crianças e adolescentes entre 3 meses e 12 anos para tratamento de TEV e para prevenir o risco de recorrência de TEV EMA: tratamento de TEV e prevenção de TEV recorrente em crianças e adolescentes com menos de 18 anos
Apixabana	Estudos em andamento
Edoxabana	Estudos em andamento

Anvisa: Agência Nacional de Vigilância Sanitária; EMA: European Medicines Agency; FDA: US Food and Drug Administration; SUS: Sistema Único de Saúde.

TABELA 10 Aprovação das pequenas moléculas na trombose venosa

Medicamento	FDA	EMA	Anvisa	SUS
Heparina não fracionada*	Sim	Sim	Sim	Sim
Heparina de baixo peso molecular (enoxaparina)**	Sim	Sim	Sim	Situações específicas (Tabela 11)
Antagonistas da vitamina K**	Sim	Sim	Sim	Sim
Rivaroxabana	Sim*	Sim*	Sim*	Não
Dabigatrana	Sim*	Sim*	Sim**	Não
Apixabana**	Sim	Sim	Sim	Não
Edoxabana**	Sim	Sim	Sim	Não

* Aprovação em adultos e crianças.
** Aprovação em adultos.
Anvisa: Agência Nacional de Vigilância Sanitária; EMA: European Medicines Agency; FDA: US Food and Drug Administration; SUS: Sistema Único de Saúde.

TABELA 11 Fornecimento da enoxaparina pelo SUS para uso ambulatorial

Situação	Tempo máximo de uso
Profilaxia de tromboembolismo venoso em continuidade de tratamento depois de alta hospitalar	15 dias
Grávida ou puérpera afetada pela síndrome do anticorpo antifosfolípide confirmada pelos critérios da American Society of Hematology	10 meses
Tratamento de tromboembolismo venoso ou arterial na gravidez e puerpério	10 meses

(continua)

TABELA 11 Fornecimento da enoxaparina pelo SUS para uso ambulatorial (*continuação*)

Situação	Tempo máximo de uso
Tratamento de tromboembolismo venoso ou arterial na gravidez e puerpério com necessidade de anticoagulação prolongada (valvas cardíacas mecânicas, profilaxia secundária de acidente vascular cerebral etc.)	10 meses
Terapia de substituição temporária de anticoagulante oral para pacientes em anticoagulação oral prolongada que necessitam de procedimentos médicos ou odontológicos com risco de sangramento	15 dias
Pós-cirúrgico ortopédico – artroplastia de joelho ou artroplastia de quadril	35 dias

articular e antes dos 3 anos de idade), secundária (iniciada após dois ou mais sangramentos articulares, mas antes do início da doença articular, em pacientes com 3 ou mais anos de idade) e terciária (iniciada após o início da doença articular documentada, em geral na idade adulta).

Imunobiológico indicado no tratamento da hemofilia A

Emicizumabe

A principal complicação do tratamento da hemofilia A é o desenvolvimento de inibidores, aloanticorpos direcionados contra o fator VIII infundido durante o tratamento de reposição, interferindo no controle dos sangramentos. O controle dos inibidores é feito com o tratamento de imunotolerância, em que se faz a infusão periódica de altas doses do fator VIII por tempo prolongado. Porém, 20% a 40% dos pacientes com inibidores não respondem a essa imunotolerância. Nestes casos, indica-se o anticorpo monoclonal emicizumabe, capaz de tratar pacientes com hemofilia A e inibidores do fator VIII refratários ao tratamento de imunotolerância (Tabela 12).

TABELA 12 Medicamento imunobiológico para o tratamento da hemofilia A

Propriedades	Emicizumabe
Apresentação	Solução injetável de 30 mg/mL e de 150 mg/mL
Mecanismo de ação	Anticorpo monoclonal humanizado IgG4 com estrutura de dupla especificidade (anticorpo biespecífico), que se liga ao fator IX ativado e ao fator X, restaurando a função deficiente do fator VIII ativado

(*continua*)

TABELA 12 Medicamento imunobiológico para o tratamento da hemofilia A (*continuação*)

Propriedades	Emicizumabe
Meia-vida	30 dias
Indicação	Profilaxia de rotina para prevenir sangramento ou reduzir a frequência de episódios de sangramento em adultos e crianças com hemofilia A com ou sem inibidores do fator VIII
Idade	Uso adulto e pediátrico
Administração	Subcutânea a cada 1, 2 ou 4 semanas
Imunogenicidade	Anticorpos antiemicizumabe: em 5,1% dos pacientes, sem que ocorra alteração nas concentrações plasmáticas de emicizumabe ou aumento nos eventos hemorrágicos < 1% teve diminuição da concentração de emicizumabe que pode estar associada à perda do controle do sangramento
Eventos adversos	Microangiopatia trombótica e tromboembolismo venoso quando usado junto com CCPa em doses superiores a 100 UI/kg/24 horas. Portanto, evitar usar CCPa concomitantemente a emicizumabe
Contraindicações	Hipersensibilidade conhecida a emicizumabe ou qualquer um de seus excipientes
Interações medicamentosas	Cuidado com a associação com ciclosporina, quinina e tacrolimo, pois essas medicações também estão associadas a microangiopatia trombótica

CCPa: concentrado de complexo protrombínico ativado.

A situação regulatória do medicamento imunobiológico emicizumabe na hemofilia A está na Tabela 13.

TABELA 13 Aprovação de emicizumabe na hemofilia A

Medicamento	Emicizumabe
Aprovação FDA, EMA, Anvisa	Profilaxia de rotina para prevenir sangramento ou reduzir a frequência de episódios de sangramento em adultos e crianças com hemofilia A com ou sem inibidores do fator VIII. Pode ser utilizado em todas as faixas etárias
Aprovação SUS	Paciente com hemofilia A congênita com inibidor clinicamente persistente (inibidor de alto título ou alta resposta), ou seja, que demande o uso de agentes de bypassing para atingir hemostasia e que tenha apresentado "falha" ao tratamento de imunotolerância ou que tenha apresentado recidiva do inibidor (inibidor de alto título ou alta resposta), após ter atingido resposta total ou parcial por pelo menos 6 meses.

Anvisa: Agência Nacional de Vigilância Sanitária; EMA: European Medicines Agency; FDA: US Food and Drug Administration; SUS: Sistema Único de Saúde.

ANEMIA APLÁSTICA

A anemia aplástica na infância é uma condição rara e grave em que a medula óssea não produz a quantidade adequada de células sanguíneas, incluindo glóbulos vermelhos, glóbulos brancos e plaquetas. Os sintomas mais frequentes incluem fadiga, palidez, infecções frequentes e sangramentos anormais. Pode ser desencadeada por fatores genéticos (aplasia constitucional como na anemia de Fanconi), infecções virais e exposição a certos produtos químicos tóxicos. O diagnóstico envolve hemograma (pancitopenia), reticulocitopenia e a biópsia da medula óssea demonstrando hipocelularidade. Exames genéticos são necessários para descartar as causas congênitas.

O tratamento da anemia aplástica na infância visa restaurar a função normal da medula óssea e depende da gravidade da doença. Para pacientes com pancitopenia severa, dependente de transfusões, o TCTH alogênico de doador irmão compatível é a melhor escolha e deve ser realizado o mais rápido possível. Para pacientes com doença adquirida, está indicado realizar imunossupressão associada aos agonistas da TPO.

Imunobiológicos e pequenas moléculas indicados para o tratamento da anemia aplástica

A imunossupressão e os agonistas da TPO indicados na anemia aplástica estão relacionados nas Tabelas 14 e 15.

TABELA 14 Medicamentos imunobiológicos e pequenas moléculas usados na anemia aplástica

Medicação	Ação	Dose	Eventos adversos
Imunoglobulina antitimócito (GAT)*	Interfere na maturação e no funcionamento das células T	GAT de coelho: 2,5 mg/kg/dia x 5 dias, IV, infusão de 6 a 12 horas	Reações infusionais: febre, calafrios, náuseas, vômitos, dor torácica, dispneia, hipotensão, hipertensão. Neutropenia, infecções
Eltrombopague	Ativa os receptores TPO dos megacariócitos e induz a produção de plaquetas	Dose inicial: ≥ 6 anos de idade: 75 mg ≥12 anos de idade: 150 mg VO, 1x/dia	Aumento das enzimas hepáticas, complicações trombóticas/tromboembólicas, cefaleia, insônia, fadiga, anemia, náuseas, diarreia, mialgia, astenia, edema periférico e *rash* cutâneo

(continua)

TABELA 14 Medicamentos imunobiológicos e pequenas moléculas usados na anemia aplástica (*continuação*)

Medicação	Ação	Dose	Eventos adversos
Ciclosporina	Inibição da calcineurina, ocasionando a inibição seletiva das células T	Dose inicial: 5-6 mg/kg/dia, VO, com ajuste da dose de acordo com o nível sérico	Hipertensão, hirsutismo, insuficiência renal, tremores, hiperlipidemia, hiperplasia gengival

* No Brasil, está disponível a formulação derivada de coelho.
IV: intravenoso; SC, subcutâneo; TPO: trombopoietina; VO: via oral.

TABELA 15 Aprovação dos medicamentos imunobiológicos e pequenas moléculas usados no tratamento da anemia aplástica

Medicamento	FDA	EMA	Anvisa	SUS
Imunoglobulina antitimócito	Sim	Sim	Sim	Sim*
Eltrombopague	Sim	Sim	Sim	Sim**
Ciclosporina	Sim	Sim	Sim	Sim

* ATG de coelho.
** Aprovado para uso em adultos.
Anvisa: Agência Nacional de Vigilância Sanitária; EMA: European Medicines Agency; FDA: US Food and Drug Administration; SUS: Sistema Único de Saúde.

TRANSPLANTE DE CÉLULAS-TRONCO HEMATOPOIÉTICAS

Imunobiológicos, biossimilares e pequenas moléculas também desempenham um papel importante no contexto do TCTH alogênico, procedimento terapêutico indicado para várias doenças hematológicas, como leucemia, linfoma, hemoglobinopatias e alguns distúrbios genéticos, incluindo erros inatos da imunidade e erros inatos do metabolismo. Esses medicamentos desempenham papel fundamental na preparação pré-transplante como parte do regime de condicionamento e no manejo pós-transplante. Antes do transplante, são usados para suprimir o sistema imunológico do receptor, diminuindo a chance de rejeição das células do doador. Durante e após o transplante, são usados para prevenir e tratar a doença do enxerto contra o hospedeiro (DECH), principal complicação do TCTH alogênico, em que as células do doador atacam o organismo do receptor. Outras pequenas moléculas podem ser usadas para suprimir o sistema imunológico do receptor, eliminar as células doentes antes da infusão da medula óssea e na abordagem de complicações pós-transplante, como infecções, síndrome de obstrução sinusoidal e infecções.

Entretanto, levando em consideração a complexidade do procedimento do TCTH, suas particularidades relacionadas às diversas indicações, características do receptor e doador e as múltiplas moléculas que podem ser usadas, este capítulo terá como objetivo principal apresentar os imunobiológicos especiais usados para a vacinação dos pacientes submetidos a TCTH e imunossuprimidos. O processo de revacinação é fundamental para a reinserção social dos pacientes expostos ao TCTH.

Imunobiológicos, biossimilares e pequenas moléculas indicados no transplante de células-tronco hematopoiéticas

Os imunobiológicos, biossimilares e pequenas moléculas indicados no TCTH estão relacionados na Tabela 16.

TABELA 16 Medicamentos imunobiológicos, biossimilares e pequenas moléculas indicados no transplante de células-tronco hematopoiéticas alogênico

Medicamentos	Indicação no TCTH
Imunobiológicos	
Imunoglobulina antitimócito (GAT)	Terapia de indução pré-TCTH para suprimir o sistema imunológico do receptor como profilaxia da DECH
Imunoglobulina intravenosa	*Pool* de anticorpos derivados de doadores saudáveis que pode ser administrada após o transplante para auxiliar na prevenção de infecções após o TCTH
Anticorpos monoclonais	Alentuzumabe, rituximabe, infliximabe e basiliximabe, utilizados antes e depois do TCTH para suprimir o sistema imunológico do receptor e prevenir e/ou tratar a DECH
Fator de crescimento hematopoiético	O filgrastim estimula a produção de granulócitos e pode ser administrado para acelerar a recuperação da medula óssea após o TCTH
Biossimilares	
Anticorpos monoclonais	Rituximabe e infliximabe têm as mesmas indicações dos medicamentos referência
Pequenas moléculas	
Ciclosporina, metotrexato, tacrolimo, sirolimo, micofenolato de mofetila	Profilaxia da DECH
Bussulfano, ciclofosfamida	Quimioterápicos utilizados como parte do regime de condicionamento pré-transplante

DECH: doença do enxerto contra o hospedeiro ;TCTH: transplante de células-tronco hematopoiéticas.

Imunizações para receptores de transplante de células-tronco hematopoiéticas

Semanas após o TCTH, os títulos de anticorpos contra doenças evitáveis por vacinas declinam consideravelmente, e as infecções contribuem substancialmente para a mortalidade. Esse defeito imunológico pode persistir por muitos meses, tanto nos TCTH autólogos como nos alogênicos. Receptores do TCTH são suscetíveis a patógenos contra os quais foram vacinados antes do transplante, com risco aumentado de morbidade e mortalidade por *influenza*, sarampo, *Streptococcus pneumoniae*, *Haemophilus influenzae* tipo b e *Bordetella pertussis*. Assim, os receptores de TCTH são considerados não imunizados e devem ser revacinados segundo o calendário nacional de vacinação, respeitando a fase pós TCTH e o grau de imunossupressão.

As recomendações atuais de revacinação não diferem entre TCTH autólogo e alogênico, embora se reconheça que o grau de imunossupressão e tempo para a completa reconstituição imune costuma ser maior no TCTH alogênico. Outros fatores devem ser levados em consideração ao decidir sobre o momento e o esquema de vacinação, como uso prévio de rituximabe ou outros bloqueadores da resposta humoral, número de células CD4 abaixo de 200/mm^3, DECH ativa e uso recente de imunoglobulinas.

As vacinas inativadas são seguras para administração em pacientes imunocomprometidos, mas a força da resposta imune induzida pode variar dependendo do momento da administração da vacina em relação à terapia e do grau de imunossupressão. Para pacientes com indicação de TCTH que ainda não estão imunossuprimidos, a vacinação antes do transplante pode melhorar a imunidade, sendo recomendada a administração de vacinas inativadas antes do procedimento se houver um intervalo maior de 2 semanas antes do início da terapia imunossupressora. Os pacientes podem desenvolver uma resposta imune adequada à vacinação em 3 a 6 meses após o TCTH alogênico. Dessa forma, é recomendada a administração de vacinas inativadas após o TCTH: a partir de 3 meses com pneumococo 13, 4 meses com vacina contra *influenza* em um cenário de surto comunitário ou 6 meses contra *influenza*, SARS-CoV-2, *Haemophilus influenzae* b, meningocócica, tétano, difteria, *pertussis*, hepatites A e B, pólio inativada e papilomavírus.

As vacinas vivas são contraindicadas a pacientes imunocomprometidos. As vacinas atenuadas contra sarampo, caxumba e rubéola (MMR) e contra varicela, quando indicadas, podem ser consideradas antes da quimioterapia ou TCTH quando os pacientes ainda não estiverem imunossuprimidos e se houver um intervalo de pelo menos 4 semanas antes do início da imunossupressão. Após o TCTH, as vacinas atenuadas, incluindo MMR e varicela, não devem ser administradas antes de pelo menos 24 meses após o TCTH, o paciente não pode estar imunossuprimido e não pode ter DECH. A sugestão atual de revacinação de acordo com o Manual do MS e a Sociedade Brasileira de TCTH é apresentada na Tabela 17.

CONCLUSÕES

Os imunobiológicos, biossimilares e pequenas moléculas representam avanços significativos no tratamento de doenças hematológicas em crianças. Enquanto os Imunobiológicos apresentam eficácia comprovada, como em doenças autoimunes e vacinação, os biossimilares emergem como alternativas viáveis e economicamente acessíveis, garantindo que um maior número de pacientes tenha acesso a tratamentos eficazes e seguros. Já as pequenas moléculas, com seu mecanismo de ação específico e frequentemente oral, oferecem uma abordagem menos invasiva e com potencial para tratamento personalizado, especialmente em doenças com mutações específicas. Em suma, a integração dessas terapias no arsenal terapêutico pediátrico tem potencializado o manejo de doenças hematológicas, promovendo uma medicina mais precisa, acessível e adaptada às necessidades individuais dos pacientes.

TABELA 17 Recomendações para revacinação após o transplante de células-tronco hematopoiéticas

Vacinas	Número de doses	Intervalos entre as doses	Tempo após o TCTH	Observações
Vacinas inativadas				
DTP, DTPa, dTpa, dT	3 doses, mais uma dose de reforço a cada 10 anos	Mínimo de 30 dias entre cada dose	3-6 meses	< 7 anos de idade: administrar preferencialmente DTPa ≥ 7 anos de idade: administrar 2 doses de dT e 1 dose de dTpa
Hib	3 doses	Mínimo de 30 dias entre cada dose	3-6 meses	
VIP	3 doses	Mínimo de 30 dias entre cada dose	3-6 meses	
HB	3 doses	0, 1 e 6 meses	4-6 meses	
HA	2 doses	0 e 6 meses	6-12 meses	
PCV10	Em < 5 anos de idade, 3 doses	30 a 60 dias entre cada dose	3-6 meses	
PCV13	Em ≥ 5 anos de idade, 3 doses	30 a 60 dias entre cada dose	3–6 meses	
Pnc23	Em ≥ 2 anos de idade, uma dose seguida de outra dose após 5 anos	5 anos	12 meses	
SARS-CoV2	Entre 5 e 11 anos: 2 doses ≥ 12 anos: 3 doses	4 a 8 semanas	4-6 meses	As diretrizes específicas podem variar de acordo com o momento. Considerar as recomendações dos órgãos de saúde locais
INF	< 9 anos na primovacinação pós-TCTH: 2 doses ≥ 9 anos: 1 dose	Anualmente	4-6 meses	

(continua)

TABELA 17 Recomendações para revacinação após o transplante de células-tronco hematopoiéticas (*continuação*)

Vacinas	Número de doses	Intervalos entre as doses	Tempo após o TCTH	Observações
Meningo C/MenACWY	2 doses	8 a 12 semanas entre cada dose. Revacinar após 5 anos	6-12 meses	
HPV	Entre 9 e 26 anos de idade: 3 doses	0, 2 e 6 meses	6-12 meses	
Vacinas atenuadas				
MMR	2 doses	30 a 60 dias entre cada dose	24 meses	Contraindicadas em pacientes com DECH ou na vigência de terapêutica imunodepressora
VZ	2 doses	< 13 anos: 90 dias entre cada dose ≥ 13 anos: 30 dias entre cada dose	24 meses	Contraindicadas em pacientes com DECH ou na vigência de terapêutica imunodepressora
FA	1 dose	Dose única	24 meses	Contraindicadas em pacientes com DECH ou na vigência de terapêutica imunodepressora
Vacinas contraindicadas				
BCG	Contraindicada antes e após o TCTH			
VOP	Contraindicada para o paciente e para os contactantes			
VORH	Contraindicada			

BCG: Bacilo Calmette-Guérin; dT: vacina adsorvida difteria e tétano adulto; DTP: vacina adsorvida difteria, tétano e pertussis; DTPa: vacina adsorvida difteria, tétano e pertussis (acelular infantil); dTpa: vacina adsorvida difteria, tétano e pertussis (acelular adulto); FA: vacina febre amarela; HA: vacina hepatite A; HB: vacina hepatite B; Hib: vacina Haemophilus influenzae tipo b; INF: vacina influenza (inativada); MenACWY: vacina meningocócica conjugada ACWY; MenC ou meningo C: vacina meningocócica C (conjugada); Pnc23: vacina pneumocócica 23-valente (conjugada, de polissacarídeos); PCV10: vacina pneumocócica 10-valente (conjugada, proteica); PCV13: vacina pneumocócica 13-valente (conjugada; proteica); VIP: vacina poliomielite 1, 2, 3 inativada, injetável; VOP: vacina poliomielite 1, 3 atenuada, oral; VORH: vacina rotavírus humano, oral; VZ: vacina varicela; HPV: vírus varicela-zóster; MMR: vacina tríplice viral contra sarampo, caxumba e rubéola; DECH: doença do enxerto contra o hospedeiro.

BIBLIOGRAFIA

Berentsen S, Fattizzo B, Barcellini W. The choice of new treatments in autoimmune hemolytic anemia: how to pick from the basket? Front Immunol. 2023;14:1180509.

Biss TT, Chalmers EA. Addendum to British Society for Haematology guideline on the investigation, management, and prevention of venous thrombosis in children. Br J Haematol. 2021;194(6):996-8.

Brasil. Ministério da Saúde. Secretaria de Atenção à Saúde. Departamento de Atenção Especializada e Temática. Orientações para diagnóstico e tratamento das Talassemias Beta. Brasília, DF: Ministério da Saúde; 2016.

Brasil. Ministério da Saúde. Secretaria de Atenção à Saúde. Secretaria de Ciência, Tecnologia e Insumos Estratégicos. Portaria Conjunta nº 27, de 26 de novembro de 2018. Atualizado em 01/04/2022. Aprova o Protocolo Clínico e Diretrizes Terapêuticas da Anemia Hemolítica Autoimune. Brasília, DF: Ministério da Saúde; 2018.

Brasil. Ministério da Saúde. Secretaria de Atenção Especializada à Saúde Secretaria de Ciência, Tecnologia e Insumos Estratégicos em Saúde. Portaria conjunta nº 15, de 26 de agosto de 2021. Brasília, DF: Ministério da Saúde; 2021.

Brasil. Ministério da Saúde. Secretaria de Ciência, Tecnologia, Inovação e Insumos Estratégicos em Saúde. Departamento de Gestão e Incorporação de Tecnologias e Inovação em Saúde. Protocolo Clínico e Diretrizes Terapêuticas da Púrpura Trombocitopênica Idiopática. Brasília, DF: Ministério da Saúde; 2020.

Brasil. Ministério da Saúde. Secretaria de Vigilância em Saúde. Departamento de Imunização e Doenças Transmissíveis. Manual dos Centros de Referência para Imunobiológicos Especiais. 5. ed. Brasília, DF: Ministério da Saúde; 2019.

Carreras E, Dufour C, Kröger N, Mohty M, organizadores. The EBMT Handbook: Hematopoietic Stem Cell Transplantation and Cellular Therapies. 7. ed. Switzerland: Springer International Publishing; 2019.

Cines DB, Bussel JB, Liebman HA, Luning Prak ET. The ITP syndrome: pathogenic and clinical diversity. Blood. 2009;113(26):6511-21.

Cunha J, Krebs LS, Barros E. Vacinas e imunoglobulinas: consulta rápida. Porto Alegre: Grupo A - Artmed; 2009.

Daudt LE, Castro Junior CG. Transplante de Célula-Tronco Hematopoiética. In: Sociedade Brasileira de Pediatria, organizadora. Tratado de Pediatria. 5. ed. Barueri: Manole; 2022. p. 521-6.

Departamento Científico de Hematologia e Hemoterapia da Sociedade Brasileira de Pediatria (2019-2021). Trombose em Pediatria. [acesso em setembro de 2023]. Disponível em: https://www.sbp.com.br/fileadmin/user_upload/23490c-DC_Trombose_em_Pediatria.pdf

Farmakis D, Porter J, Taher A, Domenica Cappellini M, Angastiniotis M, Eleftheriou A. 2021 Guidelines for the management of transfusion dependent thalassaemia (TDT). Hemasphere. 2022;6(8):e732.

Funke V, Moreira MCR, Macedo AVD, Melo A, Schmidt Filho J, Fatobene G, et al. Diagnosis and treatment of GVHD. JBMTCT. 2021;2(1):164-73.

Goldenberg NA, Sochet A, Albisetti M, Biss T, Bonduel M, Jaffray J, et al. Consensus-based clinical recommendations and research priorities for anticoagulant thromboprophylaxis in children hospitalized for COVID-19-related illness. J Thromb Haemost. 2020;18(11):3099-105.

Groarke EM, Patel BA, Gutierrez-Rodrigues F, Rios O, Lotter J, Baldoni D, et al. Eltrombopag added to immunosuppression for children with treatment-naïve severe aplastic anaemia. Br J Haematol, 2021;192(3):605-14.

Halton J, Brandão LR, Luciani M, Bomgaars L, Chalmers E, Mitchell LG, et al. DIVERSITY Trial Investigators. Dabigatran etexilate for the treatment of acute venous thromboembolism in children

(DIVERSITY): a randomised, controlled, open-label, phase 2b/3, non-inferiority trial. Lancet Haematol. 2021;8(1):e22-e33.

Khan AM, Mydra H, Nevarez A. Clinical Practice Updates in the Management of Immune Thrombocytopenia. P T. 2017;42(12):756-763.

Langhi D Jr, Ubiali EM, Marques JF Jr, Verissimo MA, Loggetto SR, Silvinato A, et al. Guidelines on Beta-thalassemia major - regular blood transfusion therapy: Associação Brasileira de Hematologia, Hemoterapia e Terapia Celular: project guidelines: Associação Médica Brasileira - 2016. Rev Bras Hematol Hemoter. 2016;38(4):341-5.

Loggetto SR, Silva DB, Daudt LE. Trombocitopenia Imune. In: Sociedade Brasileira de Pediatria, organizadora. Tratado de Pediatria. 5. ed. Barueri: Manole; 2022. p. 588-94.

Maiolino MG, Carlesse F, Ramos JF. Prevention and treatment of infectious complications post HSCT. JBMTCT. 2021;2(1):197-217.

Male C, Lensing AWA, Palumbo JS, Kumar R, Nurmeev I, Hege K, et al. Rivaroxaban compared with standard anticoagulants for the treatment of acute venous thromboembolism in children: a randomised, controlled, phase 3 trial. Lancet Haematol. 2020;7(1):e18-e27.

Matzdorff A, Meyer O, Ostermann H, Kiefel V, Eberl W, Kühne T, et al. Immune Thrombocytopenia - Current Diagnostics and Therapy: Recommendations of a Joint Working Group of DGHO, ÖGHO, SGH, GPOH, and DGTI. Oncol Res Treat. 2018;41 Suppl 5:1-30.

Miller P, Patel S, Skinner R, Dignan F, Richter A, Jeffery K, et al. Joint consensus statement on the vaccination of adult and paediatric haematopoietic stem cell transplant recipients: Prepared on behalf of the British society of blood and marrow transplantation and cellular therapy (BSBMTCT), the Children's cancer and Leukaemia Group (CCLG), and British Infection Association (BIA). J Infect. 2023;86(1):1-8.

Monagle P, Cuello CA, Augustine C, Bonduel M, Brandão LR, Capman T, et al. American Society of Hematology 2018 Guidelines for management of venous thromboembolism: treatment of pediatric venous thromboembolism. Blood Adv. 2018;2(22):3292-316.

Monitoramento do Horizonte Tecnológico. Medicamentos para o tratamento de Doença Falciforme. Brasília: CONITEC; 2022.

Murakhovskaya I. Rituximab Use in Warm and Cold Autoimmune Hemolytic Anemia. J Clin Med. 2020;9(12):4034.

Provan D, Arnold DM, Bussel JB, Chong BH, Cooper N, Gernsheimer T, et al. Updated international consensus report on the investigation and management of primary immune thrombocytopenia. Blood Adv. 2019;3(22):3780-817.

Samarasinghe S, Veys P, Vora A, Wynn R. Paediatric amendment to adult BSH Guidelines for aplastic anaemia. Br J Haematol. 2018;180(2):201-5.

Silva DB, Loggetto SR, Braga JAP, Lyra IM, Figueira CMG, Araujo PIC. Hemoglobinopatias. In: Sociedade Brasileira de Pediatria, organizadora. Tratado de Pediatria. 5. ed. Barueri: Manole; 2022. p. 557-67.

Vissa M, Vichinsky E. Voxelotor for the treatment of sickle cell disease. Expert Rev Hematol. 2021;14(3):253-62.

Voulgaridou A, Kalfa TA. Autoimmune Hemolytic Anemia in the Pediatric Setting. J Clin Med. 2021;10(2):216.

8

Imunologia clínica

Ekaterini Simões Goudouris
Ranieri Coelho Salgado
Antonio Condino Neto

DESTAQUES

- A imunoglobulina humana policlonal pode ser usada para a reposição de anticorpos ou como tratamento imunomodulador. É utilizada em imunodeficiências primárias e secundárias, infecções, doenças autoimunes e inflamatórias.
- A dose de imunoglobulina humana e a via de administração (intravenosa ou subcutânea) devem ser individualizadas de acordo com a indicação e condição clínica do paciente.
- Os produtos comerciais disponíveis diferem entre si, portanto a imunoglobulina humana não seve ser tratada como um medicamento genérico.
- Infecções são as principais manifestações dos erros inatos da imunidade, mas manifestações não infecciosas podem antecedê-las ou mesmo constituir o quadro clínico mais importante.
- O crescimento do conhecimento sobre as vias moleculares do sistema imunológico trouxe a Medicina de precisão também para o tratamento dos erros inatos da imunidade (EII).
- Os imunobiológicos e as pequenas moléculas, e suas doses, no geral, são os mesmos utilizados em indivíduos sem diagnóstico de um EII e com doenças autoimunes, autoinflamatórias, alérgicas ou neoplásicas para as quais estão formalmente indicados.
- Os efeitos adversos e riscos descritos também são semelhantes aos encontrados em pessoas sem um EII, mas atenção especial deve ser dada às infecções e indicação de vacinas atenuadas.

IMUNOGLOBULINA HUMANA POLICLONAL

A terapia de reposição de imunoglobulina humana (Ig) é um tratamento que consiste na administração de anticorpos exógenos a pacientes com deficiência ou disfunção imunológica, primária ou secundária. Essas proteínas, produzidas pelos linfócitos B, desempenham papel crucial na resposta imunológica a agentes infecciosos, sobretudo bactérias.

A história da terapia de reposição de Ig remonta à primeira metade do século XX, quando o médico e pesquisador sueco Erik Jorpes descobriu a presença de anticorpos no soro sanguíneo humano. Essa descoberta levou ao desenvolvimento de preparações de soro com propriedades terapêuticas, administradas pela primeira vez a pacientes com imunodeficiências na década de 1950. No entanto, os primeiros tratamentos eram limitados pela falta de conhecimento sobre a estrutura e função das imunoglobulinas e pela baixa pureza das preparações de soro.

Na década de 1960, técnicas de fracionamento do plasma foram desenvolvidas para isolar e purificar imunoglobulinas de doadores humanos. Isso permitiu a produção de preparações de imunoglobulinas mais puras e concentradas, mais eficazes e seguras para uso clínico. A introdução da administração intravenosa de Ig também proporcionou uma forma mais eficaz e rápida de administrar anticorpos aos pacientes, em comparação com a administração intramuscular. No final da década de 1970 e no início dos anos 1980, ocorreram avanços significativos com o desenvolvimento de novas técnicas de purificação e métodos de administração. Essas inovações permitiram a produção de produtos de imunoglobulinas de alta pureza, com baixo risco de contaminação por patógenos e efeitos adversos reduzidos. Nos últimos 15 a 20 anos, o uso da via subcutânea permitiu redução significativa dos efeitos adversos sistêmicos aliada à boa eficácia clínica.

Ao longo dos anos, a Ig tem sido amplamente utilizada em crianças e adultos como agente imunomodulador no tratamento de diversas doenças de natureza imune, autoimunes e inflamatórias. Os mecanismos de ação imunomodulatórios da Ig não são completamente conhecidos e envolvem bloqueio de receptores celulares, neutralização de citocinas, modulação de células dendríticas, ação de anticorpos anti-idiotipo, modulação da expressão de receptores para Fcγ e expansão de células Treg.

A Ig tem demonstrado eficácia no tratamento de doenças autoimunes, como púrpura trombocitopênica imune (PTI), síndrome de Sjögren e miastenia *gravis*. Além disso, a reposição de imunoglobulinas tem sido investigada e aplicada em condições neurológicas, como a polineuropatia desmielinizante inflamatória crônica (PDIC), síndrome de Guillain-Barré e esclerose múltipla. Diante do número crescente de indicações e das dificuldades para obter plasma, algumas moléculas que mimetizam ações imunomodulatórias da Ig estão em desenvolvimento (por exemplo, moléculas que competem com a ligação a FcγR e se ligam ao receptor inibitório FcγRIIb).

Indicações

As indicações de tratamento com Ig são amplas, abrangendo diversas condições médicas, como:

- Imunodeficiências primárias ou erros inatos da imunidade (EII): a terapia de reposição de Ig é fundamental para pacientes com qualquer EII em que haja deficiência na produção de anticorpos (Quadro 1). A administração de Ig reduz a frequência e a gravidade das infecções, prevenindo complicações.
- Imunodeficiências secundárias: o tratamento com reposição de Ig pode ser indicado em hipogamaglobulinemia secundária à perda de proteínas, uso de medicamentos ou doenças, em pacientes submetidos a transplantes de órgãos sólidos ou medula óssea, ou em indivíduos que sofreram imunossupressão devido a quimioterapia ou tratamento com corticosteroides.
- Doenças autoimunes: a Ig tem sido utilizada com sucesso em muitas doenças autoimunes, como vasculite com ANCA positivo, citopenias autoimunes, dermatomiosite, doença de Kawasaki e síndrome inflamatória multissistêmica pediátrica associada à covid-19 (SIMP).
- Doenças neuroimunes: a Ig pode ser empregada no tratamento de doenças neurológicas como a síndrome de Guillain-Barré, neuropatia multifocal motora, miastenia *gravis* e PDIC.
- Infecções: em crianças com infecções recorrentes graves e sem diagnóstico definido de imunodeficiência, a reposição de Ig pode ser considerada uma medida temporária até que a investigação diagnóstica seja concluída.

Administração

A terapia de reposição de Ig pode ser administrada por via intravenosa (IV) ou subcutânea (SC). A escolha da via de administração deve ser individualizada de acordo com a idade da criança, condição clínica e preferência do paciente, seus pais ou responsáveis. Ambas são igualmente eficazes, mas cada uma delas possui vantagens e desvantagens. O uso IV ou SC facilitado permite a infusão a cada 21 a 28 dias. O uso IV permite a infusão de grandes volumes de Ig por vez, mas requer administração em ambiente hospitalar ou clínicas de infusão, acesso venoso e está relacionado a maior risco de efeitos adversos sistêmicos. A administração por via SC dispensa acesso venoso, permite a obtenção de níveis mais estáveis de IgG sérica, pode ser feita em ambiente domiciliar, causa muito menos efeitos adversos sistêmicos, produz reações leves no local de aplicação, mas permite intervalo máximo de 14 dias entre as infusões.

QUADRO 1 Indicações para reposição de imunoglobulina em erros inatos da imunidade

Indicação precisa e de início imediato
Agamaglobulinemia congênita (ligada ao X ou autossômica recessiva)
Imunodeficiência comum variável
Imunodeficiência combinada grave
Hiper IgM ligada ao X e autossômica recessiva
Síndrome de Wiskott-Aldrich
Síndrome WHIM
Indicação possível em outros erros inatos da imunidade
Se IgG sérica < 200 mg/dL (exceto na hipogamaglobulinemia transitória da infância)
Se IgG sérica entre 200 e 500 mg/dL quando há infecções repetidas e/ou graves ou quando se detecta alteração funcional de anticorpos (ausência de resposta vacinal)
Se IgG sérica > 500 mg/dL quando há infecções repetidas e/ou graves e se detecta alteração funcional de anticorpos (ausência de resposta vacinal)

Fonte: adaptado de Goudouris ES, Silva AMDR, Ouricuri AL, Grumach AS, Condino-Neto, A, Costa-Carvalho BT, et al., 2017.

A via IV é a forma mais comum de administração e é feita através de acesso periférico ou central. A administração IV pode ser dividida em doses semanais ou mensais, dependendo da indicação (reposição ou imunomodulação) e da dose prescrita. A dose de Ig IV deve ser individualizada de acordo com a indicação, a condição clínica da criança e a resposta à terapia. Para a terapia de reposição de anticorpos, a dose varia entre 400 e 800 mg/kg, aplicadas a cada 21 ou 28 dias. Com o objetivo de imunomodulação, as doses variam entre 1 e 2 g/kg, aplicadas em um até 5 dias, e intervalo de 2 a 4 semanas, quando indicadas novas aplicações. Em doenças neurológicas, doses mais elevadas costumam ser indicadas, com um intervalo mais curto entre as infusões (Quadro 2).

A via SC é menos invasiva e pode ser realizada em casa, após treinamento adequado dos pais ou responsáveis. Pode ser usada no tratamento de reposição em imunodeficiências primárias/secundárias e na imunomodulação da PDIC. No tratamento de reposição com Ig a 20%, a dose varia, em geral, entre 100 e 150 mg/kg por semana. As infusões podem ser realizadas desde diariamente até a cada 14 dias, mantendo-se a dose mensal de 400 a 800 mg/kg. Para a PDIC, a dose de Ig SC preconizada é de 200 mg/kg/semana em 1 a 2 doses, aplicadas em 1 a 2 dias na semana. No caso de Ig SC facilitada, com aplicação prévia de hialuronidase recombinante, doses de 400 a 800 mg/kg são aplicadas com intervalos de 21 a 28 dias em pacientes com imunodeficiências primárias e secundárias.

QUADRO 2 Doses de Ig IV para imunomodulação nas doenças autoimunes/inflamatórias com indicação precisa

Doença	Dose de Ig
Púrpura trombocitopênica imune	1 g/kg/dia, 1 a 2 dias
Síndrome de Guillain-Barré – pacientes pediátricos	(2 g/kg) 1 g/kg por 2 dias ou 400 mg/kg por 5 dias
Síndrome de Guillain-Barré – pacientes adultos	(2 g/kg) 400 mg/kg por 5 dias
Polirradiculopatia desmielinizante inflamatória crônica	400 mg/kg por 5 dias e 1 g/kg a cada 3 semanas por 2 a 3 meses
Doença de Kawasaki	2 g/kg dose única, infusão em 8 a 12 horas
Síndrome inflamatória multissistêmica pediátrica	2 g/kg dose única, infusão em 8 a 12 horas

Fonte: adaptado de Hughes RA et al., 2014; Kaveri SV et al., 2008; Kazatchkine MD, Kaveri SV, 2001; Perez EE et al., 2017.

Antes da administração, os produtos, que devem ser conservados em geladeira, devem atingir naturalmente a temperatura ambiente, sem qualquer tipo de aquecimento externo. A solução deve estar livre de partículas e o frasco, lacrado. No caso da administração domiciliar da Ig SC, o paciente e/ou seus cuidadores devem ter recebido treinamento adequado para realizar a aplicação. A pré-hidratação com soro fisiológico, 10 a 20 mg/kg, está indicada no caso da Ig IV, particularmente em pessoas acima dos 65 anos, pacientes com diabetes *mellitus*, paraproteinemias, doença cardiovascular, risco de tromboembolismo ou efeitos colaterais renais.

A infusão de Ig IV deve ser escalonada, principalmente nas primeiras administrações: inicia-se com 0,01 mL/kg/minuto (0,5 a 1 mg/kg/minuto), aumenta-se gradativamente (a cada 15 a 30 minutos) para 0,02 mL/kg/minuto, 0,04 mL/kg/min, 0,06 mL/kg/min até 0,08 mL/kg/min (4 a 8 mg/kg/minuto, respectivamente para produtos a 5% e 10%), em 3 a 6 horas. Esquema escalonado pode ser feito com aumentos em intervalos menores ou fazendo infusão contínua em 3 a 6 horas, de acordo com a tolerância do paciente, em administrações subsequentes.

A Ig SC pode ser administrada em até oito locais simultaneamente, com pelo menos 5 cm de distância entre eles, em coxas, abdome e região posterior dos braços, com bombas mecânicas ou elétricas. Nas primeiras infusões, recomenda-se um máximo de 15 a 20 mL por sítio, na velocidade de 15 mL/hora/sítio, em adultos. Nas administrações subsequentes, o volume e a velocidade por local podem ser aumentados para 25 até 50 mL/hora/sítio. O volume total de aplicação por sítio depende em grande parte da tolerância individual do paciente. Em adultos, habitualmente é possível aplicar 40 mL por local e, em alguns casos, até 80 mL. Em crianças, recomenda-se a infusão de no máximo 10 a 20 mL por local, na velocidade de 0,1 a 0,25 mL/kg/h/local. Se o paciente estava em uso de Ig IV, a primeira dose da Ig SC deve ser aplicada 1 semana após a última dose de Ig IV. Em caso de início do tratamento com Ig pela via SC, pode-se iniciar com 4 doses de 100 mg/kg/dia por 5 dias na primeira semana ou 100 mg/kg/dia por 2 dias por semana por 2 semanas e depois seguir com as aplicações semanais ou quinzenais. Em caso de aplicações mais frequentes, com menores volumes, a infusão pode ser feita por *push*, com seringa e escalpe, a uma velocidade de 1 mL/minuto.

No caso da Ig SC facilitada, a hialuronidase recombinante deve ser aplicada na velocidade de 1 a 2 mL/min, em volume proporcional ao da Ig a ser infundida (1,25 mL de hialuronidase para cada 25 mL de Ig). A infusão da Ig SC (10%) deve ser iniciada em até 10 minutos após a aplicação da hialuronidase. A Ig SC facilitada deve ser aplicada em abdome ou coxas, em até dois locais contralaterais do corpo, em uma velocidade de até 300 mL/hora/local. Em pacientes abaixo de 40 kg, as primeiras duas infusões podem ser feitas em velocidade escalonada, começando com 5 mL/hora, duplicando a velocidade a cada 10 minutos até chegar a 80 mL/hora. Em administrações posteriores, o dobro dessas velocidades pode ser utilizado. Em indivíduos com mais de 40 kg, o escalonamento se inicia com 10 mL/hora e a velocidade é aumentada a cada 10 minutos para 30, 60, 120 até 240 mL/hora. Se o paciente estava em uso prévio de Ig IV, a mesma dose e o mesmo intervalo podem ser mantidos. No caso de uso anterior da Ig SC, a infusão da Ig SC facilitada deve se iniciar 1 semana após a última dose da Ig anterior. No caso de início do tratamento com a Ig SC facilitada, o que se recomenda é uma aplicação de 25% da dose mensal na primeira semana, 50% da dose mensal na segunda semana e 75% da dose mensal na terceira semana, e depois seguir com a dose mensal a cada 3 a 4 semanas.

Após iniciar o tratamento, o monitoramento contínuo é fundamental para garantir a segurança e eficácia da terapia, bem como para detectar e gerenciar possíveis efeitos adversos. O monitoramento inclui avaliação dos níveis de imunoglobulinas, frequência e gravidade das infecções e resposta clínica geral. Ajustes de doses e intervalos de uso podem ser necessários com base nos valores de IgG sérica (colhidos pouco antes da infusão) e, principalmente, na resposta clínica do paciente. Por exemplo, se os níveis de imunoglobulinas não estiverem adequados ou o paciente continuar tendo infecções frequentes, a dose ou a frequência da terapia pode ser ajustada. Avaliação de hemograma, PCR, função renal, função hepática e avaliação metabólica devem ser realizadas antes do início do tratamento e, depois, a cada 6 a 12 meses.

O acompanhamento multidisciplinar é fundamental, pois permite o cuidado integral do paciente. Médicos, enfermeiros, farmacêuticos e outros profissionais de saúde devem trabalhar em conjunto para garantir a adequação do tratamento, identificando e gerenciando efeitos adversos e promovendo a educação e o apoio emocional ao paciente e seus cuidadores.

Os produtos comercialmente disponíveis diferem entre si, e algumas de suas características podem estar relacionadas a maior risco de efeitos adversos. Portanto, a imunoglobulina humana não deve ser tratada como um medicamento genérico. Produtos com sucrose foram abolidos nos Estados Unidos da América (EUA), pelo risco de lesão renal aguda. Produtos com maltose ou glicose devem ser evitados em pacientes com diabetes *mellitus*. Produtos com sorbitol são contraindicados a pessoas com intolerância hereditária à frutose. Em pessoas que apresentem baixa tolerância a aumentos significativos de volume intravascular, como com insuficiência cardíaca, produtos com elevado conteúdo de albumina e sódio devem ser evitados. Pacientes com deficiência de IgA e que possuam alguma capacidade de produzir IgG devem receber produtos com baixo teor de IgA. Produtos com menor osmolalidade estão indicados a pessoas com risco de tromboembolismo. A dose, a marca, o número do lote, a data de validade e o fabricante devem ser anotados a cada infusão.

Efeitos adversos

Os efeitos adversos mais comuns com a infusão de Ig IV incluem cefaleia, mialgia, mal-estar, fadiga, febre, diarreia, náuseas e tosse. Esses sintomas são geralmente imediatos, leves e transitórios, mais comuns nas primeiras infusões e frequentemente relacionados à velocidade de infusão. As doses mais elevadas utilizadas para imunomodulação causam efeitos adversos mais frequentemente.

Esses efeitos adversos podem ser minimizados ou abolidos com a troca do produto, uso de pré-medicações (anti-inflamatórios não hormonais, anti-histamínicos, corticosteroides), pré-hidratação e/ou redução da velocidade de infusão. Reações alérgicas graves, como anafilaxia, podem ocorrer em raros casos e estão mais relacionadas ao teor de IgA do produto.

Reações adversas tardias (horas a dias após a infusão) impactantes podem ocorrer, mais raramente: enxaqueca, meningite asséptica, dano renal, fenômenos tromboembólicos, hemólise, hiponatremia, neutropenia e lesão pulmonar aguda relacionada transfusão (TRALI). Pacientes com fatores de risco (obesidade, idade superior a 65 anos, hipertensão arterial, cardiopatias ou doença renal, trombofilia, uso concomitante de medicamentos nefrotóxicos, desidratação) devem ser identificados antes do início do tratamento para que se escolham o produto, a via e a forma de administração mais adequados.

Alguns pacientes em uso de Ig IV apresentam fadiga, mialgia, artralgia, mal-estar pouco antes da dose programada (*wear-off*). Os efeitos adversos mais comuns com a via SC ocorrem no local da infusão (dor e prurido) e tendem a diminuir com o tempo. Portanto, em caso de efeitos adversos significativos, a troca de Ig IV para Ig SC, para a reposição de anticorpos, está indicada.

Orientação de vacinação

Para a indicação de vacinas em pacientes em uso de Ig, devemos considerar que muitos desses indivíduos não apresentam capacidade de produzir boa resposta às vacinas e que a reposição de Ig pode prejudicar a resposta, particularmente às vacinas de agentes vivos e atenuados.

Uma vez que muitos pacientes que recebem Ig regularmente têm sua imunidade celular preservada, vacinas inativadas podem ser aplicadas a qualquer momento, sendo particularmente importante a imunização contra SARS-

-CoV-2 e contra *influenza*. O mesmo deve ser feito em pacientes que usaram Ig para alguma manifestação autoimune/inflamatória.

No caso de vacinas atenuadas como a tríplice viral e a da varicela, o uso não é recomendado na maioria dos indivíduos com um EII. Em pacientes que receberam Ig como tratamento imunomodulador pontualmente, sugere-se um intervalo de 8 a 11 meses para que essas vacinas sejam aplicadas. Em caso de risco epidemiológico significativo, as vacinas atenuadas podem ser aplicadas antes desses intervalos, mas recomenda-se que se avalie a resposta a elas em 6 meses.

OUTROS IMUNOBIOLÓGICOS E PEQUENAS MOLÉCULAS

Nas últimas décadas, houve enorme avanço no conhecimento das vias do sistema imunológico, defeitos genéticos envolvidos, assim como no desenvolvimento de anticorpos monoclonais e medicamentos, biológicos e sintéticos, com ação em diferentes vias moleculares do sistema imunitário. Esses medicamentos têm sido utilizados em ampla gama de doenças cuja patogenia envolve o sistema imunológico, tanto o inato quanto o adaptativo, na perspectiva da medicina de precisão.

As imunodeficiências primárias ou EII se manifestam mais comumente por infecções graves e/ou repetidas e/ou por microrganismos comuns e/ou oportunistas e/ou com pouca resposta ao tratamento inicial, necessitando do uso de antimicrobianos por via intravenosa. No entanto, esse grupo de doenças também cursa com diferentes manifestações não infecciosas que podem anteceder as infecções ou mesmo ocorrer sem elas. Devido à desregulação do sistema imunológico, ocorrem manifestações de alergia, autoimunidade, inflamação, linfoproliferação e malignidades. O tratamento envolve a utilização de uma ampla gama de medicamentos imunossupressores e imunomoduladores, biológicos ou sintéticos.

Os produtos e as doses, no geral, são os mesmos utilizados em indivíduos sem diagnóstico de um EII e com doenças autoimunes, inflamatórias, alérgicas ou neoplásicas para as quais estão formalmente indicados. Os efeitos adversos e riscos descritos também são semelhantes aos encontrados em pessoas sem um EII. Uma das exceções é o uso de medicamentos anti-TNF em pacientes com doença granulomatosa crônica que implica risco significativamente aumentado de infecções graves e disseminadas por micobactérias. Desse modo,

QUADRO 3 Apresentações comerciais de imunoglobulina humana policlonal aprovadas pela Anvisa

Nome comercial	Registro/fabricante	Açúcar	Concentração de IgA
Imunoglobulina humana policlonal de uso intravenoso*			
Blauimuno® Imunoglobulina humana solução a 5%	Blau Farmacêutica S.A./Sanquin Plasma Products B.V.	Glicose	0,006 mg
Flebogamma DIF® solução a 5%	Grifols Brasil Ltda./Instituto Grifols, S.A.	D-sorbitol	< 0,05 mg/mL
Flebogamma DIF® solução a 10%	Grifols Brasil Ltda./Instituto Grifols, S.A.	D-sorbitol	< 0,1 mg/mL
Imunoglobulin® 50 mg/mL	Blau Farmacêutica S.A./Green Cross Corporation	Maltose	Não descrita
Imunoglobulina humana Hemobrás® 50 mg/mL	Octapharma S.A./Octapharma AB / Octapharma Pharmazeutika Produktionsges M.B.H.	Maltose	< 0,2 mg
Intratect® solução a 5%	Biotest Farmacêutica Ltda./Biotest AG	Não contém	< 0,9 mg/mL
Octagam® 5%	Octapharma Brasil Ltda./Octapharma Pharmazeutika	Maltose	≤ 0,2 mg/mL
Pentaglobin® 50 mg/mL	Biotest Farmacêutica Ltda./Biotest AG	Glicose	6 mg/mL
Sandoglobulina® Privigen 100 mg/mL	CSL Behring Comércio de Produtos Farmacêuticos Ltda./ CSL Behring AG	Não contém	< 0,025 mg/mL
Tegeline® 50 mg/mL	LFB – Hemoderivados e Biotecnologia Ltda./LFB Biomedicaments	Sacarose	17 mg/g
Imunoglobulina humana policlonal de uso subcutâneo			
Cuvitru® solução injetável a 20%**	Takeda Pharma Ltda./Baxalta Belgium Manufacturing S.A.	Não contém	0,28 mg/mL
Hizentra® 200 mg/mL*	CSL Behring Comércio de Produtos Farmacêuticos Ltda./ CSL Behring AG	Não contém	< 0,05 mg/mL
Endoglobulin Kiovig® solução 10%*	Takeda	Não contém	< 0,14 mg/mL
Imunoglobulina humana policlonal de uso subcutâneo facilitado			
Hyqvia® 100 mg/mL***	Takeda Pharma Ltda./Baxalta Belgium Manufacturing S.A.	Não contém	< 0,14 mg /mL

* Ig IV e Hizentra® e Kiovig® por via subcutânea: produtos liberados para uso pediátrico e adulto.
** Ig SC Cuvitru®: produto liberado para uso adulto e pediátrico a partir dos 2 anos de idade.
*** Ig SCf: produto liberado para uso a partir de 12 anos de idade.
Fonte: Anvisa (https://consultas.anvisa.gov.br/#/medicamentos/q/?substancia=22497) e bulas dos fabricantes.

os cuidados com agentes infecciosos e as vacinas indicadas devem ser ainda mais intensivos quando usamos esses medicamentos em pacientes com diagnóstico de um EII.

Os inibidores da JAK (JAKi) têm sido indicados em defeitos com ganho de função que envolvem a via JAK-STAT e nas interferonopatias do tipo I; no entanto, ainda há muitas dúvidas sobre qual medicamento usar em cada caso, doses (principalmente em crianças), eficácia em diferentes manifestações clínicas, monitoramento do uso e efeitos adversos esperados, particularmente nas doenças que cursam com suscetibilidade a infecções.

A maioria dos imunobiológicos e pequenas moléculas não é liberada em bula para uso especificamente nos EII. Em se tratando de doenças raras ou ultrarraras, o que encontramos na literatura são relatos de caso, ou séries de casos, de utilização desses medicamentos em indivíduos com algum EII, muitas vezes em idades para as quais não há liberação em bula. A indicação na prática clínica, *a priori*, deve seguir a liberação para a manifestação não infecciosa em questão, respeitando também a faixa etária liberada para uso.

Indicações em erros inatos da imunidade (Quadro 4)

- Atopia, principalmente eczema.
- Doença inflamatória intestinal.
- Citopenias autoimunes.
- Linfoproliferação.
- Autoinflamação, hiperinflamação (HLH).
- Alguns defeitos do sistema do complemento.
- Controle e prevenção de infecções.

Há medicamentos ainda em fase de ensaios clínicos, como plerixafor (antagonista de CXCR4) para síndrome WHIM (*warts, hipogamaglobulinemia, infections, myelokathexis*); *tadekinig α* (proteína ligadora de IL-18) em HLH por defeito em NLRC4 ou mutação em XIAP. Em muitas situações, esses medicamentos são usados nos EII apenas para controle do paciente, até que se faça o tratamento definitivo, no momento o mais disponível, o transplante de células-tronco hematopoiéticas (TCTH). Há evidências de que o bom controle clínico, tanto de infecções como de manifestações não infecciosas, pode contribuir para o sucesso do TCTH.

QUADRO 4 Imunobiológicos e pequenas moléculas indicados ou em estudos em erros inatos da imunidade

Erro inato da imunidade	Imunobiológico ou pequena molécula indicado
Defeitos combinados de células T e B	
RAG1/RAG2	Dupilumabe
DOCK8 (hiper IgE AR)	Dupilumabe, omalizumabe
Defeitos combinados com características sindrômicas	
Síndrome de Wiskott-Aldrich	Dupilumabe, omalizumabe
ARPC1B	Dupilumabe
STAT3 LOF (hiper IgE AD)	Dupilumabe
ZNF341 (hiper IgE AR)	Dupilumabe
CARD11 LOF	Dupilumabe
SPINK5	Dupilumabe, ustequinumabe, omalizumabe
Defeitos predominantemente de anticorpos	
APDS (PI3KCD e PI3KR1 GOF)	Leniolisibe (inibidor específico de p110δ)
Doenças de desregulação imune	
HLH (PRF1, UNC13D, STX11, STXBP2, RAB27A, LYST, AP3B1, XLP 1, XLP 2, CDC42, NLRC4)	Alentuzumabe, emapalumabe, JAKi (ruxolitinibe)
XLP 1 e NLRC4	*Tadekinig* α
IPEX	Dupilumabe
Deficiência de LRBA	Abatacepte (*CTLA4-Ig fusion protein*)
Haploinsuficiência de CTLA4	Abatacepte, belatacepte (*CTLA4-Ig fusion protein*)
DEF6	Abatacepte (*CTLA4-Ig fusion protein*)
STAT3 GOF	Anti-IL-6 (tocilizumabe), JAKi (ruxolitinibe, tofacitinibe, baricitinibe)
Haploinsuficiência de SOCS1	JAKi
JAK1 GOF	JAKi
STAT5b GOF	JAKi
STAT6 GOF	Dupilumabe, JAKi
Defeitos de fagócitos	
Neutropenias congênitas	G-CSF
LAD 1	Ustequinumabe
DGC	IFNγ
Defeitos da imunidade inata	
Deficiência de IFNγR	IFNγ
TYK2	JAKi
Síndrome WHIM	Plerixafor
STAT1 GOF	JAKi (ruxolitinibe, tofacitinibe, baricitinibe)

(*continua*)

QUADRO 4 Imunobiológicos e pequenas moléculas indicados ou em estudos em erros inatos da imunidade (*continuação*)

Erro inato da imunidade	Imunobiológico ou pequena molécula indicado
Doenças autoinflamatórias	
CAPS	Anti-IL1 (canaquinumabe, rilonacepte)
TRAPS	Anti-IL1 (canaquinumabe, rilonacepte)
NLRP1, NLRP3, PSTPIP1 GOF; LPIN2, MVK, WDR1, DIRA, def IL1RN (inflamassomopatias)	Anti-IL1 (canaquinumabe, rilonacepte)
PLCG2	Anti-IL-1 (canaquinumabe, rilonacepte), anti-TNF, omalizumabe
AGS	JAKi
CANDLE	Anti-TNF (infliximabe, adalimumabe, etanercepte), JAKi (ruxolitinibe, tofacitinibe, baricitinibe)
SAVI	Anti-TNF (etanercepte), JAKi
COPA	JAKi
POLA1	JAKi
DNASE2	JAKi
USP18	JAKi
STAT2 GOF	JAKi
Deficiências do complemento	
AEH	Icatibanto, inibidor de C1 esterase, lanadelumabe, berotralstate
SHUa	Eculizumabe
CHAPLE	Eculizumabe
Outros	
DECH	JAKi (ruxolitinibe)

Fonte: adaptado de Delmonte OM, Castagnoli R, Calzoni E, Notarangelo LD, 2019; Demir DD, Asnaashari K, Rezaei N, Ozen A, 2022; Giancotta C, Colantoni N, Pacillo L, Santilli V, Amodio D, Manno EC, et al., 2023; Hadjadj J, Fremond ML,Neven B., 2021; Sacco KA, Stack M, Notarangelo LD. 2022.

AD: autossômico dominante; AEH: angioedema hereditário; AGS: síndrome de Aicardi-Goutières; APDS: *activated phosphoinositide 3-quinase δ syndrome*; AR: autossômico recessivo; CANDLE: *chronic atypical neutrophilic dermatosis with lipodystrophy and elevated temperature*; CAPS: criopirinopatias; CHAPLE: *complement hyperactivation, angiopathic thrombosis and protein-losing enteropathy*; COPA: gene COPα; DECH: doença de enxerto contra hospedeiro; DGC: doença granulomatosa crônica; GOF: ganho de função (gain of function); HLH: linfo-histiocitose hemofagocítica; IPEX: síndrome de desregulação imune, enteropatia, poliendocrinopatia ligada ao X; LAD 1: defeito de adesão leucocitária tipo 1; LOF: perda de função (*loss of function*); SAVI: *STING-associated vasculopathy with onset in infancy*; SHUa: síndrome hemolítico-urêmica atípica; TRAPS: síndrome periódica associada ao receptor de TNF; WHIM: síndrome de verrugas, hipogamaglobulinemia, infecções e mielocatexia; XLP 1 e 2: síndromes linfoproliferativas ligadas ao X 1 e 2.

CONCLUSÕES

A imunoglobulina humana é um tratamento utilizado em pessoas com imunodeficiências primárias e secundárias, doenças autoimunes e inflamatórias. Nas imunodeficiências, a terapia fornece anticorpos exógenos para compensar a produção inadequada de anticorpos endógenos, reduzindo infecções e prevenindo complicações. Nas doenças autoimunes e inflamatórias, a imunoglobulina humana atua como imunomodulador. A administração pode ser intravenosa ou subcutânea, com doses individualizadas conforme a condição clínica. Efeitos adversos em geral são leves e mais comumente relacionados à velocidade de infusão. A avaliação inicial e o monitoramento contínuo são cruciais para garantir a segurança e a eficácia do tratamento. O acompanhamento multidisciplinar e ajustes na terapia com base na resposta clínica são fundamentais para o sucesso do tratamento. O uso de imunobiológicos e pequenas moléculas em pacientes com diagnóstico de um EII que cursam com manifestações de desregulação imune deve seguir as mesmas orientações para o uso em pessoas sem um EII. Atenção maior deve ser dada aos riscos de infecções e de vacinas de microrganismos atenuados.

BIBLIOGRAFIA

Arnold DE, Chellapandian D, Leiding JW. The Use of Biologic Modifiers as a Bridge to Hematopoietic Cell Transplantation in Primary Immune Regulatory Disorders. Front Immunol. 2021;12:692219.

Cherin P, Marie I, Michallet M, Pelus E, Dantal J, Crave JC, et al. Management of adverse events in the treatment of patients with immunoglobulin therapy: a review of evidence. Autoimmun Rev. 2016;15(1):71-81.

Delmonte OM, Castagnoli R, Calzoni E, Notarangelo LD. Inborn errors of immunity with immune dysregulation: from bench to bedside. Front Pediatr. 2019;7:353.

Demir DD, Asnaashari K, Rezaei N, Özen A. Management of inborn errors of immunity in the genomic era. Turk Arch Pediatr. 2022;57(2):132-45.

Giancotta C, Colantoni N, Pacillo L, Santilli V, Amodio D, Manno EC, et al. Tailored treatments in inborn errors of immunity associated with atopy (IEIs-A) with skin involvement. Front Pediatr. 2023;11:1129249.

Goudouris ES, Silva AMDR, Ouricuri AL, Grumach AS, Condino-Neto, A, Costa-Carvalho BT, et al. II Consenso Brasileiro sobre o uso de imunoglobulina humana em pacientes com imunodeficiências primárias. Einstein. 2017(1);15:1-16.

Hadjadj J, Frémond ML, Neven B. Emerging place of JAK inhibitors in the treatment of inborn errors of immunity. Front Immunol. 2021;12:717388.

Hughes RA, Swan AV, van Doorn PA. Intravenous immunoglobulin for Guillain-Barré syndrome. Cochrane Database Syst Rev. 2014;(9):CD002063.

Janeway CA Jr, Travers P, Walport M, editores. Immunobiology: The Immune System in Health and Disease. 5. ed. Nova Iorque: Garland Science; 2001.

Jolles S, Orange JS, Gardulf A, Stein MR, Shapiro R, Borte M, et al. Current treatment options with immunoglobulin G for the individualization of care in patients with primary immunodeficiency disease. Clin Exp Immunol. 2015;179(2):146-60.

Kaveri SV, Maddur MS, Hegde P, Lacroix-Desmazes S, Bayry J. Intravenous immunoglobulin in autoimmune disorders: an insight into the immunoregulatory mechanisms. Int Immunopharmacol. 2008;8(5):701-8.

Kazatchkine MD, Kaveri SV. Immunomodulation of autoimmune and inflammatory diseases with intravenous immune globulin. N Engl J Med. 2001;345(10):747-55.

Perez EE, Orange JS, Bonilla F, Chinen J, Chinn IK, Dorsey M, et al. Update on the use of immunoglobulin in human disease: A review of evidence. J Allergy Clin Immunol. 2017;139(3S):S1-S46.

Sacco KA, Stack M, Notarangelo LD. Targeted pharmacologic immunomodulation for inborn errors of immunity. Br J Clin Pharmacol. 2022;88(6):2500-8.

Schwab I, Nimmerjahn F. Intravenous immunoglobulin therapy: how does IgG modulate the immune system? Nat Rev Immunol. 2013;13(3):176-89.

Shock A, Humphreys D, Nimmerjahn F. Dissecting the mechanism of action of intravenous immunoglobulin in human autoimmune disease: lessons from therapeutic modalities targeting Fcγ receptors. J Allergy Clin Immunol. 2020;146(3):492-500.

Sriaroon P, Ballow M. Immunoglobulin replacement therapy for primary immunodeficiency. Immunol Allergy Clin. 2015:35(4):713-30.

Vidarsson G, Dekkers G, Rispens T. IgG subclasses and allotypes: from structure to effector functions. Front Immunol. 2014;5:520.

Wasserman RL. Immunoglobulin replacement therapy stewardship in modern times. Ann Allergy Asthma Immunol. 2022;129(5):546-7.

Wasserman RL. Personalized therapy: immunoglobulin replacement for antibody deficiency. Immunol Allergy Clin. 2019;39(1):95-111.

9

Imunobiológicos usados em Nefrologia pediátrica

Nilzete Liberato Bresolin
Lilian Monteiro Pereira Palma
Maria Helena Vaisbich

DESTAQUES

- Imunobiológicos ("imunomodulação", "terapia com imunobiológicos") agem em pontos estratégicos da resposta imunológica aberrante que se associa à origem da doença ou do mecanismo de resposta que necessita ser controlado.
- Os medicamentos imunobiológicos são fabricados por biossíntese em células vivas mediante técnicas de engenharia genética e são, em sua maioria, anticorpos monoclonais que agem na fisiopatologia de diversas doenças
- Além da eficácia, uma das maiores vantagens da imunomodulação é o perfil de segurança, a maioria dos efeitos tóxicos característicos dos tratamentos sistêmicos imunossupressores convencionais não se apresentam.

INTRODUÇÃO

Na última década, houve um aumento nas pesquisas das doenças autoimunes e inflamatórias e, com isso, o conhecimento mais detalhado dos mecanismos imunológicos subjacentes a essas doenças. Consequentemente, ampliaram-se as pesquisas sobre o papel desempenhado pelo sistema imunológico no surgimento e na progressão dessas enfermidades, paralelamente ao desenvolvimento de novos enfoques de tratamentos e ferramentas terapêuticas, incluindo os medicamentos imunobiológicos.

Os tratamentos convencionais para essas doenças objetivam suprimir, de forma extensa, a resposta imunológica do indivíduo (imunossupressores) e têm alto risco de toxicidade, além de complicações infecciosas e oncológicas, o que impede o seu uso prolongado e continuado. Atualmente, esses tratamentos têm sido complementados, e muitas vezes substituídos com grandes vantagens, por tratamentos com imunobiológicos ("imunomodulação", "terapia com imunobiológicos"), que agem em pontos estratégicos da resposta imunológica aberrante associada à origem da doença ou do mecanismo de resposta que necessita ser controlado, como no caso da terapêutica para prevenção e tratamento de rejeição em transplantes.

Os medicamentos imunobiológicos são fabricados por biossíntese em células vivas mediante técnicas de engenharia genética e são, em sua maioria, anticorpos monoclonais que se ligam a citocinas ou a seus receptores, modificando seletivamente o acionamento de células ou moléculas imunológicas importantes na indução e manutenção das lesões.

Além da eficácia, uma das maiores vantagens da imunomodulação é o perfil de segurança. Quando bem utilizados, a maioria dos efeitos tóxicos característicos dos tratamentos sistêmicos imunossupressores convencionais não se apresenta.

São várias as doenças renais imunomediadas na faixa etária pediátrica. Independentemente do padrão clínico, os sistemas de imunidade inata e adaptativa estão *up-regulated* na maioria delas, e vários mecanismos específicos de disfunção imunológica estão envolvidos como causa subjacente. Adicionalmente, a terapia imunossupressora é fundamental na prevenção e no tratamento da rejeição do transplante renal, e, em situações especiais, como na prevenção da função retardada do enxerto e dessensibilização para anticorpos contra leucócitos humanos previamente formados, há a necessidade do desenvolvimento de novas terapias.

A seguir serão apresentados e, discutidos, alguns dos imunobiológicos utilizados em Nefrologia pediátrica.

ANTICORPOS MONOCLONAIS ANTI-CD20

Rituximabe (RTX)

Mecanismo de ação

O RTX é um anticorpo monoclonal quimérico anti-CD20, que inibe a proliferação e diferenciação de células B mediadas por CD20, resultando na depleção de linfócitos B do sangue periférico. Estudos têm demonstrado efeitos promissores do RTX na obtenção de remissão completa (RC) ou remissão parcial (RP) em pacientes com síndrome nefrótica dependente de esteroides (SNDE) e pacientes com síndrome nefrótica resistente a esteroides (SNRE). Foi documentada a descontinuação ou redução da terapia com esteroides e/ou imunossupressores. Além disso, o RTX tem sido utilizado com mais frequência em crianças e adolescentes com diferentes doenças renais, incluindo lúpus eritematoso sistêmico (LES) e nefrite lúpica, vasculite associada a anticorpos citoplasmáticos antineutrófilos (VAA) e transplante renal.

O RTX pode se ligar diretamente à fosfodiesterase tipo esfingomielinase 3b nos podócitos, levando à estabilização da função podocitária e estrutura para prevenir a recorrência futura. Esse anticorpo monoclonal quimérico regula, também, o citoesqueleto e elementos reguladores das células B CD20+. O comprometimento das células T reguladoras e a indução da remissão pelo RTX foram indicados em estudos anteriores. Por outro lado, o RTX reduz a proliferação de células B pela indução de apoptose. Logo, a função das células B e sua interação com as células T serão suprimidas para evitar a recorrência futura de síndrome nefrótica (SN) idiopática. Estudos recentes relatam, ainda, que a reconstrução tardia das células B se associa a menor risco de recaída, independentemente da terapia imunossupressora administrada.

Indicação

A última guia da International Pediatric Nephrology Association, sobre síndrome nefrótica sensível a esteroide (SNSE) recentemente publicado, recomenda o RTX como agente poupador de esteroides em crianças com SN recidivante frequente (SNRF) ou SNDE que não estejam controladas após um curso de tratamento com pelo menos um outro agente poupador de esteroides em dose adequada, especialmente em caso de não adesão (grau B, recomendação moderada). Isso é especialmente preferível, tanto em termos de segurança quanto de eficácia, em pacientes maiores de 7 a 9 anos de idade (grau C, recomendação fraca). Apesar dos relatos positivos de estudos de coorte, a guia de 2020 da International Pediatric Nephrology Association sobre SNRE deu ao RTX uma recomendação fraca (nota 2C) para uso em SNRE em vista dos resultados negativos de um ensaio clínico randomizado (RCT). Porém, atualmente, não há agente alternativo (em comparação ao RTX) que demonstre eficácia superior entre SNRE e resistentes ao inibidor de calcineurina. Sinha e colaboradores sugerem que o uso do RTX seja considerado, desde que a remissão parcial também se relacione a prognóstico renal significativamente melhor em comparação com ausência de resposta.

Em nefrite lúpica, estudos têm concluído a favor da eficácia relativamente maior e, também, segurança razoável do RTX quando comparado com micofenolato de mofetila (MMF) ou ciclofosfamida.

Em transplante renal, como as células B desempenham um papel importante na rejeição aguda mediada por anticorpos (RAMA), considerou-se que o RTX poderia ser útil. Embora estudos, principalmente em adultos, concluam que o RTX possa beneficiar a RAMA, também enfatizam a falta de evidências de alta qualidade e, assim, impedem conclusões definitivas. Na rejeição crônica mediada por anticorpos, o uso de RTX não resultou, de forma confiável, em melhora dos resultados. Em Pediatria, os dados de RAMA são limitados, e um pequeno estudo randomizado apoiou o uso de RTX para RAMA.

Aprovação pelas agências FDA, EMA e Anvisa

O RTX não está licenciado (não registrado na Agência Nacional de Vigilância Sanitária – Anvisa) para tratar SN, portanto o uso para essa indicação é *off-label*, ou experimental. Isso é válido para o Brasil e para países desenvolvidos.

Como prescrever

A dose recomendada é de 375 mg/m^2 para 1 a 4 doses por ciclo (dose única máxima de 1.000 mg) em intervalos semanais. Devem-se monitorar as contagens totais de células B CD19(+) no início e após o tratamento com RTX, 7 dias após a infusão, para garantir a depleção adequada de células B indicada por contagem absoluta de células CD19 < 5 células/mm^3 ou < 1% do total de linfócitos (grau B, recomendação forte). Recomenda-se, também, monitorar os níveis de IgG no início e periodicamente após o tratamento com RTX para detectar hipogamaglobulinemia (IgG abaixo da faixa normal relacionada à idade) (grau B, forte recomendação).

O pré-tratamento com anti-histamínico, paracetamol e esteroides é frequentemente utilizado. Podem-se administrar cursos repetidos, porém, no período de remissão, com pré-medicação adequada, sob supervisão e monitoramento rigorosos. É necessário excluir hepatites B e C, HIV, vírus Epstein-Barr (EBV), tuberculose e qualquer infecção ativa. Após a(s) infusão(ões) de RTX, recomenda-se reduzir gradualmente a prednisolona oral e outros agentes poupadores de esteroides dentro de 2 a 3 meses (grau B, recomendação forte).

Eventos adversos imediatos

Com relação à segurança, o RTX tem número limitado de eventos adversos imediatos, sendo os mais comuns as reações infusionais.

Eventos adversos tardios

Outros efeitos colaterais incluem supressão da medula óssea, hipogamaglobulinemia e um risco aumentado de infecções. Complicações letais incluem morte por fibrose pulmonar e miocardite fulminante. Raramente podem ocorrer reativação do vírus da hepatite B, reação anafilática, colite, pneumonia por *Pneumocystis jiroveci* ou leucoencefalopatia multifocal.

Orientação de vacinação

Embora não haja publicações sobre a eficácia da imunização em crianças e adolescentes com doença renal em uso de RTX, podem-se utilizar como base estudos de vacinação após o uso de RTX em distúrbios reumatológicos. Sinha e colaboradores destacam que, embora não haja uma diretriz aceita universalmente, é razoável considerar os seguintes pontos:

- Exceto para vacinas com vírus vivos, recomenda-se seguir diretrizes locais, independentemente da condição subjacente.
- Deve-se buscar garantir que todas as vacinas não vivas sejam administradas pelo menos 1 semana antes da infusão de RTX.
- Vacinas de vírus vivos devem ser administradas pelo menos 1 mês antes da infusão de RTX, desde que a criança ou adolescente não esteja utilizando nenhum outro imunossupressor.
- A vacinação pode ser reiniciada 6 meses após o RTX, período no qual ocorrem a restauração das populações de células B e a capacidade de soroproteção.
- Vacinas vivas também podem ser administradas de 6 a 9 meses após o RTX, desde que a criança ou adolescente não esteja tomando nenhum outro imunossupressor.
- Como a resposta à vacina contra o tétano pode ser comprometida com uso de RTX, principalmente nos primeiros 6 meses de tratamento, recomenda-se administrar imunoglobulina antitetânica se houver lesões de pele com alto risco de contaminação.

NOVOS ANTICORPOS ANTI-CD20

Dependendo dos aspectos estruturais e do número de *sites* de ligação, temos a primeira e segunda gerações de anticorpos anti-CD20 que têm efeitos diferentes sobre os subtipos de células CD20, por citotoxicidade direta, citotoxicidade mediada por anticorpos, fagocitose ou citotoxicidade mediada pelo complemento. De forma geral, os anticorpos humanizados ou totalmente humanos demonstram atividade *in vitro* maior do que o RTX.

Ofatumumabe

Mecanismo de ação

O ofatumumabe é um anticorpo monoclonal anti-CD20 que se liga ao CD20 pelo domínio Fab em epítopo distinto do RTX e determina seu efeito imunológico pelo domínio Fc. O epítopo de ligação é mais superficial e mais extenso quando comparado ao do RTX. Adicionalmente, o ofatumumabe tem um local de ligação ao C1q que aumenta a citotoxicidade mediada pelo complemento e induz um potente estímulo para citotoxicidade mediada por complemento.

Aprovação pelas agências FDA, EMA e Anvisa

É aprovado pelo U.S. Food and Drug Administration (FDA) para tratamento da leucemia linfoide crônica multirresistente e eficaz contra câncer de células B resistentes ao RTX. Em Nefrologia pediátrica, o ofatumumabe pode ser eficaz na síndrome SN corticorresistente refratária e nos casos de SN corticodependente refratários ao RTX, incluindo casos com a presença de anticorpos anti-RTX circulantes.

Estudo de três pacientes com nefropatia com vasculite por IgA mostrou que a depleção maciça de células B se associou à redução da proteinúria e estabilização da função renal. Entretanto, outro estudo comparando RTX com ofatumumabe, em crianças com SN dependente de inibidor de calcineurina, mostrou que uma única dose de ofatumumabe não foi superior ao RTX em manter remissão. Já Bonanni e colaboradores trataram seis crianças com SN multirresistente com doses baixas de ofatumumabe (300 mg seguida por 700 mg/1,73 m^2 em 2 semanas) e observaram remissão da proteinúria em duas delas. O uso de altas doses de ofatumumabe em séries pequenas de pacientes nefróticos multirresistentes mostrou resultados positivos em alguns deles;

entretanto, ainda não são suficientes para sua recomendação, e faltam dados mais robustos de segurança. Estudos adicionais são necessários para avaliar seu efeito na SN multirresistente.

Estudos de séries de casos têm sido publicados em recorrência da glomeruloesclerose segmentar focal (GESF) pós-transplante, com eficácia limitada quando usado conjuntamente com a plasmaférese; há relato de paciente com remissão completa da proteinúria e séries maiores com remissão parcial em metade dos casos.

Como prescrever

A dose padrão de 1.500 mg/1,73 m^2 SC tem sido a adotada nos estudos, sem demonstração de superioridade ao RTX, porém a estratégia do seu uso em dose muito alta mostrou-se mais efetiva (300 mg/1,73 m^2 SC, seguida por 5 infusões 2.000 mg/1,73 m^2 SC) em pacientes não responsivos a outros tratamentos.

Eventos adversos

Os eventos adversos e medidas de precaução são semelhantes aos do RTX. Entretanto, o ofatumumabe mostrou maior suscetibilidade respiratória (broncoespasmo) com doses padrão (1.500 mg/ 1,73 m^2 SC) em relação ao RTX. A associação de nebulização com salbutamol no esquema de pré-tratamento pode solucionar esse problema.

Obinutuzumabe

Mecanismo de ação

O obinutuzumabe é um anticorpo anti-CD20 humanizado tipo II, potente ativador da citotoxicidade mediada por anticorpos, fagocitose e com forte citotoxicidade direta, sem toxicidade mediada pelo complemento significativa. Sua estrutura aumenta a afinidade de ligação ao receptor Fc sobre as células imunes efetoras.

Indicações por doenças

Síndrome nefrótica dependente multidroga

O obinutuzumabe (dose única de 1.000 mg/1,73 m^2 SC) foi usado em combinação sequencial com anticorpo monoclonal anti-CD38 (das células plasmáticas), daratumumabe, após 14 dias em 14 pacientes em recidiva com corticosteroide, RTX e inibidor de calcineurina; nove destes pacientes permaneceram em remissão após 20 meses de seguimento e cinco recidivaram após 10 meses. Os autores enfatizam que a associação de dois anticorpos monoclonais em baixas doses pode aumentar a segurança.

Nefrite lúpica

Resultados de um estudo que comparou o obinutuzumabe e RTX em pacientes com nefrite lúpica classes III e IV (formas proliferativas focais e difusas) mostram que o obinutuzumabe promoveu benefício sustentado por 2 anos comparado ao RTX. Resultados do estudo fase 2, NOBILITY (NCT02550652), comparando a eficácia e segurança do obinutuzumabe com MMF e placebo com MMF em participantes com nefrite lúpica proliferativa, mostram que o obinutuzumabe foi bem tolerado e sem questões de segurança inesperadas em 2 anos de seguimento.

Eventos adversos

Reações infusionais leves, vômitos, urticária e neutropenia transitória são as mais frequentes. São raros os casos com sintomas respiratórios durante a infusão e raros relatos de leucopenia por mais de 3 meses.

Aprovação dos biológicos pelo FDA, EMA e Anvisa

Nenhum deles, ofatumumabe e obituzumabe, têm registro na Anvisa. São drogas ainda em investigação.

Orientação de vacinação

É semelhante à do RTX.

Agente depletor de linfócitos - globulina antitimocítica (ATG)

Estas drogas são usadas em transplante de células hematopoiéticas e transplante de órgãos sólidos, incluindo o transplante renal. O objetivo é reduzir o risco de rejeição aguda em pacientes com alto risco imunológico e facilitar o tratamento de manutenção que empregam a suspensão dos corticosteroides.

Mecanismo de ação

O alvo primário são as células T alorreativas que têm papel crítico no desenvolvimento da doença enxerto *versus* hospedeiro aguda (GVHD). Age também sobre subpopulações de linfócitos além das células T, particularmente, sobre as células *natural killer* (NK), que apresentam papel crítico na imunologia pós-transplante. Há duas preparações mais comumente empregadas: a ATG derivada de coelhos (rATG) ou timoglobulina (THG) e a ATG-F da Fresenius® (F-ATG), produzida a partir da linhagem de células linfoblásticas Jukart T.

THG e ATG-F contêm anticorpos contra vários marcadores de células T e B, mas a ATG-F tem menor atividade contra antígenos-alvo e espectro mais restrito, e a rAGT possui maior potencial imunomodulador e inibitório. Os estudos demonstraram que a rAGT (THG) contém anticorpos contra células T e células B, incluindo CD2, CD3, CD4, CD8, CD11, CD18, CD20, CD25, CD40, CD44, HLA-DR e classes HLA, enquanto o perfil de anticorpos da ATG-Fresenius® tem como alvo CD28, CD29, CD45, CD49, CD98 e CD147 e raramente alcança CD3, CD4, CD44 e HLA-DR. Portanto, a rATG e a F-ATG têm atividades imunossupressoras diferentes.

Globulina antitimocítica de coelho ou timoglobulina

A timoglobulina (THG) é uma imunoglobulina policlonal purificada que contém anticorpos para vários antígenos. Pode interagir com diversos receptores nas células T, mas também compartilha alguns receptores sobre as células B, monócitos e neutrófilos.

Mecanismo de ação

Envolve a depleção de linfócitos pela lise dependente de complemento e induz a apoptose mediada por ativação das células T. Depleta as células T na periferia e nos tecidos linfoides secundários em que a maioria das células T reside e ocorre a apresentação de antígeno.

A rATG inibe a expressão de várias moléculas que controlam a ativação de células T, incluindo o complexo receptor de células T/CD3, CD2, CD4, CD5, CD6 e CD8. Também inibe a expressão na superfície das células de várias integrinas e moléculas de adesão intercelular (ICAM) que facilitam a adesão de leucócitos ao endotélio. Assim, a reperfusão na presença da rATG reduz substancialmente o envolvimento dos leucócitos e inibe quase completamente a adesão dos leucócitos ao endotélio. A rATG também se liga a inúmeras proteínas de superfície das células B e induz a apoptose de células B ativadas e plasmócitos da medula óssea. A depleção de linfócitos ocorre rapidamente após a sua administração endovenosa, e a recuperação na contagem de células T acontece gradualmente após o término do tratamento. Cerca de 40% dos pacientes tratados recuperam mais de 50% da contagem basal de linfócitos após 3 meses.

Indicação

Incluem prevenção e tratamento da RAMA resistente à corticoterapia no transplante renal e tratamento da rejeição de enxerto renal do tipo celular resistente ao corticoide. Como a THG não é nefrotóxica, sua utilização nos primeiros dias após o transplante renal, principalmente em doador falecido, é bem indicada.

Como prescrever

A THG é usada na dose de 1-1,5 mg/kg por dose para um total de quatro a seis doses. É monitorada pela contagem periférica de CD3.

Eventos adversos imediatos

Reações agudas apresentam-se como síndrome da liberação de citoquinas caracterizada por anafilaxia, febre, dispneia, náuseas/vômitos, diarreia, hipo ou hipertensão, mal-estar, *rash* cutâneo e/ou cefaleia demandando geralmente a interrupção da administração. Como a THG também contém anticorpos contra outras células, podem-se observar anemia hemolítica, trombose, plaquetopenia e neutropenia.

Eventos adversos tardios

- Doença do soro, infecções e câncer. A doença do soro ocorre em 5 a 15 dias após a administração e apresenta-se com febre, *rash*, artralgia e/ou mialgia. O tratamento é feito com corticosteroides.
- Complicações infecciosas: incluem principalmente infecção pelo citomegalovírus (CMV), sepse, candidíase, infecção pelo vírus herpes-simples e infecções urinárias. Profilaxia para CMV com ganciclovir ou valganciclovir podem prevenir a infecção por CMV após a indução com rATG.
- Câncer: casos de neoplasias ocorrem, em geral, após o primeiro ano do transplante renal.

Aprovação pelas agências FDA, EMA e Anvisa

Aprovado por FDA, EMA e Anvisa. Consta da lista de medicamentos fornecidos pelo Sistema Único de Saúde (SUS) – farmácia de alto custo.

Basiliximabe

Mecanismo de ação

O basiliximabe é um anticorpo monoclonal quimérico (murino/humano) com cadeia pesada constante e cadeia leve k da IgG1 humana que se liga especificamente e bloqueia o antígeno CD25, cadeia alfa da IL-2r na superfície de linfócitos T ativados. Funciona como um antagonista do receptor da IL-2 por sua ligação com alta afinidade à cadeia alfa do complexo IL-2/receptor, inibindo a ligação da IL-2 com seu receptor, sendo específico contra o IL-2Ra, o qual é seletivamente expresso na superfície dos linfócitos B ativados, agindo na via crítica da resposta imune celular implicada na rejeição do enxerto.

Indicações

O basiliximabe é aprovado para profilaxia da rejeição aguda em receptores de transplante renal. Está indicado precisamente para casos de baixo risco imunológico.

Como prescrever

A medicação é endovenosa, e, em pacientes com peso inferior a 35 kg, a dose recomendada é de 10 mg, enquanto para aqueles com mais de 35 kg a dose é de 20 mg. A primeira dose deve ser administrada 2 horas antes do procedimento do transplante renal, e a segunda dose, 4 dias após o transplante. Pode ser administrado em injeção única ou diluído com salina normal ou dextrose 5%, infundido em 20 a 30 minutos.

Eventos adversos

Os mais frequentes (presentes em 10% ou mais dos pacientes tratados) incluem:

- Eventos adversos precoces: reação local, náuseas, vômitos e reações locais como dor.
- Eventos adversos tardios:

- Gerais: dor, edemas periféricos, febre e infecções virais.
- Gastrintestinais: constipação, náuseas, vômitos, dor abdominal, diarreia e dispepsia.
- Metabólicos: hipercalemia, hipocalemia, hiperglicemia, hipercolesterolemia, hipofosfatemia, hiperuricemia.
- Sistema geniturinário: infecção do trato urinário.
- Sistema respiratório: dispneia, infecção do trato respiratório superior.
- Dermatológico: complicações da cicatriz cirúrgica, acne.
- Cardiovascular: hipertensão arterial.
- Sistema nervoso central e sistema nervoso periférico: cefaleia, tremor.
- Psiquiátrico: insônia.
- Hematológico: anemia.
- Doença linfoproliferativa/linfoma e outros tipos de câncer.
- Infecções, como por CMV e outras.

Aprovação pelas agências FDA, EMA e Anvisa

Aprovado por FDA, EMA e Anvisa. Consta da lista de medicamentos fornecidos pelo SUS – farmácia de alto custo.

Imunoglobulina humana intravenosa (IVIG)

Mecanismo de ação

Em altas doses (2 g/kg), tem efeito imunomodulador sobre as células T e células B, induzindo apoptose e modulação nas células B. IVIG em dose baixa (100 mg/kg) inibe a recuperação de anticorpos após a remoção deles pela plasmaférese e restabelece as imunoglobulinas antimicrobianas protetoras. Outra indicação no transplante renal inclui o tratamento e a profilaxia contra infecção pelo CMV e o tratamento de infecções virais mais comuns.

Como prescrever

A IVIG (10 g/100 mL) está disponível em preparações comerciais de anticorpos IgG humanos agrupados, e, dependendo da indicação, as doses usadas variam de 0,1 a 0,5 a 1 a 2 g/kg. A IVIG é geralmente usada em conjunção com plasmaférese no tratamento da RAMA em receptores de transplante renal, em várias doses de acordo com o centro transplantador.

INIBIDORES DO PROTEASSOMA

Bortezomibe

Mecanismo de ação

Inibidor do proteassoma comumente utilizado no tratamento do mieloma múltiplo e que pode ser empregado na rejeição mediada por anticorpos em receptores de transplante renal. Entretanto, no estudo BORTEJECT, não se mostrou eficaz em preservar a função renal e reduzir a proteinúria nos receptores de transplante renal com anticorpo antidoador específico positivos mais tardiamente quando comparados a placebo. Age sobre os plasmócitos, induzindo a sua apoptose.

Efeitos adversos

Sintomas gastrintestinais, neuropatia periférica e plaquetopenia.

INIBIDORES DO COMPLEMENTO TERMINAL

Eculizumabe

Mecanismo de ação

O anticorpo monoclonal humanizado eculizumabe liga-se com alta afinidade à proteína C5 do complemento, evitando a geração subsequente de C5b-9 (complexo de ataque à membrana).

Indicações

Age com grande eficiência na fisiopatologia da síndrome hemolítico-urêmica atípica (SHUa), prevenindo a ativação do complemento terminal. A SHUa é uma doença causada pela hiperativação da via alternativa do complemento que pode ser de origem genética ou adquirida, na qual há alteração nas proteínas que regulam a atividade da via alternativa do complemento. Mutações patogênicas nos genes que codificam essas proteínas reguladoras ou a presença de anticorpos antifator H têm sido observadas em cerca de 60% a 70% dos casos. É definida com a presença de microangiopatia trombótica afastando-se outras causas, como SHU por shigatoxina, SHU por pneumococo, púrpura trombocitopênica trombótica, defeito do metabolismo da cobalamina e causas secundárias (infecções, drogas, doenças autoimunes).

Desde o trabalho seminal publicado por Bell e colaboradores em 1991, a plasmaférese ou infusão de plasma têm sido usadas na abordagem de pacientes com SHUa. Entretanto, 67% dos pacientes adultos tratados com as duas formas necessitaram de diálise ou foram a óbito em 3 anos, com taxa de mortalidade de 8% na primeira manifestação e 11% em três anos de seguimento. Em outro estudo populacional, a taxa de mortalidade foi de 2% em adultos e 8% em crianças durante 45 meses de seguimento. A American Society for Apheresis (ASFA) classificou o procedimento de plasmaférese com reposição de plasma como categoria I para tratamento de SHUa causada por anticorpo antifator H e categoria III para SHUa mediada por alteração do complemento.

Em 80 pacientes (22 crianças) tratados com eculizumabe durante manifestações ativas de microangiopatia (hemólise, plaquetopenia e lesão renal), a mediana de tempo para normalização plaquetária foi de 7-8 dias, e para a normalização da desidrogenase láctica a variação de tempo foi de 14 a 54 dias. O aumento médio da taxa de filtração glomerular (TFG) estimada ao final de 1 a 2 anos foi de 64 mL/min/1,73 m^2 em crianças comparada a 30-35 mL/min/1,73 m^2 em adultos. Nesses estudos prospectivos, menor intervalo entre o diagnóstico e o tratamento com eculizumabe correlacionou-se com maior ganho de função renal. Não houve eventos adversos graves, óbitos ou infecção meningocócica nesse estudo, e na prática percebemos que a droga é bem tolerada.

Em uma revisão crítica sobre o uso de eculizumabe em SHUa, analisaram-se todos os relatos de casos em adultos e crianças e concluiu-se que as crianças apresentaram melhor recuperação hematológica e renal do que adultos, uma vez que o tratamento era instituído de forma mais precoce na faixa etária pediátrica. O uso de plasmaférese ou infusão de plasma em crianças é complexo, devido à volemia e dificuldade de acessos adequados, de forma que documentos de consenso recomendam que o eculizumabe seja a primeira linha de tratamento de SHUa em crianças, devendo ser iniciado nas primeiras 24 horas do diagnóstico, se disponível. Se indisponível, tentar plasmaférese (60 mL/kg/sessão em crianças maiores) ou infusão de plasma fresco congelado (10 mL/kg/dia), em crianças menores, até a estabilização hematológica e renal, ou até que o eculizumabe esteja disponível. O tempo de tratamento ainda não foi definido, e outros bloqueadores de complemento para SHUa estão sendo estudados e devem estar disponíveis futuramente.

Aprovação pelas agências FDA, EMA e Anvisa

O eculizumabe foi aprovado em 2011 pelo FDA, assim como pela European Medicines Agency (EMA). No Brasil, foi registrado na Anvisa em março de 2017.

Como prescrever

Existe uma fase de indução seguida de manutenção (bula do produto). A posologia varia de acordo com a faixa de peso (Tabela 1), e deve-se atentar para ajuste de dose conforme a criança vai crescendo.

TABELA 1 Posologia de indução e de manutenção de eculizumabe em menores de 18 anos com síndrome hemolítico-urêmica atípica (bula do produto). Cada frasco contém 300 mg/30 mL e deve ser diluído 1:1 em soro fisiológico e infundido IV em 35 minutos

Peso corporal	Indução	Manutenção
5 a 10 kg	300 mg/semana x1	300 mg na semana 2; 300 mg a cada 3 semanas
10 a 20 kg	600 mg/semana x1	300 mg na semana 2; 300 mg a cada 2 semanas
20 a 30 kg	600 mg/semana x2	600 mg na semana 3; 600 mg a cada 2 semanas
30 a 40 kg	600 mg/semana x2	900 mg na semana 3; 900 mg a cada 2 semanas

Para pacientes adultos ou com peso acima de 40 kg, a posologia é:

- 900 mg por semana x4.
- 1.200 mg na semana 5 e depois 1.200 mg a cada 2 semanas.

Vacinação

É mandatória a vacinação antimeningocócica antes de iniciar eculizumabe, e a contraindicação absoluta ao seu uso é infecção meningocócica ativa. Se a vacina não tiver sido administrada previamente, se o prazo de vacinação tiver sido ultrapassado, se o paciente estiver abaixo da idade de vacinação ou se o paciente não tiver sido vacinado pelo menos 2 semanas antes de iniciar o tratamento com eculizumabe, deve-se utilizar antibiótico profilático até 2 semanas após a vacina (penicilina ou derivados). Em crianças e adolescentes também é recomendada a vacinação completa conforme calendário de recomendações vigente.

Ravulizumabe

Mecanismo de ação

Anticorpo monoclonal derivado do eculizumabe em que houve quatro modificações de aminoácidos. Essas modificações permitem que o anticorpo se dissocie de C5 dentro do endossoma, e, devido à maior afinidade por receptores neonatais, ocorre reciclagem do ravulizumabe de volta à circulação. Dessa forma, a meia-vida passa de 11 dias (eculizumabe) para 51 dias (ravulizumabe), o que permite infusões a cada 4 semanas (crianças pequenas) e 8 semanas (crianças maiores, adolescentes e adultos).

Indicações

A eficácia e a segurança do ravulizumabe em crianças diagnosticadas com SHUa foram testadas em estudos prospectivos, tanto em pacientes virgens de tratamento como em pacientes convertidos de eculizumabe a ravulizumabe.

Vinte e um pacientes virgens de tratamento e com diagnóstico confirmado de SHUa foram incluídos (análise total em 18 pacientes que não completaram 26 semanas de estudo). A média de idade desses pacientes foi 6,4 anos, e o peso médio, 22,2 kg. Dois terços dos pacientes apresentaram sinais extrarrenais pré-tratamento (cardiovasculares, pulmonares, sistema nervoso central, gastrintestinal, pele, músculo esquelético), e 33,3% (n = 6) dos pacientes tinham doença renal crônica estágio 5.

Dez pacientes que mudaram de eculizumabe para ravulizumabe foram incluídos. Importante: os pacientes deveriam apresentar resposta clínica a eculizumabe durante 3 meses antes da conversão.

O desfecho primário foi de resposta completa durante o período de avaliação de 26 semanas: normalização dos parâmetros hematológicos (número de plaquetas e concentração de lactato desidrogenase) e melhora de ≥ 25% na creatinina sanguínea em duas avaliações separadas com intervalo mínimo de 28 dias. A resposta completa da microangiopatia trombótica foi observada em 14 dos 18 pacientes virgens de tratamento (77,8%) atingida em um tempo mediano de 30 dias (15 a 97 dias). Em pacientes tratados anteriormente com eculizumabe, a troca para ravulizumabe manteve a doença controlada, conforme evidenciado por parâmetros hematológicos e renais estáveis, sem impacto aparente na segurança.

Não há dados específicos sobre a descontinuação de ravulizumabe até o momento. Caso os pacientes necessitem descontinuar o tratamento com ravulizumabe, deverão ser monitorados atentamente quanto aos sinais e sintomas de microangiopatia trombótica continuamente.

Aprovação pelas agências FDA, EMA e Anvisa

O ravulizumabe foi aprovado pelo FDA em outubro de 2019 e pela Anvisa em janeiro de 2023.

Como prescrever

A posologia de acordo com o peso pode ser vista na Tabela 2.

TABELA 2 Posologia de ravulizumabe de acordo com a faixa de peso. Cada frasco contém 100 mg/mL (fórmula concentrada), e há frascos de 3 e 11 mL

Variação de peso	Indução	Manutenção	Intervalo
10 a 20 kg	600 mg	600 mg	A cada 4 semanas
20 a 30 kg	900 mg	2.100 mg	A cada 8 semanas
30 a 40 kg	1.200 mg	2.700 mg	A cada 8 semanas
40 a 60 kg	2.400 mg	3.000 mg	A cada 8 semanas
60 a 100 kg	2.700 mg	3.300 mg	A cada 8 semanas
≥ 100 kg	3.000 mg	3.600 mg	A cada 8 semanas

Vacinação

Segue as mesmas recomendações para o eculizumabe.

Crovalimabe

Mecanismo de ação

O crovalimabe (RO7112689 ou SKY59; Chugai Pharmaceutical®) é um novo anticorpo monoclonal anti-C5 (fração C5 do sistema complemento) com tecnologia de reciclagem de anticorpos (SMART) que combina ponto isoelétrico e afinidade ao receptor Fc neonatal dependente do pH. Essa tecnologia possibilita uma ligação eficiente à fração C5, aumentando a captação do C5 ligado ao crovalimabe pela célula endotelial, remoção do C5 para o endossomo e reciclagem eficiente mediada pelo receptor Fc neonatal do crovalimabe.

O crovalimabe é altamente solúvel, o que permite a injeção de pequenos volumes. Ele se liga à cadeia beta do C5 e previne a sua clivagem pela C5 convertase. Adicionalmente, inibe a deposição do C5b-9 sobre as membranas celulares, limitando a lesão do complexo de ataque à membrana. Sua tecnologia SMART limita o acúmulo de C5 e a capacidade ligação ao C5, possibilitando sua administração em menores doses por via subcutânea.

Indicações

Atualmente há um estudo fase 3 em curso com crovalimabe para tratamento de pacientes com SHUa em crianças e adultos, incluindo centros brasileiros (NCT04861259). É importante ressaltar a possibilidade de sua eficácia em pacientes com SHUa que desenvolveram resistência ao eculizumabe, já que o epítopo de ligação do crovalimabe no C5 é outro.

Aprovação pelas agências FDA, EMA e Anvisa

Ainda não é aprovado para uso na SHUa, mas teve aprovação pelo FDA para tratamento da hemoglobinúria paroxística noturna.

Vacinação

As recomendações de vacinação são as mesmas que para o uso do eculizumabe e do ravulizumabe.

CONCLUSÕES

imunobiológicos são fabricados por biossíntese em células vivas mediante técnicas de engenharia genética e são, em sua maioria, anticorpos monoclonais que se ligam a citocinas ou a seus receptores, modificando seletivamente ativação celular ou moléculas imunológicas importantes na fisiopatologia de diversas condições. Têm ampla aplicação em Nefrologia Pediátrica, desde a prevenção de rejeição em transplante renal, até tratamento de síndrome nefrótica, nefrite lúdica e outras glomerulopatias. Os inibidores de complemento terminal estão bem indicados na Síndrome Hemolítico Urêmica atípica (ou mediada por complemento) e as indicações podem se expandir no futuro.

BIBLIOGRAFIA

Ariceta G, Dixon BP, Kim SH, Kapur G, Mauch T, Ortiz S, et al; 312 Study Group. The long-acting C5 inhibitor, ravulizumab, is effective and safe in pediatric patients with atypical hemolytic uremic syndrome naïve to complement inhibitor treatment. Kidney Int. 2021;100(1):225-37.

Barrientos JC. Sequencing of chronic lymphocytic leukemia therapies. Hematol Am Soc Hematol Educ Prog. 2016;2016(1):128-36.

Basu B. Ofatumumab for Rituximab-Resistant Nephrotic Syndrome. N Engl J Med. 2014;370(13):1268-70.

Basu B, Angeletti A, Islam B, Ghiggeri GM. New and Old Anti-CD20 Monoclonal Antibodies for Nephrotic Syndrome. Where We Are? Front Immunol. 2022;13:805697.

Bazargani B, Noparast Z, Khedmat L, Fahimi D, Esfahani ST, Moghtaderi M, et al. Efficacy of rituximab therapy in children with nephrotic syndrome: a 10-year experience from an Iranian pediatric hospital. BMC Pediatr. 2022;22(1):36.

Bell WR, Braine HG, Ness PM, Kickler TS. Improved survival in thrombotic thrombocytopenic purpura--hemolytic uremic syndrome. Clinical experience in 108 patients. N Engl J Med. 1991;325(6):398-403.

Bernard J, Lalieve F, Sarlat J, Perrin J, Dehoux L, Boyer O, et al. Ofatumumab Treatment for Nephrotic Syndrome Recurrence After Pediatric Renal Transplantation. Pediatr Nephrol. 2020;35(8):1499-506.

Bonanni A, Bertelli E, Moscatelli A, Lampugnani E, Bodria M, Ravani P, et al. Ofatumumab-Associated Acute Respiratory Manifestations: Clinical Characteristics and Treatment. Br J Clin Pharmacol. 2016;82(4):1146-8.

Bonanni A, Rossi R, Murtas C, Ghiggeri GM. Low-Dose Ofatumumab for Rituximab-Resistant Nephrotic Syndrome. BMJ Case Rep. 2015;16:2015:bcr2015210208.

Bonnefoy-Bérard N, Vincent C, Revillard JP. Antibodies against functional leukocyte surface molecules in polyclonal antilymphocyte and antithymocyte globulins. Transplantation. 1991;51(3):669-73.

Bourdage JS, Hamlin DM. Comparative polyclonal antithymocyte globulin and antilymphocyte/antilymphoblast globulin anti-cd antigen analysis by flow cytometry. Transplantation. 1995;59(8):1194-200.

Casan JML, Wong J, Northcott MJ, Opat S. Anti-CD20 Monoclonal Antibodies: Reviewing a Revolution. Hum Vaccin Immunother. 2018;14(12):2820-41.

Cengiz Seval G, Beksac M. The safety of bortezomib for the treatment of multiple myeloma. Expert Opin Drug Saf. 2018;17(9):953-62.

Colucci M, Carsetti R, Cascioli S, Casiraghi F, Perna A, Ravà L, et al. B cell reconstitution after rituximab treatment in idiopathic nephrotic syndrome. J Am Soc Nephrol. 2016;27(6):1811-22.

Dietrich G, Kazatchkine MD. Normal immunoglobulin G (IgG) for therapeutic use (intravenous Ig) contain antiidiotypic specificities against an immunodominant, disease-associated, cross-reactive idiotype of human anti-thyroglobulin autoantibodies. J Clin Investig. 1990;85(3):620-5.

Dobó J, Kocsis A, Dani R, Gál P. Proprotein Convertases and the Complement System. Front Immunol. 2022;13:958121.

Dossier C, Prim B, Moreau C, Kwon T, Maisin A, Nathanson S, et al. A Global antiB Cell Strategy Combining Obinutuzumab and Daratumumab in Severe Pediatric Nephrotic Syndrome. Pediatr Nephrol. 2021;36(5):1175-82.

Eskandary F, Regele H, Baumann L, Bond G, Kozakowski N, Wahrmann M, et al. A Randomized Trial of Bortezomib in Late Antibody-Mediated Kidney Transplant Rejection. J Am Soc Nephrol. 2018;29(2):591-605.

Fakhouri F, Fila M, Hummel A, Ribes D, Sellier-Leclerc AL, Ville S, et al. Eculizumab discontinuation in children and adults with atypical hemolytic-uremic syndrome: a prospective multicenter study. Blood. 2021;137(18):2438-49.

Fornoni A, Sageshima J, Wei C, Merscher-Gomez S, Aguillon-Prada R, Jauregui AN, et al. Rituximab targets podocytes in recurrent focal segmental glomerulosclerosis. Sci Transl Med. 2011;3(85):85ra46.

Freeman CL, Sehn L. Anti-CD20 Directed Therapy of B Cell Lymphomas: Are New Agents Really Better? Curr Oncol Rep. 2018;20(12):103.

Fremeaux-Bacchi V, Fakhouri F, Garnier A, Bienaimé F, Dragon-Durey MA, Ngo S, et al. Genetics and outcome of atypical hemolytic uremic syndrome: a nationwide French series comparing children and adults. Clin J Am Soc Nephrol. 2013;8(4):554-62.

Fujinaga S, Hirano D, Nishizaki N, Kamei K, Ito S, Ohtomo Y, et al. Single Infusion of Rituximab for Persistent Steroid-Dependent Minimal-Change Nephrotic Syndrome After Long-Term Cyclosporine. Pediatr Nephrol. 2010;25(3):539-44.

Gomes R, Mosca S, Bastos-Gomes M, Correia-Costa L, Rocha L, Teixeira A, et al. Rituximab therapy for childhood onset idiopathic nephrotic syndrome: experience of a Portuguese tertiary center. J Bras Nefrol. 2023;45(3):326-34.

Greenbaum LA, Fila M, Ardissino G, Al-Akash SI, Evans J, Henning P, et al. Eculizumab is a safe and effective treatment in pediatric patients with atypical hemolytic uremic syndrome. Kidney Int. 2016;89(3):701-11.

Grenda R, Obrycki Ł. Second and Third Generational Advances in Therapies of the Immune-Mediated Kidney Diseases in Children and Adolescents. Children (Basel). 2022;9(4):536.

Hirsch HH, Randhawa PS. BK polyomavirus in solid organ transplantation-Guidelines from the American Society of Transplantation Infectious Diseases Community of Practice. Clin Transplant. 2019;33(9):e13528.

Jorgenson MR, Descourouez JL, Brady BL, Chandran MM, Do V, Kim M, et al. A call for transplant stewardship: The need for expanded evidence-based evaluation of induction and biologic-based cost-saving strategies in kidney transplantation and beyond. Clin Transplant. 2021;35(9):e14372.

Kamei K, Ito S, Nozu K, Fujinaga S, Nakayama M, Sako M, et al. Single dose of rituximab for refractory steroid-dependent nephrotic syndrome in children. Pediatr Nephrol. 2009;24(7):1321-8.

Kazatchkine MD, Dietrich G, Hurez V, Ronda N, Bellon B, Rossi F, et al. V region-mediated selection of autoreactive repertoires by intravenous immunoglobulin (ivIg). Immunol Rev. 1994;139:79-107.

Kidney Disease: Improving Global Outcomes Transplant Work Group. KDIGO clinical practice guideline for the care of kidney transplant recipients. Am J Transpl. 2009;9(Suppl. S3):S1-S155.

Kienzl-Wagner K, Rosales A, Scheidl S, Giner T, Bosmuller C, Rudnicki M, et al. Successful Management of Recurrent Focal Segmental Glomerulosclerosis. Am J Transplant. 2018;18(11):2818-22.

Le Berre L, Bruneau S, Naulet J, Renaudin K, Buzelin F, Usal C, et al. Induction of T regulatory cells attenuates idiopathic nephrotic syndrome. J Am Soc Nephrol. 2009;20(1):57-67.

Loirat C, Fakhouri F, Ariceta G, Besbas N, Bitzan M, Bjerre A, et al; HUS International. An international consensus approach to the management of atypical hemolytic uremic syndrome in children. Pediatr Nephrol. 2016;31(1):15-39.

Noris M, Caprioli J, Bresin E, Mossali C, Pianetti G, Gamba S, et al. Relative role of genetic complement abnormalities in sporadic and familial aHUS and their impact on clinical phenotype. Clin J Am Soc Nephrol. 2010;5(10):1844-59.

Padmanabhan A, Connelly-Smith L, Aqui N, Balogun RA, Klingel R, Meyer E, et al. Guidelines on the Use of Therapeutic Apheresis in Clinical Practice - Evidence-Based Approach from the Writing Committee of the American Society for Apheresis: The Eighth Special Issue. J Clin Apher. 2019;34(3):171-354.

Palma LM, Langman CB. Critical appraisal of eculizumab for atypical hemolytic uremic syndrome. J Blood Med. 2016;7:39-72.

Penack O, Fisher L, Gentilini C, Nogai A, Muessig A, Rieger K, et al. The type of ATG matters – Natural killer cells are influenced differentially by Thymoglobulin, Lymphoglobulin and ATG-Fresenius. Transpl Immunol. 2007;18(2):85-7.

Perry DK, Burns JM, Pollinger HS, Amiot BP, Gloor JM, Gores GJ, et al. Proteasome inhibition causes apoptosis of normal human plasma cells preventing alloantibody production. Am J Transplant. 2009;9(1):201-9.

Ravani P, Colucci M, Bruschi M, Vivarelli M, Cioni M, DiDonato A, et al. Human or Chimeric Monoclonal Anti-CD20 Antibodies for Children With Nephrotic Syndrome: A Superiority Randomized Trial. J Am Soc Nephrol. 2021;32(10):2652-63.

Razonable RR, Humar A. Cytomegalovirus in solid organ transplant recipients – guidelines of the American Society of Transplantation Infectious Disease Community of Practice. Clin Transplant. 2019;33(9):e13512.

Reynolds BC, Lamb A, Jones CA, Yadav P, Tyerman KS, Geddes CC. UK Experience of Ofatumumab in Recurrence of Focal Segmental Glomerulosclerosis Post-Kidney Transplant. Pediatr Nephrol. 2021;37(1):199-207.

Röth A, Nishimura JI, Nagy Z, Gaàl-Weisinger J, Panse J, Yoon SS et al. The complement C5 inhibitor crovalimab in paroxysmal nocturnal hemoglobinuria. Blood. 2020;135(12):912-20.

Salvadori M, Tsalouchos A. Innovative immunosuppression in kidney transplantation: A challenge for unmet needs. World J Transplant. 2022;12(3):27-41.

Sethi S, Kumar S, Lim K, Jordan SC. Obinutuzumab is Effective for the Treatment of Refractory Membranous Nephropathy. Kidney Int Rep. 2020;5(9):1515-8.

Shehata N, Palda VA, Meyer RM, Blydt-Hansen TD, Campbell P, Cardella C, et al. The use of immunoglobulin therapy for patients undergoing solid organ transplantation: an evidence-based practice guideline. Transfus Med Rev. 2010;24(Suppl 1):S7-S27.

Sinha R, Agrawal N, Xue Y, Chanchlani R, Pradhan S, Raina R, et al. Use of rituximab in paediatric nephrology. Arch Dis Child. 2021;106(11):1058-65.

Song T, Yin S, Li X, Jiang Y, Lin T. Thymoglobulin *vs.* ATG-Fresenius as Induction Therapy in Kidney Transplantation: A Bayesian Network Meta-Analysis of Randomized Controlled Trials. Front Immunol. 2020;11:457.

Tanaka K, Adams B, Aris AM, Fujita N, Ogawa M, Ortiz S, et al. The long-acting C5 inhibitor, ravulizumab, is efficacious and safe in pediatric patients with atypical hemolytic uremic syndrome previously treated with eculizumab. Pediatr Nephrol. 2021;36(4):889-98.

Trautmann A, Boyer O, Hodson E, Bagga A, Gipson DS, Samuel S, et al. IPNA clinical practice recommendations for the diagnosis and management of children with steroid-sensitive nephrotic syndrome. Pediatr Nephrol. 2023;38(3):877-919.

Urbanova M, Brabcova I, Girmanova E, Zelezny F, Viklicky O. Differential regulation of the number factor-κB pathway by rabbit antithymocyte globulins in kidney transplantation. Transplantation. 2012;93(6):589-96.

Vivarelli M, Colucci M, Bonanni A, Verzani M, Serafinelli J, Emma F, et al. Ofatumumab in Two Pediatric Nephrotic Syndrome Patients Allergic to Rituximab. Pediatr Nephrol. 2017;32(1):181-4.

Walsh RC, Everly JJ, Brailey P, Rike AH, Arend LJ, Mogilishetty G, et al. Proteasome inhibitor-based primary therapy for antibody-mediated renal allograft rejection. Transplantation. 2010;89(3):277-28.

Wan SS, Ying TD, Wyburn K, Roberts DM, Wyld M, Chadban SJ. The treatment of antibody-mediated rejection in kidney transplantation: an updated systematic review and meta-analysis. Transplantation. 2018;102(4):557-68.

Wang CS, Liverman RS, Garro R, George RP, Glumova A, Karp A, et al. Ofatumumab for the Treatment of Childhood Nephrotic Syndrome. Pediatr Nephrol. 2017;32(5):835-41.

Zand MS, Vo T, Huggins J, Felgar R, Liesveld J, Pellegrin T, et al. Polyclonal rabbit antithymocyte globulin triggers B-cell and plasma cell apoptosis by multiple pathways. Transplantation. 2005;79(11):1507-15.

Zarkhin V, Li L, Kambham N, Sigdel T, Salvatierra O, Sarwal MM. A randomized, prospective trial of rituximab for acute rejection in pediatric renal transplantation. Am J Transplant. 2008;8(12):2607-17.

10

Imunobiológicos usados em Oncologia pediátrica

Flavio Augusto Vercillo Luisi
Eliana Maria Monteiro Caran

DESTAQUES

- Rituximab e Brentuximab Vedotin são anticorpos seguros e eficazes e anticorpo-droga conjugado em crianças e adolescentes portadoras de linfoma não Hodgkin de células B maduras (CD20+) e linfoma de Hodgkin clássico(CD30+) associado a quimioterapia, respectivamente.
- Os antiGD2 devem ser administrados em ambiente hospitalar e sob supervisão de uma equipe de profissionais experientes.
- A terapia celular CAR T tem se mostrado útil para o controle de pacientes pediátricos com leucemia/linfoma de linhagem B, recidivados.

INTRODUÇÃO

Após anos de pesquisas, a imunoterapia está demonstrando atividade em alguns tipos de câncer da criança e do adolescente, revertendo, inclusive, situações nas quais as terapias convencionais com quimioterapia isolada falharam.

A imunoterapia direciona o sistema imunológico do hospedeiro contra o câncer, e, desse modo, podem ser utilizadas vacinas contra tumores, inibidores de *checkpoint* imunológico, terapias celulares adotivas e anticorpos monoclonais (mAbs) e seus derivados.

Uma das classificações das imunoterapias para o câncer infantil leva em consideração o mecanismo de ação: imunoterapia que amplifica a resposta imune natural antitumoral ou imunoterapia sintética, que promove resposta imune direcionada a alguns alvos expressos por tumores (Figura 1).

AMPLIFICADORES DA RESPOSTA IMUNE

Bloqueadores de *checkpoint*

O desenvolvimento clínico de inibidores de *checkpoint* imunológico representa um grande avanço no tratamento do câncer e foi reconhecido com o Prêmio Nobel em 2018. Essa classe de imunoterápicos foi desenvolvida com a premissa de que as células T imunes antitumorais estão presentes em alguns pacientes com câncer, mas podem ser inibidas pela "ativação do ponto de verificação" que normalmente previne respostas imunes hiperativas de autoimunidade. Os anticorpos que bloqueiam as interações de CTLA4 e PD-1, com seus ligantes, podem retardar o crescimento e diminuir as dimensões dos tumores sólidos. Os inibidores de *checkpoint* modificaram o cenário de tratamento para melanoma metastático e demonstraram atividade impressionante em linfoma de Hodgkin. Em alguns casos, os efeitos antitumorais são mantidos por meses a anos, levantando a perspectiva de que os inibidores de *checkpoint* serão a primeira classe de terapias capaz de curar o câncer metastático. O conceito de

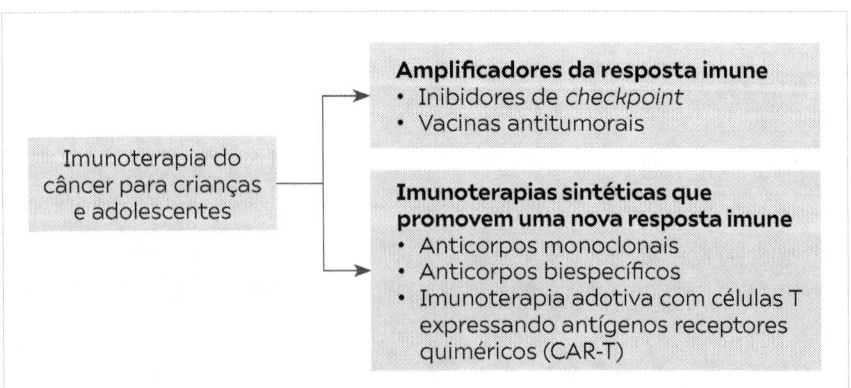

FIGURA 1 Imunoterapias utilizadas para tratamento do câncer infanto juvenil.
Fonte: adaptada de Majzner RG et al. Hamessing the immunotherapiy Revolution for the Treatment of Chidhood Cancers. Cancer Cell.2017;3194):476-485.

bloqueio de *checkpoint* (como o uso de estratégias anti-CTLA4 ou anti-PD-1/PD-L1) foi comparado a "tirar os freios" de um sistema imunológico que está tentando atacar o câncer, mas o câncer está aplicando "freios" ao tumor através da ativação de pontos de controle inibitórios imunes.

Pembrolizumabe

Na Pediatria, o inibidor de *checkpoint* tem sido utilizado no tratamento de pacientes com linfoma de Hodgkin recidivado ou refratário. A Figura 2 mostra a regressão completa do linfoma de Hodgkin clássico no fígado e no baço de um adolescente de 15 anos de idade. O paciente havia recebido tratamentos com poliquimioterapias e radioterapia. Após a terceira recidiva da doença, em fígado e baço, iniciamos imunoterapia e o tumor regrediu totalmente (Figura 2).

Mecanismo de ação

O pembrolizumabe é um agente antineoplásico, um mAbs cujo mecanismo de ação está relacionado ao PD-1, um *checkpoint* (receptor) imunológico que limita a atividade dos linfócitos T nos tecidos periféricos. A via PD-1 é um *checkpoint* de controle imunológico que pode ser acoplado pelas células tumo-

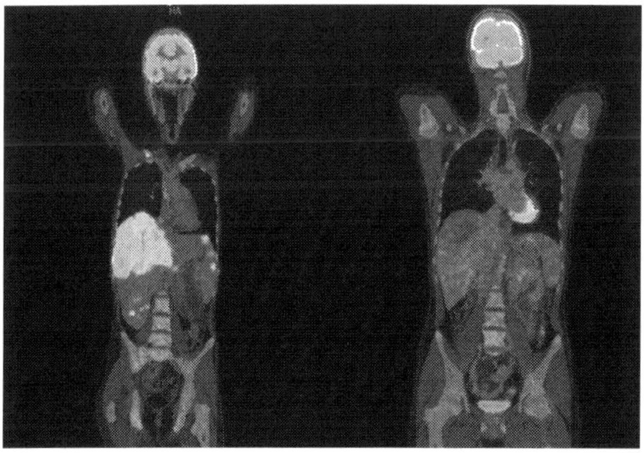

FIGURA 2 Regressão do linfoma de Hodgkin recidivado com imunoterapia: na primeira imagem (1ª aplicação de pembrolizumabe), linfoma de Hodgkin clássico com extensa recidiva em fígado e lesões no baço; na segunda imagem (5ª aplicação de pembrolizumabe), resposta completa em fígado e lesões e baço, 90 dias após o início do tratamento.

Fonte: imagem cedida pelo Prof. Dr. Henrique Manoel Lederman, com permissão.

rais para inibir a vigilância imunológica da célula T ativa. É um anticorpo de alta afinidade contra a PD-1, que exerce bloqueio ligante duplo da via PD-1, inclusive dos PD-L1 e PD-L2, no antígeno existente ou nas células tumorais. Ao bloquear a ligação entre PD-1 e seus ligantes, reativa os linfócitos T citotóxicos específicos do tumor no microambiente tumoral e a imunidade antitumoral.

Aprovação por agências

Foi aprovado em 2020 pela U.S. Food and Drug Administration (FDA) e em 2021 pela Agência Nacional de Vigilância Sanitária (Anvisa), para:

- Pacientes pediátricos com linfoma de Hodgkin clássico refratário ou que recidivou após ter sido tratado com duas ou mais linhas de terapia, bem como linfoma de grandes células B primário do mediastino refratário, ou que recidivou após duas ou mais linhas de terapia anteriores.
- Pacientes adolescentes com idade igual ou superior a 12 anos com melanoma avançado (irressecável ou metastático).

Efeitos adversos

Os efeitos adversos são associados à estimulação do sistema imunológico: pneumonite, colite, hepatite, nefrite, endocrinopatias etc.

Administração e dose

A administração é feita por via intravenosa, na dose de 2 mg/kg, a cada 3 semanas, como monoterapia.

VACINAS ANTITUMORAIS

A compreensão da interação tumor-hospedeiro foi aprimorada pela descoberta de antígenos tumorais que podem ser direcionados por células T ou por mAbs. Muitos estudos estão em andamento para amplificar a resposta imune contra antígenos específicos do tumor, pela vacinação. Ensaio randomizado usando uma vacina DC carregada com antígeno *versus* placebo, em homens com câncer de próstata avançado, demonstrou aumento moderado na sobrevida global, resultando na primeira vacina contra o câncer aprovada para uso geral pela FDA.

Muitos grupos administraram vacinas que buscam apresentar antígenos tumorais ao sistema imunológico no contexto de sinais ativadores ou coestimulatórios, que seriam reconhecidos como "perigo" pelo sistema de imunidade adaptativa. Apesar desses esforços, as vacinas contra o câncer ainda não mostraram efetividade na redução de tumores macroscópicos. Entretanto, resultados promissores foram observados em pacientes com tumores de células pequenas e azuis, tratados após intensiva quimioterapia com uma combinação de vacina contra tumor mais infusões autólogas de células T, levantando a perspectiva de que as vacinas contra o tumor administradas para controle da doença residual mínima podem melhorar os resultados, embora para conclusões definitivas sejam requeridos ensaios randomizados.

IMUNOTERAPIAS SINTÉTICAS

Blinatumomabe

O blinatumomabe é um estimulador biespecífico de células T (BiTE) com dois fragmentos diferentes de cadeia única ligando antígenos CD3 e CD19 de células T. Foi aprovado em 2017 pela FDA e pela European Medicines Agency (EMA) para o tratamento de adultos e crianças com leucemia linfoblástica aguda B derivadas e recidivadas. Em 2018, a FDA ampliou a aprovação para tratar doença residual mínima.

Mecanismo de ação

O blinatumomabe é uma molécula biespecífica das células T que se liga especificamente ao receptor CD19 expresso na superfície das células com origem na linhagem B e ao receptor CD3 expresso na superfície das células T. Ativa as células T endógenas ao ligar o CD3 do complexo de receptores das células T (RCT) com o CD19 nas células B benignas e malignas (Figura 3).

Aprovações pela Anvisa

Em 2022, a Comissão Nacional de Incorporação de Tecnologias no Sistema Único de Saúde (CONITEC) aprovou a recomendação para as seguintes indicações:

- Leucemia linfoblástica aguda B derivada, em primeira recidiva medular de alto risco, em estado leucêmico M1.
- Doença residual mínima após terapia de indução e dois blocos de terapia de consolidação.

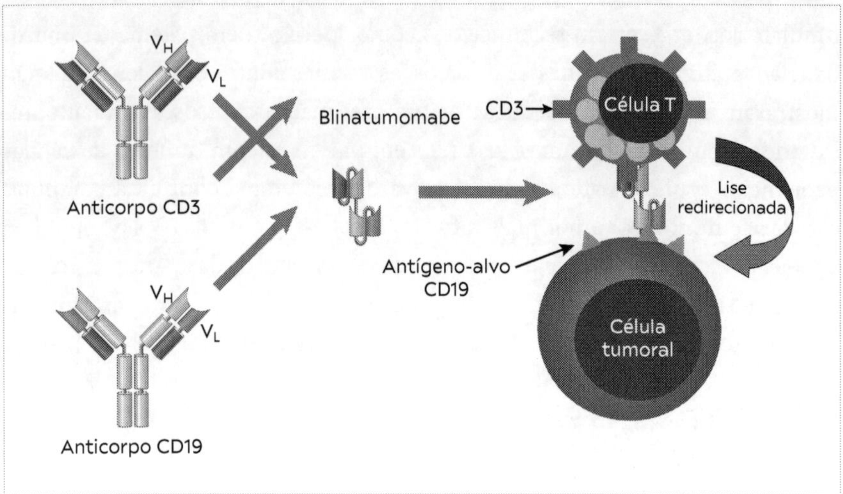

FIGURA 3 Esquema de ação do blinatumomabe.
Fonte: adaptada de Bargou R, et al. Tumor regression in cancer patients by very low doses of a T cell engaging antibody. Science. 2008;321(5891):974-977.

Administração e doses

O blinatumomabe deve ser administrado de forma contínua em infusão intravenosa por 4 semanas, com um intervalo de 2 semanas entre os ciclos a uma taxa de infusão recomendada de 5 µg/m²/dia nos primeiros 7 dias, seguida de 15 µg/m²/dia por 3 semanas, por bomba de infusão. O pré-tratamento com dexametasona é usado para prevenir a síndrome de liberação de citocinas.

Efeitos adversos

- Neurológicos: convulsão, tremor, neuropatia periférica, afasia e dismetria.
- Toxicidade hematológica: anemia, trombocitopenia e febre também são descritas.
- Síndrome de liberação de citocinas.

Brentuximabe vedotina

Mecanismo de ação

O CD30 é um membro da família de receptores do fator de necrose tumoral e é expresso na superfície de células do linfoma de Hodgkin clássico

(Reed-Sternberg). O brentuximabe vedotina é um anticorpo que combina o quimérico dirigido contra CD30 e o agente de ligação à tubulina monometil auristatina E (a pequena molécula, MMAE, é um agente desregulador de microtúbulos). A ligação de MMAE à tubulina interrompe a rede de microtúbulos dentro da célula, induzindo, subsequentemente, a parada do ciclo celular e a sua apoptose.

Indicações

No final de 2022, a FDA aprovou o brentuximabe vedotina em combinação com doxorrubicina, vincristina, etoposídeo, prednisona e ciclofosfamida para pacientes pediátricos com 2 anos de idade ou mais com linfoma de Hodgkin clássico (os quais são CD30+) de alto risco e não tratado anteriormente.

Efeitos adversos

São descritos os seguintes efeitos adversos: neuropatia periférica, fadiga náusea, diarreia, anemia, trombocitopenia, neutropenia febril, estomatite e infecção.

Administração e doses

A dose recomendada de brentuximabe vedotina para pacientes pediátricos com 2 anos ou mais de idade é 1,8 mg/kg, por via intravenosa, até o máximo de 180 mg, em combinação com cada ciclo de poliquimioterapia, a cada 3 semanas por um máximo de cinco doses.

Rituximabe

O rituximabe é um mAb anti-CD20 quimérico aprovado para linfoma não Hodgkin de células B e doença linfoproliferativa pós-transplante, bem como para vários distúrbios autoimunes, incluindo síndrome de mioclonia-ataxia-opsoclonia associada a neuroblastoma. O rituximabe diminui as células B normais e a produção de anticorpos.

Administração e doses

A dose é de 375 mg/m^2, em geral única por ciclo de tratamento. Essa dose também pode ser administrada com segurança em combinação com quimioterapia; pode ser administrada por via intratecal para doença meníngea.

Efeitos adversos

Reações leves a moderadas relacionadas à infusão, como febre, calafrios e sintomas gripais. Podem ocorrer broncoespasmo, hipotensão e angioedema. A linfopenia é o resultado da depleção de CD20 expresso nas células B, com recuperação em 9 a 12 meses após a interrupção do fármaco.

Indicações pela Anvisa

O rituximabe, em combinação com quimioterapia, é indicado para o tratamento de pacientes pediátricos (≥ 6 meses a < 18 anos) CD20 positivos com linfoma difuso de grandes células B (LDGCB), linfoma de Burkitt (BL)/ leucemia de Burkitt (leucemia aguda de células B maduras) (B-AL) ou linfoma semelhante ao Burkitt (BLL) em estágio avançado e não tratados anteriormente.

Anticorpos anti-GD2

São exemplos desse grupo o dinutuximabe beta e o naxitamabe. Os mAbs anti-GD2 ligam-se ao disialogangliosídeo GD2, que é um antígeno presente na membrana de alguns tipos de células malignas e raramente em tecidos normais. Essa ligação dos anticorpos com GD2 desencadeia a reação imune contra as células malignas, dependente de complemento, anticorpos e principalmente celular. O neuroblastoma, tumor sólido extracraniano mais comum da infância, apresenta em sua superfície grande quantidade do disialogangliosídeo GD2, e os anticorpos anti-GD2 isoladamente ou em associação a quimioterapia são efetivos no tratamento do neuroblastoma de alto risco, sendo essa a principal indicação dos anti-GD2 na Oncologia pediátrica.

Os anticorpos anti-GD2 mais utilizados são o dinutuximabe (anticorpo quimérico), o dinutuximabe beta (anticorpo quimérico produzido em células de ovário de hamster chinês) e o humanizado (naxitamabe). O dinutuximabe foi a primeira imunoterapia a ser aprovada pela FDA e pela EMA para crianças com qualquer tipo de câncer com presença de GD2 (Figura 4).

Indicações pela Anvisa

O naxitamabe foi aprovado pela Anvisa com indicação para pacientes pediátricos a partir de 1 ano e adultos, com neuroblastoma de alto risco, recidi-

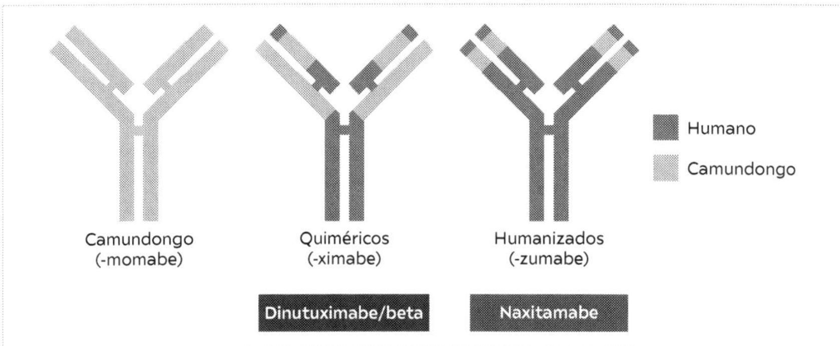

FIGURA 4 Anticorpos anti-GD2 quiméricos e humanizados.
Os anti-GD2 devem ser administrados em ambiente hospitalar e sob supervisão de uma equipe de profissionais experientes.
Fonte: adaptada de Tan HT, Sugita K, Akdis CA. Novel Biologicals for the Treatment of Allergic Diseases and Asthma. Curr Allergy Asthma Rep.2016 Oct;16(10):70.

vados ou refratários, com doença em osso e/ou medula óssea com resposta parcial, mínima ou doença estável ao tratamento anterior.

O dinutuximabe beta é indicado para pacientes pediátricos a partir de 1 ano de idade com neuroblastoma de alto risco previamente tratados com quimioterapia de indução e que tenham alcançado pelo menos uma resposta parcial, seguida de terapêutica mieloablativa e transplante de células-tronco, bem como em pacientes com neuroblastoma refratário ou recidivado, com ou sem doença residual. Antes do tratamento de neuroblastoma recidivante, qualquer doença em progressão ativa deve ser estabilizada por outras medidas adequadas. Em pacientes com história de recidiva ou doença refratária e em pacientes que não alcançaram uma resposta completa após terapêutica de primeira linha, dinutuximabe beta deve ser associado à interleucina IL-2.

Administração e doses

Os anticorpos anti-GD2 devem ser administrados em ambiente hospitalar, com monitorização dos sinais vitais do paciente durante a aplicação e por pelo menos até 5 horas após o término. Os pacientes devem receber medicações prévias com analgésicos, anti-histamínicos e antieméticos.

O naxitamabe deve ser administrado em associação a fator de estimulação de colônias de granulócitos-macrófagos (GM-CSF) para amplificar a resposta imune celular. Estão disponíveis dois esquemas de tratamento: (naxitamabe e GM-CSF) ou (quimioterapia, naxitamabe e GM-CSF) de acordo com a gravidade da doença. A dose recomendada de naxitamabe varia de 2,25 a 3 mg/kg/dia (até 150 mg/dia) dependendo do esquema terapêutico utilizado.

O dinutuximabe beta é administrado em cinco ciclos consecutivos com intervalo de 35 dias. A dose total do medicamento por ciclo é de 100 mg/m^2, que pode ser administrada em infusão contínua ou de 8 horas.

Efeitos adversos

Os efeitos adversos ocorrem principalmente durante a administração do medicamento: hipotensão, hipertensão, broncoespasmo, reação anafilática, neurotoxicidade e principalmente dor de alta intensidade e de difícil controle.

Inibidores do TRK

Os genes *NTRK* (receptor tirosinoquinase neurotrófico) codificam a família de receptores de tropomiosina quinases TRKA, TRKB e TRKC. Ocasionalmente, um dos genes da família *NTRK* pode apresentar fusão com outro gene não relacionado, levando a transcrições de proteínas quiméricas com potencial oncogênico. A fusão de *NTRK* é uma alteração pouco encontrada, ocorrendo em neoplasias raras (Figura 5), mas pouco frequente em tumores mais comuns.

Um exemplo típico da fusão *NTRK* na infância é o fibrossarcoma congênito, que apresenta a translocação recorrente t (12; 15) (p13; q25), com a fusão dos genes *ETV6-NTRK3* em 80-90% dos casos. Essa fusão do *NTRK* com *ETV6* ou com outros parceiros *LMNA*, *SQSTM*, *TPM3* é alvo para os inibidores de *NTRK*: larotrectinibe, entrectinbe, selitrectinibe e repotrectinibe. A indicação dos inibidores de *NTRK* é agnóstica, pois são efetivos em qualquer tumor com a alteração do gene da família *NTRK*, independentemente da idade do paciente, do sítio primário ou do tipo histológico.

Indicação pela Anvisa

O larotrectinibe foi aprovado pela Anvisa em 2019, para o tratamento de pacientes adultos e pediátricos com tumores sólidos localmente avançados ou metastáticos que apresentam fusão do gene *NTRK*.

Administração e dose

O larotrectinibe está disponível em solução oral, e a dose é de 100 mg/m^2, a cada 12 horas.

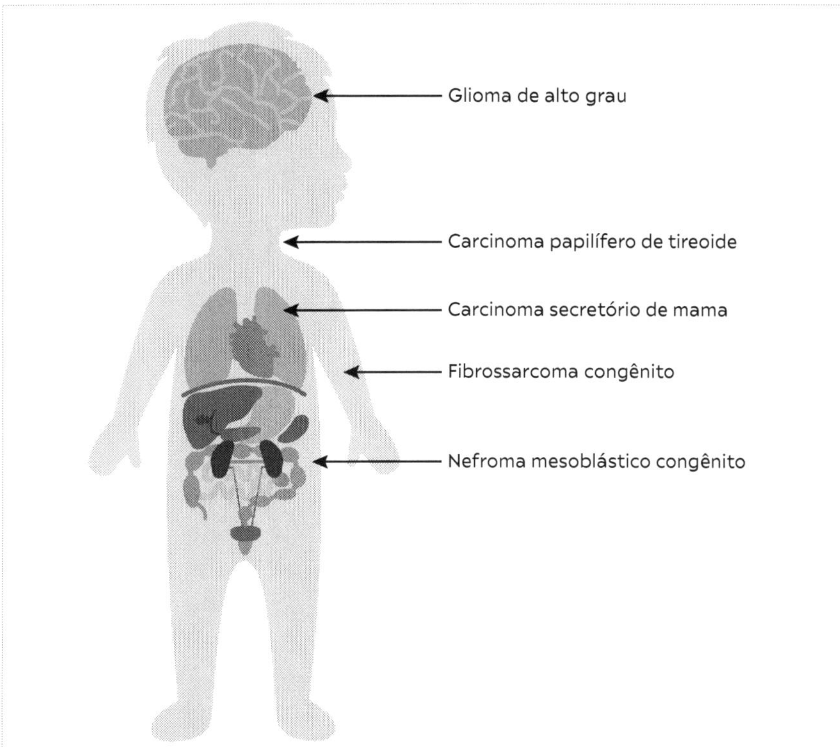

FIGURA 5 Tumores na Pediatria com fusão em genes da família *NTRK*.
Fonte: adaptada de Cocco E, Scaltriti M, Drilon A. NTRK fusion-positive cancers and TRK inhibitor therapy. Nat Rev Clin Oncol. 2018 Dec;15(12):731-747. doi: 10.1038/s41571-018-0113-0. PMID: 30333516; PMCID: PMC6419506.

Efeitos adversos

A maioria dos efeitos colaterais é de baixo grau: vômito, náusea, dor abdominal, cansaço, diarreia, pele seca e ganho de peso.

Imatinibe

O imatinibe é um inibidor da proteína tirosinoquinase. O composto inibe a proliferação e induz a apoptose nas linhagens celulares bcr-abl positivas, bem como em células leucêmicas de pacientes com leucemia mieloide crônica positiva para o cromossoma Filadélfia (Ph+) e leucemia linfoblástica aguda (LLA). É preconizado no tratamento da leucemia linfoide Ph+ de crianças e adolescentes já a partir da fase de indução.

Administração e doses

A dose de imatinibe é de 260 a 340 mg/m^2/dia (dose máxima de 600 mg/dia), por via oral.

Indicações pela Anvisa

- Pacientes pediátricos (maiores de 2 anos) com leucemia mieloide crônica (LMC) cromossomo Philadelphia positivo (Ph+) recém-diagnosticada e sem tratamento anterior.
- Pacientes pediátricos (maiores de 1 ano) com LLA Ph+, recentemente diagnosticada, integrados à quimioterapia.

Efeitos adversos

São descritos neutropenia, trombocitopenia, anemia, cefaleia, dispepsia, edema, aumento de peso, náusea, vômito, câimbras musculares, dor musculoesquelética, diarreia, erupção cutânea, fadiga e dor abdominal.

Inibidores do mTOR

O mTOR (*mammalian target of rapamycin*) é a principal serina-treonina quinase na cascata de sinalização PI3K/AKT, uma via de sinalização que controla a proliferação, migração e diferenciação celular (Figura 6). O mTOR desempenha um papel importante na fisiologia humana normal, e a desregulação de sua função está implicada na patogênese de várias doenças humanas, incluindo linfangioleiomiomatose pulmonar, complexo da esclerose tuberosa, câncer e outras doenças inflamatórias.

Os inibidores do mTOR diminuem a capacidade de sinalização e modulam a resposta do mTOR aos estímulos intra e extracelulares. Alguns dos inibidores já são utilizados na prática médica, principalmente em adultos: sirolimo, everolimo, tensirolimo e ridaforolimo.

Indicações pela Anvisa

Na Pediatria, o everolimo foi liberado pela Anvisa para o tratamento de pacientes com astrocitoma subependimário de células gigantes (SEGA), associado a complexo de esclerose tuberosa, doença autossômica dominante, que pode evoluir com neoplasias benignas no cérebro, coração, rins e pulmões.

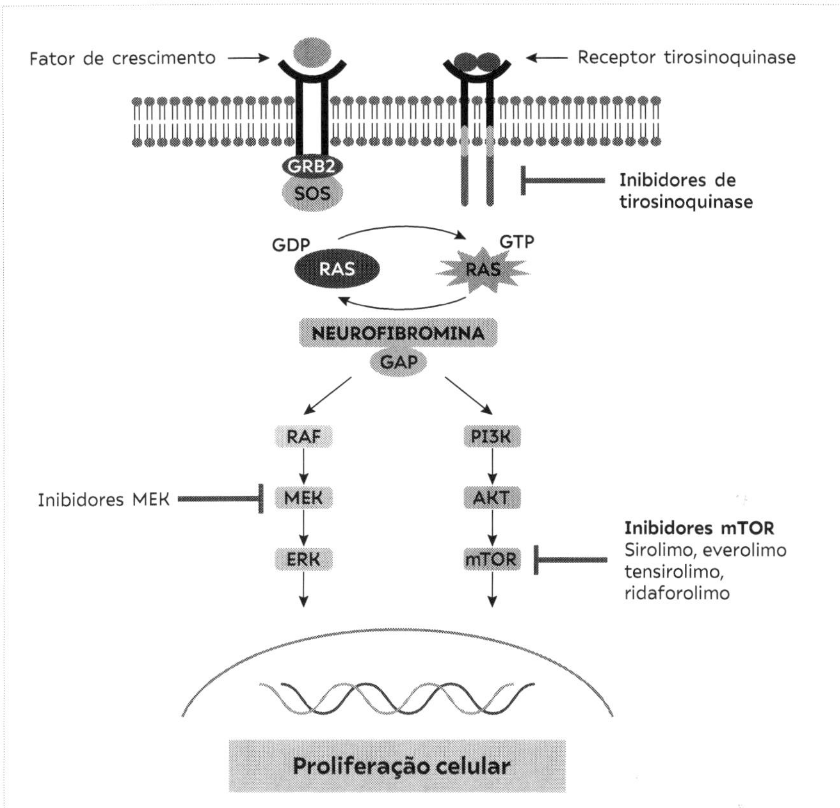

FIGURA 6 Inibidores do mTOR na via de sinalização PI3K/AKT.
Fonte: adaptada de Yap YS, McPherson JR, Ong CK, Rozen SG, Teh BT, Lee AS, Callen DF. The NF1 gene revisited - from bench to bedside. Oncotarget. 2014 Aug 15;5(15):5873-92.

Administração e doses

A medicação é administrada por via oral 1 vez ao dia. A dose inicial é determinada pela área de superfície corporal: 3 mg/m². As doses devem ser tituladas para obter concentrações sanguíneas de 5 a 15 ng/mL. Se as concentrações estiverem abaixo de 5 ng/mL, a dose diária pode ser aumentada em 2,5 mg a cada 2 semanas. O uso de vacinas atenuadas e o contato próximo com aqueles que receberam vacinas atenuadas devem ser evitados durante o tratamento com inibidores do mTOR.

Efeitos adversos

A maioria dos efeitos adversos é de baixa intensidade: estomatite, erupção cutânea, diarreia, fadiga, infecções, astenia, náusea, epilepsia, perda de apetite, cefaleia, pneumonite, epistaxe, inflamação da mucosa, perda de peso, vômito, prurido, tosse, dispneia e pele seca.

Inibidores do MEK

A via MAPK (*mitogen-activated protein quinase*), também conhecida como RAS-RAF-MEK-ERK (Figura 7), é efetora importante de diversos processos fisiológicos, como proliferação, diferenciação, sobrevida e morte celular. A alteração dessa via de sinalização causa divisão celular incontrolada e desencadeia a formação de diversos tumores malignos e benignos. Os inibidores do MEK têm sido utilizados com sucesso no tratamento do neurofibroma plexiforme, melanomas, carcinomas de tireoide e outros tumores com alterações da via MAPK.

Os principais inibidores do MEK utilizados no tratamento de neoplasias malignas e benignas são o selumetinibe, trametinibe, binimetinibe e mirda-

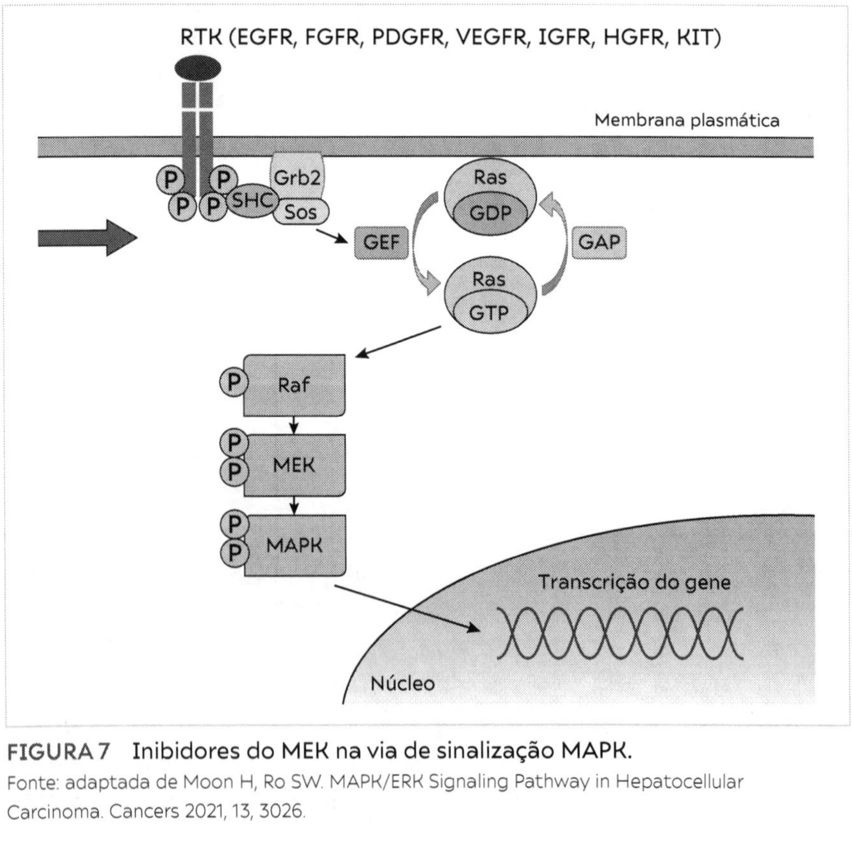

FIGURA 7 Inibidores do MEK na via de sinalização MAPK.
Fonte: adaptada de Moon H, Ro SW. MAPK/ERK Signaling Pathway in Hepatocellular Carcinoma. Cancers 2021, 13, 3026.

metinibe. O selumetinibe foi aprovado pela FDA, EMA e Anvisa para uso em crianças e adolescentes com neurofibroma plexiforme.

Indicação pela Anvisa

O selumetinibe foi aprovado pela Anvisa para o tratamento de pacientes de 2 a 18 anos de idade com neurofibromatose tipo 1 e neurofibroma plexiforme irressecável e que causam morbidades.

Administração e dose

O selumetinibe deve ser administrado na dose de 25 mg/m^2 duas vezes ao dia por via oral. Os alimentos alteram a biodisponibilidade da droga, que deve ser ingerida em jejum. A suspensão abrupta da medicação pode causar o crescimento do neurofibroma.

Efeitos adversos

A maioria dos efeitos adversos é de baixa intensidade e compromete principalmente a pele e o trato gastrintestinal, conforme destacado no Quadro 1. Entre as alterações laboratoriais, a elevação assintomática da CPK é a mais frequente (76%).

QUADRO 1 Efeitos adversos clínicos mais frequentes dos inibidores do MEK

Gastrintestinal	Vômito
	Diarreia
	Náusea
	Estomatite
Pele e subcutâneo	Rash
	Pele seca
	Lesão acneiforme
	Paroníquia
	Alteração de cabelo
Sistêmicos	Astenia
	Pirexia
	Edema periférico

Fonte: adaptado de Klesse LJ, Jordan JT, Radtke HB, Rosser T, Schorry E, Ullrich N, Viskochil D, Knight P, Plotkin SR, Yohay K. The Use of MEK Inhibitors in Neurofibromatosis Type 1-Associated Tumors and Management of Toxicities. Oncologist. 2020 Jul;25(7):e1109-e1116.

CÉLULAS T GENETICAMENTE MODIFICADAS PARA TERAPIA DIRECIONADA

A tecnologia de transferência de genes permitiu a modificação de células T periféricas para expressar receptores de célula T (TCR) transgênicos, CAR T (*chimeric antigen receptor T cells*) ou acopladores de células T biespecíficos secretáveis (BiTE) que podem redirecionar qualquer célula T para um tumor, independentemente de sua especificidade nativa de TCR.

Células CAR T direcionadas a malignidades de células B têm sido os métodos clínicos mais bem-sucedidos de aplicações de células CAR T até o momento, sendo o CD19 o alvo dessas células mais amplamente testado em ensaios clínicos. CD19 é uma glicoproteína transmembrana que serve como o componente de sinalização do complexo correceptor de células B e é ubiquamente expresso em células da linhagem B.

Esse sucesso no tratamento de malignidades avançadas de células B usando células CAR T tem sido uma mudança de paradigma, levando à sua recente aprovação pela FDA.

A terapia celular adotiva usando células T modificadas por genes está emergindo agora como uma nova classe de terapia personalizada do câncer. Ao contrário de outros agentes terapêuticos, que têm meia-vida limitada, essas células T modificadas por genes têm o potencial de se expandir exponencialmente, enquanto retêm sua especificidade tumoral e persistem por toda a vida do indivíduo. TCR e CAR foram desenvolvidos contra vários antígenos tumorais (TAA) expressos em cânceres pediátricos/adultos e estão em vários estágios de testes clínicos.

PONTOS PRÁTICOS

Rituximabe e brentuximabe vedotina são anticorpos seguros e eficazes e anticorpo-droga conjugado em crianças e adolescentes com linfoma não Hodgkin de células B maduras (CD20+) e linfoma de Hodgkin clássico (CD30+) associado a quimioterapia, respectivamente.

A terapia celular CAR T tem se mostrado útil para o controle de pacientes pediátricos com leucemia/linfoma de linhagem B recidivados.

CONCLUSÕES

O conhecimento sobre a importância da interação entre o sistema imunológico e as células neoplásicas avançou nos últimos 30 anos. Algumas das possíveis "estratégias" utilizadas pelas células malignas para inibir ou se evadir do sistema imune foram elucidadas, como a inibição da sinalização da resposta imune através de ligantes (PD-PDL1/PDL2). Atualmente, muitos estudos sobre imunoterapia e câncer concentram-se principalmente no desenvolvimento de anticorpos monoclonais, capazes de reconhecer, sinalizar a presença de antígenos tumorais e ampliar a resposta imune do hospedeiro contra o câncer.

Várias imunoterapias, incluindo mAbs anti-GD2, mAbs anti-CD20, blinatumomabe e células CAR T anti-CD19 podem agora ser aplicados na prática para o tratamento de doenças malignas que ocorrem na infância. Os inibidores de *checkpoint* apresentam efetividade significativa em crianças e adolescentes com linfoma de Hodgkin refratários ou recidivados. Nos Estados Unidos e na Europa, os anticorpos anti-GD2 foram incorporados ao tratamento de primeira linha de crianças com neuroblastoma de alto risco. Da mesma forma, inibidores do MEK aumentam a qualidade de vida de pacientes com neurofibroma plexiforme.

Em todas essas abordagens de imunoterapia, análises cuidadosas têm demonstrado a capacidade de algumas células tumorais de modificar seu genótipo ou fenótipo, permitindo-lhes escapar dos efeitos antitumorais dos imunoterápicos. Assim como foi a combinação de distintas quimioterapias que permitiram o desenvolvimento de regimes poliquimioterápicos eficazes décadas atrás, é possível que, no futuro, imunoterapias combinadas possam vir a ser mais eficazes.

Em se tratando de novas terapias, é importante que os profissionais da saúde fiquem atentos aos efeitos adversos potenciais de curto, médio e longo prazos da imunoterapia em crianças. De toda forma, a imunoterapia abre novas perspectivas e esperanças para o tratamento de crianças e adolescentes com câncer, principalmente para casos refratários ao tratamento convencional.

BIBLIOGRAFIA

Beneduce G, De Matteo A, Stellato P, Testi AM, Bertorello N, Colombini A, et al. Blinatumomab in Children and Adolescents with Relapsed/Refractory B Cell Precursor Acute Lymphoblastic Leukemia: A Real-Life Multicenter Retrospective Study in Seven AIEOP Centers. Cancers (Basel). 2022;14(2):426.

Blaney SM, Adamson PC, Helman L. Pizzo and Poplack's pediatric oncology. 8. ed. Philadelphia: Wolters Kluwer Health; 2021.

Brasil. Ministério da Saúde. Conitec. Relatório de recomendação: Blinatumomabe para leucemia linfoblástica aguda (LLA) B derivada pediátrica em primeira recidiva medular de alto risco. Março/2022. Brasília, DF: Ministério da Saúde; 2022.

Caran EM, Romagnol FT, Cavalheiro S, Petrilli MT, l Lederman HM, Lima FT, et al. Targeted Therapy Using the Selective Tropomyosin Kinase Receptor Inhibitor Larotrectinib in an Infant with Infantile Fibrosarcoma with a TPM3–NTRK1 Gene Fusion with Lung and Central Nervous System Metastases: Case Report. Clin Oncol Res. 2021;4(3):2-6.

Cocco E, Scaltriti M, Drilon A. NTRK fusion-positive cancers and TRK inhibitor therapy. Nat Rev Clin Oncol. 2018;15(12):731-47.

Drilon A. TRK inhibitors in TRK fusion-positive cancers. Ann Oncol. 2019;30(Suppl_8):viii23-viii30.

Goldman S, Smith L, Anderson JR, Perkins S, Harrison L, Geyer MB, et al. Rituximab and FAB/LMB 96 chemotherapy in children with Stage III/IV B-cell non-Hodgkin lymphoma: a Children's Oncology Group report. Leukemia. 2013;27(5):1174-7.

Klesse LJ, Jordan JT, Radtke HB, Rosser T, Schorry E, Ullrich N, et al. The Use of MEK Inhibitors in Neurofibromatosis Type 1-Associated Tumors and Management of Toxicities. Oncologist. 2020;25(7):e1109-e1116.

Krueger DA, Care MM, Holland K, Agricola K, Tudor C, Mangeshkar P, et al. Everolimus for subependymal giant-cell astrocytomas in tuberous sclerosis. N Engl J Med. 2010;363(19):1801-11.

Majzner RG, Theruvath JL, Nellan A, Heitzeneder S, Cui Y, Mount CW, et al. CAR T cells targeting B7-H3, a Pan-cancer antigen, demonstrate potent preclinical activity against pediatric solid tumors and brain tumors. Clin Cancer Res. 2019;25(8):2560-74.

Merchant MS, Bernstein D, Amoako M, Baird K, Fleisher TA, Morre M, et al. Adjuvant immunotherapy to improve outcome in high-risk pediatric sarcomas. Clin Cancer Res. 2016;22(13):3182-91.

Moon H, Ro SW. MAPK/ERK Signaling Pathway in Hepatocellular Carcinoma. Cancer. 2021;13(12):3026.

Morris ZS, Guy EI, Francis DM, Gressett MM, Werner LR, Carmichael LL, et al. In situ tumor vaccination by combining local radiation and tumor-specific antibody or immunocytokine treatments. Cancer Res. 2016;76(13):3929-41.

Morris ZS, Guy EI, Werner LR, Carlson PM, Heinze CM, Kler JS, et al. Tumor-specific inhibition of in situ vaccination by distant untreated tumor sites. Cancer Immunol Res. 2018;6(7):825-34.

Palavra F, Robalo C, Reis F. Recent Advances and Challenges of mTOR Inhibitors Use in the Treatment of Patients with Tuberous Sclerosis Complex. Oxid Med Cell Longev. 2017;2017:9820181.

Sait S, Modak S. Anti-GD2 immunotherapy for neuroblastoma. Expert Rev Anticancer Ther. 2017;17(10):889-904.

Tan HT, Sugita K, Akdis CA. Novel Biologicals for the Treatment of Allergic Diseases and Asthma. Curr Allergy Asthma Rep. 2016;16(10):70.

Wienke J, Dierselhuis MP, Tytgat GAM, Künkele A, Nierkens S, Molenaar JJ. The immune landscape of neuroblastoma: Challenges and opportunities for novel therapeutic strategies in pediatric oncology. Eur J Cancer. 2021;144:123-50.

Yap YS, McPherson JR, Ong CK, Rozen SG, Teh BT, Lee AS, et al. The NF1 gene revisited - from bench to bedside. Oncotarget. 2014;5(15):5873-92.

Yu JJ, Goncharova EA. mTOR Signaling Network in Cell Biology and Human Disease. Int J Mol Sci. 2022;23(24):16142.

11

Imunobiológicos usados em Pneumologia

Luiz Vicente Ribeiro Ferreira da Silva Filho
Silvia Onoda Tomikawa Tanaka

DESTAQUES

- A aspergilose broncopulmonar alérgica (ABPA) é uma doença pulmonar de hipersensibilidade ao *Aspergillus fumigatus*, nos pacientes com asma ou fibrose cística.
- O diagnóstico e o tratamento precoce são cruciais para a prevenção de sequelas graves.
- Novas terapias com os imunobiológicos surgiram como opções eficazes e alternativas ao uso de corticosteroides.
- A fibrose cística (FC) é uma doença genética causada por alterações no gene *CFTR*, que impacta na expressão e função da proteína CFTR, um canal de cloreto e bicarbonato presente em diversos órgãos.
- Pequenas moléculas, denominadas moduladores da CFTR, atuam como corretores de síntese ou potencializadores da atividade dessa proteína.
- A escolha das moléculas ou combinações é baseada na genética do indivíduo, e os resultados clínicos até o momento são disruptivos para pessoas com FC.

PARTE 1 – TRATAMENTO DA ASPERGILOSE BRONCOPULMONAR ALÉRGICA

INTRODUÇÃO

Descrita pela primeira vez no Reino Unido em 1952, a aspergilose broncopulmonar alérgica (ABPA) é uma doença pulmonar de hipersensibilidade ao *Aspergillus fumigatus* que ocorre principalmente em pacientes com asma (1% a 2%) ou com fibrose cística (1% a 15%).

Embora a fisiopatologia da ABPA seja complexa e ainda não totalmente compreendida, acredita-se que o *Aspergillus fumigatus* ocasione uma resposta Th-2 com aumento de IgE, citocinas como interleucina IL-4 e IL-5 e eosinófilos. Os critérios diagnósticos são apresentados no Quadro 1.

QUADRO 1 Critérios diagnósticos da aspergilose broncopulmonar alérgica segundo o Consenso da Cystic Fibrosis Foundation

1. Deterioração clínica aguda ou subaguda (tosse, chiado no peito, intolerância ao exercício, declínio da função pulmonar, aumento do escarro) não atribuível a outra etiologia.
2. Concentração de IgE sérica total > 1.000 UI/mL.
3. Reatividade cutânea imediata (teste cutâneo de leitura imediata) positiva ao *A. fumigatus* ou presença de IgE sérica específica a *A. fumigatus*.
4. Presença de precipitinas contra *A. fumigatus* ou IgG sérica para *A. fumigatus*.
5. Anormalidades novas ou recentes na radiografia de tórax (infiltrados ou obstrução de muco) ou tomografia computadorizada de tórax (bronquiectasia) que não foram eliminadas com antibióticos e fisioterapia.

Fonte: Stevens DA , Moss RB, Kurup VP, Knutsen AP, Greenberger P, Judson MA, et al., 2003

TRATAMENTO

Os objetivos do tratamento da ABPA são erradicar a colonização e/ou proliferação de *Aspergillus fumigatus*, suprimir a resposta inflamatória, reduzir a exacerbação pulmonar e prevenir o estágio final fibrótico da doença. Os corticosteroides sistêmicos continuam sendo a base do tratamento da ABPA, e agentes antifúngicos são adicionados para reduzir a carga de antígeno do *Aspergillus*. Entretanto, os corticosteroides podem causar efeitos colaterais graves quando usados por períodos prolongados ou repetidamente para exacerbações de ABPA.

OMALIZUMABE

O omalizumabe é um anticorpo monoclonal anti-IgE com eficácia estabelecida na asma alérgica grave. Como a IgE total elevada é uma anormalidade fundamental da ABPA, o omalizumabe tem sido usado na tentativa de diminuir a dose de corticosteroide ou até substituir totalmente os corticosteroides.

Estudos observacionais descreveram o efeito do omalizumabe em pacientes com fibrose cística e ABPA, inclusive em pacientes pediátricos, com diminuição da agudizações e em uso de corticosteroides, sem efeitos adversos significativos. Houve estabilidade da função pulmonar, embora sem melhora significativa.

Recentes revisões sistemáticas também demostram que o omalizumabe tem um perfil de segurança aceitável e que foi bem tolerado pelos pacientes com asma ou fibrose cística e ABPA. Com o tratamento, houve redução dos sintomas e das exacerbações, do uso de corticosteroides e da IgE sérica total. A função pulmonar não melhorou significativamente após tratamento.

Prescrição

Não está estabelecida a dose de omalizumabe para o tratamento da ABPA. Na maioria dos estudos, a dose foi ajustada para peso corporal e níveis de IgE total de acordo com as recomendações para asma alérgica, com dose máxima de 600 mg a cada 2 semanas. O tempo de tratamento também foi variável, e, de acordo com a melhora clínica, alguns pacientes receberam omalizumabe por até 32 meses ou mesmo 50 meses.

Efeitos adversos

Estudo da Cochrane sobre o uso de omalizumabe em pacientes com fibrose cística e ABPA incluiu apenas um estudo duplo-cego randomizado e controlado por placebo, que não foi publicado (disponível apenas em www.clinicaltrials.gov - NCT00787917). Houve um alto risco de viés para dados de resultados incompletos porque uma grande proporção de participantes inscritos desistiu. Foram relatados efeitos colaterais graves no grupo do omalizumabe, seis em cada nove pacientes (66,67%) contra um em cada cinco (20%) participantes no grupo placebo. Porém, isso pode estar relacionado à dose utilizada, pois os pacientes do grupo omalizumabe receberam 600 mg/dia durante 6 meses. Os efeitos descritos foram: exacerbação pulmonar infecciosa da FC, tosse, cefaleia, pirexia, hemoptise, nasofaringite, aumento da expectoração, sinais flogísticos no local da injeção, hipocalemia, vômitos, dor torácica e síndrome de obstrução intestinal distal.

OUTROS IMUNOBIOLÓGICOS

Como a ABPA é caracterizada por uma resposta Th-2 exagerada ao *Aspergillus fumigatus*, resultando em aumento da produção de IL-4, IL-5, IL-10 e

IL-13, outros imunobiológicos também têm sido estudados para o tratamento da ABPA. Há relatos de casos bem-sucedidos de tratamento com mepolizumabe (anticorpo monoclonal anti-IL-5), com benralizumabe (anticorpo monoclonal anti-IL-5Ra) e com dupilumabe (anticorpo monoclonal anti-IL-4Rα). Ainda são necessários estudos com maior número de pacientes e grupo-controle para confirmar esses achados.

PARTE 2 – PEQUENAS MOLÉCULAS NO TRATAMENTO DA FIBROSE CÍSTICA

INTRODUÇÃO

A FC é uma doença genética de herança autossômica recessiva, caracterizada por alteração na expressão ou funcionamento da proteína CFTR, um canal de cloreto e bicarbonato expresso em diversos tecidos do organismo. O gene *CFTR*, que codifica essa proteína, localiza-se no braço longo do cromossomo 7 e contém 27 éxons, com uma extensão de cerca de 190 mil pares de bases. Existem mais de 2.000 variantes associadas a disfunções na expressão e/ou função dessa proteína, sendo a variante mais frequente a F508del, que afeta fundamentalmente a maturação e o tráfego da proteína, comprometendo sua expressão na superfície celular. Outras variantes estão associadas a defeitos de funcionamento da proteína, como as variantes de regulação (*gating*), conhecidas como de classe III. Nesse tipo de defeito, a proteína é expressa, mas não promove adequadamente a condução dos íons cloreto e bicarbonato. A mais frequente variante desse tipo no mundo é a G551D, em populações de origem celta, predominantemente encontradas na Irlanda, Reino Unido, França e costa leste dos Estados Unidos. No Brasil, a variante desse tipo mais frequente entre os indivíduos com FC é a S549R, provavelmente originária em povos do Oriente Médio.

TRATAMENTO COM PEQUENAS MOLÉCULAS MODULADORES DA PROTEÍNA CFTR

Há cerca de uma década, um novo medicamento capaz de "ativar" o funcionamento da proteína CFTR com defeito de *gating* foi descrito, denominado "potencializador" da função da CFTR, recebendo o nome de ivacaftor

(Kalydeco®). Esse medicamento, ministrado por via oral, demonstrou efeitos bastante impactantes na função pulmonar, redução de exacerbações e melhora da qualidade de vida em indivíduos com FC portadores de variantes de *gating*. Apesar de existirem dados de eficácia e segurança do uso de ivacaftor em indivíduos com FC portadores de diversos tipos de variantes de *gating*, a maior proporção de indivíduos estudados é de portadores da variante G551D, por sua frequência elevada nos países que tiveram acesso ao medicamento nos estudos iniciais. O medicamento foi incluído no rol do Sistema Único de Saúde (SUS) brasileiro, para tratamento de indivíduos com FC maiores de 6 anos e portadores de pelo menos uma cópia de uma variante *gating* no gene *CFTR*. No entanto, estima-se que apenas 60 a 70 indivíduos brasileiros sejam elegíveis para essa terapia, com base na frequência das variantes genéticas elegíveis na população de pessoas brasileiras com FC. Em diversos países, esse medicamento é recomendado a partir dos 4 a 6 meses de vida.

Como citado anteriormente, a maior parte das pessoas com FC tem a variante genética F508del, presente em cerca de 65% dos indivíduos brasileiros com FC. Nesses casos, a síntese da proteína mutante F508del é comprometida, sendo o retículo endoplasmático o sítio onde o processamento e o tráfego se encontram defeituosos. Nesse sentido, não há expressão da proteína CFTR nas células, e o resgate da função da proteína depende de estratégias para aumentar a expressão proteica. Moléculas capazes de resgatar a expressão de proteínas mutantes receberam a denominação de "corretores" e receberam os nomes de lumacaftor, tezacaftor e elexacaftor. No entanto, as proteínas mutantes F508del resgatadas por esses corretores não exibem atividade de canal suficiente quando expressas na superfície celular, portanto há a necessidade de combinar pelo menos um corretor com um potencializador para promover um resgate de função significativo da CFTR para indivíduos portadores dessa variante genética.

Três combinações de medicamentos possuem registro na Agência Nacional de Vigilância Sanitária (Anvisa) atualmente para tratamento de pessoas com a variante F508del. A combinação lumacaftor/ivacaftor (Orkambi®), indicada exclusivamente para indivíduos homozigotos para a variante F508del, demonstrou efeitos mais discretos na função pulmonar do que os observados com ivacaftor para pessoas com variantes de *gating*, enquanto o uso de lumacaftor como corretor resultou em preocupações de segurança. O medicamento foi avaliado pela Comissão Nacional de Incorporação de Tecnologias no Sistema Único de Saúde (CONITEC), e a decisão foi de não incorporação ao SUS.

A combinação que empregou outro corretor, tezacaftor/ivacaftor (Symdeko®), que demonstrava efeitos similares na função pulmonar, também recebeu a negativa de incorporação ao SUS, mas demonstrava um perfil de segurança superior e ainda incluía como elegíveis indivíduos portadores da variante F508del em combinação a variantes genéticas de função residual.

A grande descoberta para tratamento dos portadores da variante F508del, no entanto, veio com a combinação de dois corretores e um potencializador da proteína CFTR, elexacaftor/tezacaftor/ivacaftor (ETI, nome comercial Trikafta®). Seus efeitos foram tão expressivos que puderam ser evidenciados mesmo em pessoas com apenas uma cópia dessa variante, em associação a outras variantes de consequência grave e não passível de resgate ou correção. Isso significa que o medicamento ETI tem eficácia em pacientes com fibrose cística e portadores de uma ou duas cópias da variante F508del.

Estudos randomizados, controlados e duplo-cegos comprovaram que pacientes que fizeram uso de ETI obtiveram aumento dos parâmetros da prova de função pulmonar, aumento de índice de massa corporal, redução no número de exacerbações e hospitalizações, o que indica que o uso contínuo desse medicamento promove o funcionamento adequado dos órgãos afetados na doença FC, impactando diretamente na qualidade de vida. Além disso, esses estudos evidenciaram que essa terapia foi segura e bem tolerada pelos pacientes.

Os efeitos descritos nos estudos pivotais da combinação tripla foram impressionantes, com uma diferença no valor de volume expiratório forçado em 1 segundo (VEF1) de 10%, uma queda dos valores de cloro no suor de 45 mmol/L e melhora no escore de qualidade de vida (aspecto respiratório) de 17 pontos. O medicamento foi bem tolerado, e não houve nenhuma descontinuação. Apenas para se ter uma ideia da magnitude desse efeito sobre a função pulmonar (VEF1), as terapias para FC disponíveis no SUS até 2022 (dornase alfa, tobramicina inalatória e azitromicina) demonstraram efeitos na magnitude de 4% a 8% em seus estudos iniciais, em comparação a placebo. Importante frisar que o uso de ETI em indivíduos com FC com doença pulmonar avançada foi igualmente impactante. Em um estudo observacional e prospectivo, o uso de ETI foi avaliado em 245 pacientes com FC e pelo menos uma cópia da mutação F508del, com valor médio de VEF1 de 29%, configurando doença pulmonar avançada. O tempo de uso variou de 3 a 9 meses, e observou-se aumento médio do VEF1 de 15%, observando-se ainda ganho ponderal médio de 4,2 kg nessa população, habitualmente com déficit nutricional associado ao avançado estágio da doença. Outro achado de grande interesse foi a redução da necessidade de oxigênio em 50% dos pacientes, de ventilação não invasiva em 30% e de alimentação suplementar por via enteral em 50% dos casos. Além disso, dos 53 pacientes em avaliação ou lista de espera para transplante pulmonar incluídos no estudo, apenas 5 permaneceram ativos após o início do tratamento com ETI. Os efeitos adversos foram escassos e de pouca gravidade, incluindo erupção cutânea (7% dos casos) e aumento de enzimas hepáticas acima de 3 vezes o valor basal (2,5% dos casos).

Entre a população mais jovem, o estudo aberto que incluiu pacientes de 6 a 11 anos com pelo menos uma cópia da mutação F508del reproduziu os achados anteriores, mas com efeitos ainda mais dramáticos na redução dos valores de teste do suor, na faixa de 60 mmol/L. Mesmo nesse cenário de pacientes mais jovens e com valor médio de função pulmonar mais preservado (VEF1 médio de 89% do predito), o uso de ETI resultou em ganhos de 10% no VEF1 ao longo das 24 semanas. O uso do medicamento foi seguro, e apenas uma descontinuação ocorreu por conta de erupção cutânea atribuída ao medicamento. Um novo estudo aberto incluindo crianças entre 2 e 5 anos foi publicado mais recentemente, demonstrando que a farmacocinética e segurança da combinação ETI são semelhantes às observadas em adultos, com demonstração de desfechos de eficácia também similares e significantes na dosagem de cloreto no suor e na função pulmonar (*washout* de nitrogênio). Como a doença pulmonar precoce ocorre em alguns pacientes com impacto clínico significativo, é imperativa a ampliação de seu uso para pacientes brasileiros em faixas etárias mais jovens.

Estudos de vida real, como o realizado com pequeno número de pacientes brasileiros ou em casuística mais ampla da Alemanha (com dados do registro de pacientes, de 2.645 casos), demonstram que o impacto clínico é igual ou superior ao descrito nos estudos pivotais, transformando a realidade de boa parte das pessoas com FC que tiveram acesso ao medicamento. Por fim, dados de uso prolongado ainda são escassos, pois se trata de medicamento novo. Dados de extensão dos estudos pivotais agregando dados de 506 pacientes mostram a manutenção do ganho na função pulmonar e nos parâmetros de teste do suor e qualidade de vida entre os indivíduos ativamente tratados. O ganho nutricional foi mantido ao longo do tempo, de forma evidente e bastante significativa.

Com relação à segurança, aumento de enzimas hepáticas foi observado em cerca de 7%, e erupção cutânea, em cerca de 10% dos pacientes. Entretanto, a descontinuação do tratamento decorrente de eventos adversos só ocorreu em 3/506 pacientes (0,6%). Ainda que a questão do custo do medicamento tenha sido o maior obstáculo para a sua incorporação em diversos países do mundo, a expectativa é que o seu uso aumente a sobrevida e reduza a carga diária de tratamento, permitindo maior produtividade econômica dos membros da família e que os indivíduos com FC de fato se constituam em população economicamente ativa.

Assim, foi essa a visão que imperou na análise da CONITEC, que decidiu pela incorporação do medicamento ETI ao rol do SUS, para os indivíduos com FC, portadores de pelo menos uma variante F508del, e idade igual ou superior a 6 anos, em agosto de 2023. Enquanto isso, novas pequenas moléculas com potencial para uso combinado como na formulação ETI, como o vanzacaftor (corretor), mostram resultados promissores quanto à farmacocinética (uso em dose única diária), aparentemente mantendo os mesmos impactos de efetividade.

CONCLUSÕES

Os estudos disponíveis sugerem que os imunobiológicos podem representar uma opção terapêutica interessante para o tratamento da ABPA em pacientes com asma e fibrose cística, especialmente naqueles dependentes de corticosteroides ou com contraindicações ao uso de corticosteroides.

Os novos moduladores estão transformando o cenário terapêutico da FC no mundo e em breve também devem fazê-lo no Brasil. A despeito de seu alto custo, o impacto deve trazer economia, com a redução do uso de outras terapias, necessidade de admissões hospitalares e transplantes pulmonares.

BIBLIOGRAFIA

Alaga A, Ashraff K, Din Khan NH. Rapid onset of effect of benralizumab in a severe eosinophilic and allergic asthma patient with allergic bronchopulmonary aspergillosis. Respirol Case Rep. 2023;11(6):e01167.

Ali M, Green O. Dupilumab: a new contestant to corticosteroid in allergic bronchopulmonary aspergillosis. Oxf Med Case Reports. 2021;2021(4):omaa029.

Bobadilla JL, Macek M Jr., Fine JP, Farrell PM. Cystic fibrosis: a worldwide analysis of CFTR mutations – correlation with incidence data and application to screening. Hum Mutat. 2002;19(6):575-606.

Boyle M, Mulrennan S, Morey S, Vekaria S, Popowicz N, Tai A. Mepolizumab use in cystic fibrosis-associated allergic bronchopulmonary aspergillosis. Respirol Case Rep. 2021;9(1):e00696.

Burgel PR, Durieu I, Chiron R, Ramel S, Danner-Boucher I, Prevotat A, et al. Rapid Improvement after Starting Elexacaftor-Tezacaftor-Ivacaftor in Patients with Cystic Fibrosis and Advanced Pulmonary Disease. Am J Respir Crit Care Med. 2021;204(1):64-73.

Capurro V, Tomati V, Sondo E, Renda M, Borrelli A, Pastorino C, et al. Partial Rescue of F508del-CFTR Stability and Trafficking Defects by Double Corrector Treatment. Int J Mol Sci. 2021;22(10):5262.

da Silva Filho L, Marostica PJC, Athanazio RA, Reis FJC, Damaceno N, Paes AT, et al. Extensive CFTR sequencing through NGS in Brazilian individuals with cystic fibrosis: unravelling regional discrepancies in the country. J Cyst Fibros. 2021;20(3):473-84.

Davies JC, Wainwright CE, Canny GJ, Chilvers MA, Howenstine MS, Munck A, et al. Efficacy and safety of ivacaftor in patients aged 6 to 11 years with cystic fibrosis with a G551D mutation. Am J Respir Crit Care Med. 2013;187(11):1219-25.

De Boeck K, Amaral MD. Progress in therapies for cystic fibrosis. Lancet Respir Med. 2016;4(8):662-74.

De Boeck K, Munck A, Walker S, Faro A, Hiatt P, Gilmartin G, et al. Efficacy and safety of ivacaftor in patients with cystic fibrosis and a non-G551D gating mutation. J Cyst Fibr. 2014;13(6):674-80.

Fuchs HJ, Borowitz DS, Christiansen DH, Morris EM, Nash ML, Ramsey BW, et al. Effect of aerosolized recombinant human DNase on exacerbations of respiratory symptoms and on pulmonary function in patients with cystic fibrosis. The Pulmozyme Study Group. N Eng J Med. 1994;331(10):637-42.

Goralski JL, Hoppe JE, Mall MA, McColley SA, McKone E, Ramsey B, et al. Phase 3 Open-Label Clinical Trial of Elexacaftor/Tezacaftor/Ivacaftor in Children Aged 2 Through 5 Years with Cystic Fibrosis and at Least One F508del Allele. Am J Respir Crit Care Med. 2023;208(1):59-67.

Grasemann H, Ratjen F. Cystic Fibrosis. N Engl J Med. 2023;389(18):1693-707.

Grasemann H, Ratjen F. Early lung disease in cystic fibrosis. Lancet Respir Med. 2013;1(2):148-57.

Griese M, Costa S, Linnemann RW, Mall MA, McKone EF, Polineni D, et al. Safety and Efficacy of Elexacaftor/Tezacaftor/Ivacaftor for 24 Weeks or Longer in People with Cystic Fibrosis and One or More F508del Alleles: Interim Results of an Open-Label Phase 3 Clinical Trial. Am J Respir Crit Care Med. 2021;203(3):381-5.

Grupo Brasileiro de Estudos de Fibrose Cística. Brazilian Cystic Fibrosis Registry Report 2020. 2022.

Guevara MT, McColley SA. The safety of lumacaftor and ivacaftor for the treatment of cystic fibrosis. Exp Opin Drug Safety. 2017;16(11):1305-11.

Habib ARR, Kajbafzadeh M, Desai S, Yang CL, Skolnik K, Quon BS. A Systematic Review of the Clinical Efficacy and Safety of CFTR Modulators in Cystic Fibrosis. Sci Rep.2019;9(1):1524.

Heijerman HGM, McKone EF, Downey DG, Van Braeckel E, Rowe SM, Tullis E, et al. Efficacy and safety of the elexacaftor plus tezacaftor plus ivacaftor combination regimen in people with cystic fibrosis homozygous for the F508del mutation: a double-blind, randomised, phase 3 trial. Lancet. 2019;394(10212):1940-8.

Jat KR, Walia DK, Khairwa A. Anti-IgE therapy for allergic bronchopulmonary aspergillosis in people with cystic fibrosis. Cochrane Database Syst Rev. 2021;9(9):CD010288.

Jin M, Douglass JA, Elborn JS, Agarwal R, Calhoun WJ, Lazarewicz S, et al. Omalizumab in Allergic Bronchopulmonary Aspergillosis: A Systematic Review and Meta-Analysis. J Allergy Clin Immunol Pract. 2023;11(3):896-905.

Koutsokera A, Corriveau S, Sykes J, Coriati A, Cortes D, Vadas P, et al. Omalizumab for asthma and allergic bronchopulmonary aspergillosis in adults with cystic fibrosis. J Cyst Fibros. 2020;19(1):119-24.

Li JX, Fan LC, Li MH, Cao WJ, Xu JF. Beneficial effects of Omalizumab therapy in allergic bronchopulmonary aspergillosis: A synthesis review of published literature. Respir Med. 2017;122:33-42.

Mall MA, Mayer-Hamblett N, Rowe SM. Cystic Fibrosis: Emergence of Highly Effective Targeted Therapeutics and Potential Clinical Implications. Am J Respir Crit Care Med. 2020;201(10):1193-208.

Manti S, Parisi GF, Papale M, Licari A, Chiappini E, Mule E, et al. Allergic bronchopulmonary aspergillosis in children. Pediatr Allergy Immunol. 2020;31 Suppl 26:20-2.

McKone EF, Borowitz D, Drevinek P, Griese M, Konstan MW, Wainwright C, et al. Long-term safety and efficacy of ivacaftor in patients with cystic fibrosis who have the Gly551Asp-CFTR mutation: A phase 3, open-label extension study (PERSIST). Lancet Respir Med. 2014;2(11):902-10.

Middleton PG, Mall MA, Drevinek P, Lands LC, McKone EF, Polineni D, et al. Elexacaftor-Tezacaftor-Ivacaftor for Cystic Fibrosis with a Single Phe508del Allele. N Engl J Med. 2019;381(19):1809-19.

Mulrennan S, Morey S, Vekaria S, Popowicz N, Tai A. Mepolizumab use in cystic fibrosis-associated allergic bronchopulmonary aspergillosis. Respirol Case Rep. 2021;9(1):e00696.

Mummler C, Munker D, Barnikel M, Veit T, Kayser MZ, Welte T, et al. Dupilumab Improves Asthma Control and Lung Function in Patients with Insufficient Outcome During Previous Antibody Therapy. J Allergy Clin Immunol Pract. 2021;9(3):1177-85.e4.

Nove-Josserand R, Grard S, Auzou L, Reix P, Murris-Espin M, Bremont F, et al. Case series of omalizumab for allergic bronchopulmonary aspergillosis in cystic fibrosis patients. Pediatr Pulmonol. 2017;52(2):190-7.

Perisson C, Destruys L, Grenet D, Bassinet L, Derelle J, Sermet-Gaudelus I, et al. Omalizumab treatment for allergic bronchopulmonary aspergillosis in young patients with cystic fibrosis. Respir Med. 2017;133:12-5.

Ramsey BW, Davies J, McElvaney NG, Tullis E, Bell SC, Drevinek P, et al. A CFTR potentiator in patients with cystic fibrosis and the G551D mutation. N Engl J Med. 2011;365(18):1663-72.

Ramsey BW, Pepe MS, Quan JM, Otto KL, Montgomery AB, Williams-Warren J, et al. Intermittent administration of inhaled tobramycin in patients with cystic fibrosis. Cystic Fibrosis Inhaled Tobramycin Study Group. N Engl J Med. 1999;340(1):23-30.

Rowe SM, Daines C, Ringshausen FC, Kerem E, Wilson J, Tullis E, et al. Tezacaftor-Ivacaftor in Residual-Function Heterozygotes with Cystic Fibrosis. N Eng J Med. 2017;377(21):2024-35.

Saiman L, Marshall BC, Mayer-Hamblett N, Burns JL, Quittner AL, Cibene DA, et al. Azithromycin in patients with cystic fibrosis chronically infected with Pseudomonas aeruginosa: a randomized controlled trial. JAMA. 2003;290(13):1749-56.

Salomao LZ, Athanazio RA, Rached SZ, Lopes-Pacheco M, Camargo M. A real-life study of elexacaftor--tezacaftor-ivacaftor therapy in people with cystic fibrosis in Brazil. Pulmonology. 2023;29(6):543-5.

Stevens DA, Moss RB, Kurup VP, Knutsen AP, Greenberger P, Judson MA, et al. Allergic bronchopulmonary aspergillosis in cystic fibrosis – state of the art: Cystic Fibrosis Foundation Consensus Conference. Clin Infect Dis. 2003;37 Suppl 3:S225-64.

Sutharsan S, Dillenhoefer S, Welsner M, Stehling F, Brinkmann F, Burkhart M, et al. Impact of elexacaftor/tezacaftor/ivacaftor on lung function, nutritional status, pulmonary exacerbation frequency and sweat chloride in people with cystic fibrosis: real-world evidence from the German CF Registry. Lancet Reg Health Eur. 2023;32:100690.

Tanou K, Zintzaras E, Kaditis AG. Omalizumab therapy for allergic bronchopulmonary aspergillosis in children with cystic fibrosis: a synthesis of published evidence. Pediatr Pulmonol. 2014;49(5):503-7.

Taylor-Cousar JL, Munck A, McKone EF, van der Ent CK, Moeller A, Simard C, et al. Tezacaftor-Ivacaftor in Patients with Cystic Fibrosis Homozygous for Phe508del. N Eng J Med. 2017;377(21):2013-23.

Uluer AZ, MacGregor G, Azevedo P, Indihar V, Keating C, Mall MA, et al. Safety and efficacy of vanzacaftor-tezacaftor-deutivacaftor in adults with cystic fibrosis: randomised, double-blind, controlled, phase 2 trials. Lancet Respir Med. 2023;11(6):550-62.

Wainwright CE, Elborn JS, Ramsey BW. Lumacaftor-Ivacaftor in Patients with Cystic Fibrosis Homozygous for Phe508del CFTR. N Engl J Med. 2015;373(18):1783-4.

Zampoli M, Kashirskaya N, Karadag B, Filho L, Paul GR, Noke C. Global access to affordable CFTR modulator drugs: Time for action! J Cyst Fibros. 2022;21(3):e215-e6.

Zemanick ET, Taylor-Cousar JL, Davies J, Gibson RL, Mall MA, McKone EF, et al. A Phase 3 Open--Label Study of Elexacaftor/Tezacaftor/Ivacaftor in Children 6 through 11 Years of Age with Cystic Fibrosis and at Least One F508del Allele. Am J Respir Crit Care Med. 2021;203(12):1522-32.

12

Imunológicos usados em Reumatologia pediátrica

Adriana Rodrigues Fonseca
Clovis Artur Almeida da Silva

DESTAQUES

- Os medicamentos imunobiológicos, biossimilares e pequenas moléculas são frequentemente chamados de "terapia-alvo" e referem-se a um grupo amplo de medicamentos que atuam diretamente no sistema imunológico.
- Vários dos fármacos apresentados neste capítulo estão aprovados e disponíveis para várias doenças reumatológicas autoimunes e autoinflamatórias, como artrite idiopática juvenil (subtipos poliarticular, sistêmico, psoriásico e relacionado à entesite), lúpus eritematoso sistêmico juvenil, dermatomiosite juvenil, esclerodermia sistêmica, vasculites primárias (doença de Kawasaki, vasculites associadas ao ANCA e arterite de Takayasu), síndrome de ativação macrofágica e doenças autoinflamatórias.

PRINCIPAIS IMUNOBIOLÓGICOS, BIOSSIMILARES E PEQUENAS MOLÉCULAS

A melhor compreensão da fisiopatologia das doenças reumatológicas autoimunes nas crianças e nos adolescentes tem permitido a descoberta de novos potenciais alvos terapêuticos.

Nos últimos anos, as terapias das doenças reumatológicas pediátricas avançaram consideravelmente com a introdução dos glicocorticoides, metotrexato e outros agentes modificadores da doença, e particularmente com o advento dos imunobiológicos, biossimilares e pequenas moléculas. Essas drogas têm controlado as atividades das doenças e impactado favoravelmente a qualidade de vida relacionada à saúde dos pacientes e cuidadores, funcionalidade e progressão do dano estrutural.

Os medicamentos imunobiológicos, biossimilares e pequenas moléculas são frequentemente chamados de "terapia-alvo" e referem-se a um grupo amplo de medicamentos que atuam diretamente no sistema imunológico, principalmente nas células T, células B, interação ligante-receptor, citocinas, quimiocinas, inibição de enzimas, entre outros.

Os principais imunobiológicos, biossimilares e pequenas moléculas utilizados na Reumatologia pediátrica estão assim divididos, a maioria deles aprovado pela U.S. Food and Drug Administration (FDA) e European Medicines Agency (EMA):

Agentes anticitocinas (anti-TNF, anti-IL-6, anti-IL-1, anti-IL-17, anti-IL-23, anti-interferon)

Os primeiros agentes anticitocinas desenvolvidos foram os anti-TNFα e são utilizados frequentemente na prática da Reumatologia pediátrica. Destes, destacam-se etanercepte, infliximabe, adalimumabe, certolizumabe e golimumabe.

Com relação ao bloqueio da IL-1, existem três bloqueadores: canaquinumabe (anticorpo monoclonal totalmente humanizado anti-IL-1 beta humana do isotipo IgG1), anakinra (proteína de fusão ligada ao antagonista do receptor de IL-1 recombinante) e rilonacepte (domínio extracelular do receptor de IL-1 e domínio Fc de IgG1 humana). No Brasil, há apenas um destes aprovado na Agência Nacional de Vigilância Sanitária (Anvisa) para artrite idiopática juvenil subtipo sistêmico (o canaquinumabe) e doenças autoinflamatórias (como criopirinopatias, deficiência de mevalonato kinase, deficiência do antagonista do receptor de IL-1).

A IL-6 é uma citocina produzida por células do sistema imune inato, sendo ainda o principal mediador da produção de reagentes de fase aguda pelo fígado. Há dois biológicos com ação anti-IL-6 disponíveis: tocilizumabe e sarilumabe. O tocilizumabe é o único disponível no Brasil para uso na artrite idiopática juvenil subtipos sistêmico e poliarticular, com relatos de benefícios no tratamento da arterite de Takayasu e da esclerodermia sistêmica refratárias, mutações com ganho de função da STAT3 (*Signal Transducer and Activator of Transcription 3*) e síndromes autoinflamatórias.

As células T *helper* 17 são inibidas pela IL-23, mas os efeitos podem estar relacionados aos efeitos da IL-12 nas células T *helper* 1. Há biológicos com ação anti-IL-17 (secuquinumabe) e outros com ação anti-IL-23 (ustequinumabe) utilizados em crianças e adolescentes com doenças reumáticas. Esses medicamentos são indicados nas espondiloartrites pediátricas (como artrite psoriásica juvenil, artrite relacionada à entesite), artrite idiopática juvenil, síndrome de Behçet e síndromes autoinflamatórias.

São exemplos de biológicos anti-IFN tipo I: anifrolumabe (antirreceptor de IFNα/β), sifalimumabe e rontalizumabe (anti-IFNα), estando o primeiro em estudo na população pediátrica.

Bloqueadores da coestimulação de células T

Consistem em proteínas de fusão que contêm fração Fc de IgG ligada a uma molécula de CTLA-4, visando ao bloqueio do sítio de ligação do CD80/CD86 na célula apresentadora de antígenos, impedindo o sinal coestimulador essencial à ativação do linfócito T. Um exemplo é o abatacepte, indicado para tratamento da artrite idiopática juvenil e artrite reumatoide do adulto.

Depletores de células B

Como exemplos de imunobiológicos depletores de células B, destacam-se rituximabe (anti-CD20; indicado para tratamento de artrite reumatoide, granulomatose com poliangiite e uso *off label* para casos graves ou refratários de lúpus eritematoso sistêmico juvenil e dermatomiosite juvenil), belimumabe (anti-BLyS) (indicado para lúpus eritematoso sistêmico juvenil) e atacicepte (anti-TACI).

Pequenas moléculas

Correspondem a pequenas moléculas que têm a capacidade de inibir as vias de sinalização intracelular, impedindo o início e a perpetuação da inflamação nas doenças reumáticas pediátricas. A fosforilação de proteínas desempenha um papel fundamentalmente importante na transdução de sinal intracelular, existindo mais de 500 quinases humanas em oito famílias, como os inibidores de Janus quinase (JAK). Encontram-se atualmente aprovados dois fármacos dessa categoria, o tofacitinibe e o baricitinibe.

MECANISMOS DE AÇÃO

Os imunobiológicos formam uma classe de medicamentos produzida por processos biológicos a partir de organismos vivos, e não por síntese química. Na Reumatologia, mais frequentemente são anticorpos monoclonais (mAbs) ou proteínas de fusão direcionados contra moléculas específicas e bem definidas expressas nas células, ou contra citocinas secretadas para o espaço extracelular, que estão envolvidas na patogênese das doenças reumáticas autoimunes ou autoinflamatórias.

Cada imunobiológico tem aspectos únicos em seu mecanismo de ação. Os principais alvos da maioria das terapias biológicas em Reumatologia pediátrica são citocinas, células B e moléculas coestimuladoras. Os principais mecanismos de ação dos imunobiológicos são:

Imunomodulação e reposição de imunoglobulinas policlonais

A imunoglobulina humana intravenosa (IgIV) consiste num preparado de plasma humano purificado e esterilizado de milhares de doadores saudáveis. É composta de 95% de IgG intacta, além de IgA e traços de IgM. Tem mecanismo de ação multifatorial, mas ainda não totalmente elucidado: neutralização de citocinas e autoanticorpos, inibição de ativação da cascata do sistema complemento, saturação e modulação de receptores Fc gama, expansão de células T regulatórias, entre outros. Indicada na doença de Kawasaki, na síndrome inflamatória multissistêmica pediátrica (SIMP) associada à covid-19, trombocitopenia imune e erros inatos da imunidade. Em situações especiais, também pode estar indicada para dermatomiosite juvenil (DMJ), lúpus eritematoso sistêmico juvenil (LESJ), síndrome de ativação macrofágica (SAM), vasculites sistêmicas e síndrome antifosfolípide (SAF) catastrófica.

Inibição do fator de necrose tumoral (TNF)α

O TNF tem sido implicado na patogênese de doenças autoimunes e autoinflamatórias. Produzido principalmente por macrófagos, o TNF afeta o crescimento tumoral, a apoptose, a proliferação viral e induz a expressão de outras citocinas pró-inflamatórias. Os agentes anti-TNFα atualmente em uso ou em estudo são: etanercepte, infliximabe, adalimumabe, certolizumabe e golimumabe. Há vários estudos publicados sobre uso desses agentes, os quais são indicados para o tratamento da artrite idiopática juvenil (AIJ), doenças autoinflamatórias (síndrome periódica associada ao receptor de TNF [TRAPS], deficiência de adenosina deaminase 2 [DADA2], haploinsuficiência A20 [HA20]), doença de Behçet, arterite de Takayasu e uveítes não infecciosas.

O infliximabe (IFX) é um anticorpo monoclonal quimérico, composto por um fragmento Fab murino e porção Fc humana, que inibe o TNFα circulante e transmembrana, causando citotoxicidade dependente de anticorpos e de complemento, com inibição das respostas biológicas mediadas pelo TNF (expressão de moléculas de adesão e de outras citocinas pró-inflamatórias e aumento de metaloproteinases).

O etanercepte é uma proteína de fusão humana, composta por uma proteína dimérica recombinante do receptor p75 do TNF humano ligada à região Fc da IgG1 humana. Seu mecanismo de ação consiste na ligação ao TNFα e à linfotoxina α (anteriormente chamado TNFβ) solúveis, impedindo a interação com seus receptores celulares.

O adalimumabe é um anticorpo monoclonal humano recombinante, que atua de modo semelhante ao IFX e golimumabe por ligação ao TNFα circulante e da superfície celular com bloqueio da interação do TNF com os seus receptores e neutralização da atividade biológica dessa citocina.

O golimumabe é um anticorpo monoclonal humano recombinante, que atua de modo semelhante ao IFX por ligação ao TNFα solúvel e transmembrana, bloqueando a interação do TNF com os seus receptores e neutralizando a atividade biológica dessa citocina.

Inibição da interleucina 6 (IL-6)

A IL-6 é uma citocina produzida por células do sistema de imunidade inata, que atua na ativação de macrófagos, osteoclastos, células B e T, sendo ainda o principal mediador da produção de reagentes de fase aguda pelo fígado, bem como tem correlação com a fisiopatologia dos picos febris, da trombocitose e do comprometimento articular nos pacientes com AIJ. Há os seguintes biológicos com ação anti-IL-6 disponíveis: tocilizumabe, sarilumabe, clazakizumabe e sirukumabe. Apenas o tocilizumabe, anticorpo monoclonal contra o receptor solúvel da IL-6, que se liga tanto ao receptor solúvel quanto transmembrana da IL-6, é liberado para uso na Reumatologia pediátrica. O sarilumabe está sendo estudado na AIJ sistêmica, ensaio NCT02991469.

Inibição da IL-1

A IL-1 tem sido implicada em várias doenças inflamatórias reumáticas, pelo estímulo à produção de prostaglandinas, metaloproteinases, aumento da expressão do receptor associado ao fator nuclear κB (NF-κB). A IL-1 exerce seus efeitos pela ligação com seu receptor (IL-1R), e o antagonista desse receptor (IL-1-RA) é uma proteína de fase aguda anti-inflamatória. Há três agentes com ação anti-IL-1: canaquinumabe (anticorpo monoclonal totalmente humano anti-IL-1β humana do isotipo IgG1), anakinra (IL-1-RA recombinante humano) e rilonacepte (proteína de fusão dimérica composta pelo domínio extracelular do receptor de IL-1 e domínio Fc de IgG1 humana). O canaquinumabe é o único disponível no Brasil.

Inibição da anti-IL-17 e anti-IL-23

A IL-23 estimula a IL-17, ambas citocinas pró-inflamatórias e produzidas pelas células T *helper*. A IL-17 está comumente associada à hipersensibilidade do tipo tardia e reações alérgicas, mas também com doenças imunológicas/autoimunes. A IL-23 tem sido associada à indução de entesite em modelos animais. O secuquinumabe é um anticorpo monoclonal de alta afinidade, totalmente humano, que se liga a IL-17A, neutralizando-a. Por outro lado, o ustequinumabe é um anticorpo monoclonal totalmente humano que se liga a IL-23 e a IL-12, impedindo a interação com seus receptores. O guselcumabe é um anticorpo monoclonal que se liga a IL-23 com alta afinidade, inibindo a sinalização intracelular específica de IL-23.

Inibição do interferon

O interferon (IFN) tipo I (IFNα) está prioritariamente envolvido na resposta imune inata antiviral. São exemplos de biológicos anti-IFNα: anifrolumabe (antirreceptor de IFNα em estudo no LESJ), sifalimumabe (anticorpo monoclonal anti-IFNα) e rontalizumabe.

O emapalumabe é um anticorpo monoclonal contra IFNγ. Recentemente, um estudo aberto de fase 2-3 demonstrou eficácia e segurança do emapalumabe em crianças com hemofagocitose linfo-histiocítica primária. Até agora, o tratamento com emapalumabe para a SAM na AIJ sistêmica é baseado na experiência clínica anedótica; um ensaio clínico aberto está em andamento (NCT03311854), embora os dados preliminares sejam promissores.

Inibição da IL-18

A IL-18 está presente em altos níveis na SAM e na doença intersticial pulmonar da AIJ sistêmica. É capaz de induzir a produção de IFNγ pelos linfócitos Th1 e células NK. Há um anticorpo em investigação (MAS825) para casos refratários de doença pulmonar na AIJ sistêmica, que bloqueia tanto a IL-1β quanto a IL-18. Notavelmente, a proteína de ligação da IL-18 recombinante (tadekinig-alfa) mostrou-se promissora em um estudo aberto de fase II com pacientes com doença de Still do adulto.

Inibição da IL-5

O mepolizumabe, anticorpo monoclonal humanizado anti-IL-5, utilizado para o tratamento da asma refratária, apresenta bons resultados para o tratamento de síndromes hipereosinofílicas refratárias em adultos (por exemplo, granulomatose eosinofílica com poliangiite), porém ainda não há indicação formal na doença pediátrica.

Bloqueio de coestimulação de células T

O abatacepte consiste em uma proteína de fusão solúvel totalmente humana, composta pela fração Fc de IgG1 humana ligada ao domínio extracelular do antígeno 4 associado aos linfócitos T citotóxicos (CTLA-4), que se liga seletivamente ao alvo CD80/CD86 na célula apresentadora de antígenos, impedindo o sinal coestimulador essencial à plena ativação do linfócito T.

Depleção de células B

Trata-se de anticorpos monoclonais que se ligam ao alvo na superfície do linfócito B (CD20, CD22, BLyS ou TACI), induzindo a sua apoptose e consequente redução da produção de anticorpos. Formas imaturas de células B ainda presentes na medula óssea e plasmócitos circulantes e teciduais não são afetados, pois não exibem essas moléculas de superfície. O rituximabe é um anticorpo monoclonal quimérico que se liga especificamente ao antígeno CD20, presente em células pré-B e linfócitos B maduros, levando à lise de células B maduras e de memória – uso *off label* para LES, SAF catastrófica, granulomatose com poliangiite, DMJ, esclerodermia sistêmica, encefalite autoimune. O belimumabe é anticorpo monoclonal neutralizante totalmente humano que se liga com alta afinidade ao BLyS – estimulador de linfócitos B, inibindo sua ligação aos seus três receptores, reduzindo a sobrevida e proliferação das células B autorreativas.

Inibição de frações proteicas específicas

São exemplos o eculizumabe (anti-C5a convertase do sistema complemento que evita a formação do complexo de ataque à membrana), indicado para SAF catastrófica e outras condições associadas à microangiopatia trombótica.

Inibição da Janus quinase

As JAK são fosfotransferases que ligam os domínios intracelulares de receptores de citocinas e desempenham papel fundamental no início e na amplificação da resposta inflamatória. Várias interleucinas e interferons, fatores estimulantes de colônias, hormônio de crescimento e a eritropoietina sinalizam através de várias combinações de JAK (JAK-1, JAK-2, JAK-3 e TYK-2). Os inibidores de JAK não são mAbs, são oralmente ativos e, ao invés de se direcionarem a um alvo específico, atuam afetando as vias de sinalização intracelular. O tofacitinibe bloqueia seletivamente JAK-3 e JAK-1 e, em menor grau, JAK-2, resultando na inibição de um maior número de citocinas e fatores de crescimento. O baricitinibe inibe JAK-1/JAK-2. Tofacitinibe e baricitinibe estão sendo estudados na AIJ sistêmica, e há estudos publicados com resultados promissores com baricitinibe para uveíte não infecciosa, DMJ e interferonopatias.

INDICAÇÕES POR DOENÇAS REUMÁTICAS PEDIÁTRICAS

Há uma variedade de imunobiológicos dirigidos contra diferentes alvos, e o pediatra especialista deve escolher a medicação disponível mais adequada para obter uma resposta precoce e remissão sustentada com o mínimo possível de eventos adversos. Atualmente, cerca de 200 medicamentos biológicos estão sendo comercializados, o que corresponde a cerca de 30% do total de novas drogas em desenvolvimento.

Novas indicações para imunobiológicos já existentes, bem como novos biológicos direcionados contra outros antígenos-alvo, surgem à medida que a fisiopatogenia das doenças vai sendo elucidada. Como exemplo de indicações para imunobiológicos em doenças reumáticas na infância e na adolescência, estão alguns destaques a seguir.

AIJ subtipo poliarticular

Para casos de resposta parcial ou ausente às drogas modificadoras de doença não biológicas (nbDMARD) está indicado o uso de biológicos anti-TNFα (primeira linha, exceto se contraindicação: tuberculose ativa, doença desmielinizante, insuficiência cardíaca congestiva, neoplasia atual ou prévia até 5 anos) ou tocilizumabe ou abatacepte.

Etanercepte (maiores de 4 anos) e adalimumabe (maiores de 2 anos) são os únicos biológicos anti-TNFα licenciados para o tratamento da AIJ pela FDA, EMA e Anvisa. O IFX não se mostrou superior ao placebo para AIJ e **é** aprovado em bula para doença de Crohn a partir de 6 anos. O golimumabe foi recentemente aprovado para AIJ poliarticular pela EMA. Há biossimilares de etanercepte (ex.: Brenzys®, aprovado em 2017), adalimumabe (ex.: Amgevita®) e IFX (ex.: Remsima®, aprovado em 2015) disponíveis no Brasil. O abatacepte é indicado para AIJ poliarticular em maiores de 6 anos. O inibidor de JAK tofacitinibe foi aprovado em 2020 pela FDA para uso na AIJ poliarticular a partir de 2 anos. O sarilumabe (anti-IL-6) está sob investigação clínica (NCT02776735).

AIJ subtipo sistêmico

Tocilizumabe (a partir de 2 anos), anti-IL-1 (apenas canaquinumabe disponível no Brasil, a partir de 2 anos). O sarilumabe (anti-IL-6) está sob investigação clínica (NCT02991469). O tofacitinibe (NCT03000439) e o baricitinibe também estão sendo estudados, além de inibidores da IL-18 e IL-18/IL-1β.

AIJ subtipo relacionado à entesite

Os anti-TNFα são os biológicos de primeira escolha em casos de artrite periférica ou entesite com resposta ausente ou parcial a nbDMARD ou sacroiliíte. Recentemente, foram publicados os resultados de um estudo multicêntrico, randomizado, duplo-cego, de retirada, controlado por placebo demonstrando a eficácia e a segurança do secuquinumabe (anti-IL-17A) em crianças com AIJ relacionada à entesite e psoriásica, virgens de tratamento biológico.

Artrite psoriásica juvenil

Os anti-TNFα são os biológicos de primeira escolha em casos de resposta ausente ou parcial a nbDMARD. Dois ensaios clínicos estão em andamento com ustequinumabe (NCT05252533 e NCT05083182). Outro ensaio em curso (NCT05083182) contempla também a administração de guselcumabe como alternativa ao ustequinumabe.

Lúpus eritematoso sistêmico juvenil (LESJ)

Anti-BAFF/BLyS (belimumabe), anti-CD20 (rituximabe) e anti-IFN (em estudo – anifrolumabe). O rituximabe é empregado *off label* para nefrite, anemia hemolítica, plaquetopenia ou acometimento neurológico refratários aos imunossupressores nos pacientes com LESJ. Também há biossimilar de rituximabe no Brasil para o tratamento de doenças hematológicas e reumáticas imunomediadas. O belimumabe (anti-BAFF/BLys) está indicado como terapia adjuvante em pacientes a partir de 5 anos com LESJ e alto grau de atividade da doença (anti-dsDNA positivo e hipocomplementenemia) e que estejam em uso de tratamento padrão com corticosteroides, antimaláricos e outros imunossupressores.

Dermatomiosite juvenil

A IgIV é recomendada aos casos refratários ao corticoide e metotrexato ou aos casos de apresentação mais grave, demonstrando melhora significativa no comprometimento cutâneo e muscular, habitualmente na dose de 2 g/kg, mensal, por até 2 anos. Alguns relatos e séries de casos refratários demonstraram eficácia com abatacepte (calcinose refratária), rituximabe (para doença intersticial pulmonar) e IFX/adalimumabe (calcinose refratária). Há relatos com resultados promissores do uso de inibidores de JAK, como baricitinibe e tofacitinibe, em casos de acometimento cutâneo e artrite refratários.

Esclerodermia sistêmica

Abatacepte, tocilizumabe ou rituximabe para acometimento pulmonar e cutâneo refratários.

Doença de Kawasaki e SIMP

A IgIV é a terapia-padrão de primeira linha, em dose de 2 g/kg. Anti-IL-6, anti-TNFα ou anti-IL-1 para casos refratários à IgIV e glicocorticoides.

Vasculites associadas ao ANCA

IgIV para casos graves e refratários. Anti-CD20 (rituximabe) tem o uso *off label* para granulomatose com poliangiite grave e refratária em maiores de 2 anos. Abatacepte está sendo avaliado em ensaio clínico para casos refratários (NCT02108860).

Arterite de Takayasu

Tocilizumabe, rituximabe ou IFX para casos refratários aos imunossupressores.

Síndrome de ativação macrofágica (SAM)

Anti-IL-1 (anakinra – não disponível no Brasil – e canaquinumabe), anti-IL-6 (tocilizumabe), IgIV (se desencadeada por infecção) e rituximabe (se desencadeada por Epstein-Baar vírus (EBV)). Terapias biológicas emergentes em estudo têm sido promissoras em relatos e séries de casos, como anticorpo anti-IFNγ (emapalumabe - NCT03311854), proteína de ligação da IL-18 recombinante (tadekinig-alfa), anti-IL-18/IL-1β (MAS825). O uso de inibidores de JAK (ruxolitinibe, tofacitinibe, baricitinibe) na doença intersticial pulmonar da AIJ sistêmica e SAM é extrapolado de dados em estudos com murinos, de ensaios clínicos com interferonopatias monogênicas e relatos de casos.

Doenças autoinflamatórias

Febre familiar do Mediterrâneo (anti-IL-1), TRAPS (anti-IL-1, etanercepte), criopirinopatias (anti-IL-1), deficiência de mevalonato quinase (anti-IL-1), síndrome de Blau/artrite granulomatosa pediátrica (anti-TNF), osteomielite crônica não infecciosa - CNO (anti-TNFα), DADA2 (anti-TNFα), HA20 (anti-TNFα), interferonopatias (inibidor de JAK - baricitinibe). Os principais imunobiológicos, biossimilares e pequenas moléculas usados em Reumatologia pediátrica estão exibidos na Tabela 1.

APROVAÇÕES DOS IMUNOBIOLÓGICOS: FDA, EMA, ANVISA E SECRETARIAS DE SAÚDE

Os diversos estudos multicêntricos e internacionais com imunobiológicos e pequenas moléculas, habitualmente duplo-cego contra placebo e randomizado, têm permitido a incorporação desses medicamentos na prática clínica da Reumatologia pediátrica, ainda limitado pelo altíssimo custo dessas drogas. Nessas pesquisas, tem havido significativa participação de vários serviços de Reumatologia pediátrica do Brasil.

A aprovação de cada um desses medicamentos é um processo dinâmico nas agências reguladoras, a maioria deles aprovada pelas agências de medicamentos dos Estados Unidos (FDA) e da Europa (EMA). Alguns deles foram também aprovados pela Anvisa, agência reguladora vinculada ao Ministério da Saúde do Brasil. Entretanto, pelo altíssimo custo, ainda temos restrição de uso de vários desses medicamentos nas Secretarias de Saúde dos estados e municípios do Brasil para uso no Sistema Único de Saúde (SUS) e Saúde Suplementar.

TABELA 1 Imunobiológicos, biossimilares e pequenas moléculas nas doenças reumáticas pediátricas – posologia, indicações aprovadas e uso não indicado em bula (*off-label*) ou sob estudo.

Nome farmacológico	Mecanismo de ação	Doses e vias de administração	Indicações aprovadas	Uso não indicado em bula (*off-label*) ou sob estudo
Abatacepte	**Proteína de fusão:** fração Fc de IgG1 + CTLA-4 Bloqueio da coestimulação de células T	**Esquema intravenoso:** < 75 kg – 10 mg/kg 75 kg a 100 kg – 750 mg/dose > 100 kg – 1.000 mg/dose 0, 2 e 4 semanas, a cada 4 semanas **Esquema subcutâneo:** 10 a 25 kg – 50 mg uma vez por semana > 25 kg a < 50 kg – 87,5 mg uma vez por semana > 50 kg – 125 mg uma vez por semana	AIJ poliarticular: acima de 6 anos de idade	Uveíte não infecciosa DMJ refratária Esclerodermia refratária Haploinsuficiência CTLA-4 Deficiência LRBA
Adalimumabe	mAb humano recombinante anti-TNF-α Bloqueio de interação TNF-α e seu receptor	**Subcutâneo** Para AIJ e uveíte: 10 a 15 kg – 10 mg a cada 2 semanas 15 a 30 kg – 20 mg a cada 2 semanas > 30 kg – 40 mg a cada 2 semanas **Para retocolite ulcerativa:** 20 kg a 40 kg – Dose inicial 80 mg, depois 40 mg semanalmente (dias 8 e 15), seguido de 20 mg/semana ou 40 mg a cada 2 semanas > 40 kg – Dose inicial 160 mg, depois 80 mg semanalmente (dias 8 e 15), seguido de 40 mg/semana ou 80 mg a cada 2 semanas	AIJ, uveíte não infecciosa, artrite relacionada à entesite: acima de 2 anos de idade Retocolite ulcerativa: acima de 5 anos	Sarcoidose Arterite de Takayasu Doença de Behçet Poliarterite nodosa DADA2

(*continua*)

TABELA 1 Imunobiológicos, biossimilares e pequenas moléculas nas doenças reumáticas pediátricas – posologia, indicações aprovadas e uso não indicado em bula (*off-label*) ou sob estudo. (*continuação*)

Nome farmacológico	Mecanismo de ação	Doses e vias de administração	Indicações aprovadas	Uso não indicado em bula (*off-label*) ou sob estudo
		Para doença de Crohn: 17 kg a 40 kg – Dose inicial 80 mg, após duas semanas 40 mg (dia 15), seguido de 20 mg a cada 2 semanas > 40 kg – Dose inicial 160 mg, após duas semanas 80 mg (dia 15), seguido de 40 mg a cada 2 semanas **Para hidradenite supurativa:** 30kg a 60kg – Dose inicial 80 mg, e depois 40 mg a cada 2 semanas > 60 kg – Dose inicial 160 mg e depois 40 mg semanal ou 80 mg a cada 2 semanas	Doença de Crohn: acima de 6 anos Hidradenite supurativa: acima de 12 anos	
Baricitinibe	Inibidor JAK1/ JAK2	**Oral:** 2 mg, 4 mg, suspensão oral 2 mg/mL ≥ 1 ano até < 2 anos – 1,5 mg 1x/dia ≥ 2 anos até < 6 anos – 2 mg 1x/dia ≥ 6 anos até < 12 anos – 4 mg 1x/dia 12 anos até < 18 anos – 4 mg 1x/dia		AIJ sistêmica 1-18 anos Uveíte não infecciosa DMJ Proteassomopatias Interferonopatias tipo I

(*continua*)

TABELA 1 Imunobiológicos, biossimilares e pequenas moléculas nas doenças reumáticas pediátricas – posologia, indicações aprovadas e uso não indicado em bula (*off-label*) ou sob estudo. (*continuação*)

Nome farmacológico	Mecanismo de ação	Doses e vias de administração	Indicações aprovadas	Uso não indicado em bula (*off-label*) ou sob estudo
Belimumabe	mAb anti-BAFF/ BLys Bloqueio BLyS solúvel	**Intravenoso** **Indução:** 10 mg/kg/dose a cada 2 semanas por 3 doses **Manutenção:** 10 mg/kg/dose a cada 4 semanas	LESJ com alto grau de atividade da doença (anti-DNA positivo e hipo-complementemia): acima de 5 anos	
Canaquinu-mabe	mAb anti-IL-1β isotipo IgG1 Bloqueio da IL-1	**Subcutâneo** Criopirinopatias: 7,5 a 15 kg: 4 mg/kg/dose a cada 8 semanas. Escalonar até 8 mg/kg/dose a cada 8 semanas se falta de resposta 15 a 40 kg: 2 mg/kg/dose a cada 8 semanas. Escalonar até 8 mg/kg/dose a cada 8 semanas, se falta de resposta > 40 kg: 150 mg/dose a cada 8 semanas – podendo escalonar até 600 mg a cada 8 semanas, se falta de resposta. **AIJ sistêmica:** 7,5 a 40 kg: 2 mg/kg/dose a cada 4 semanas. Escalonar até 4 mg/kg/dose a cada 4 semanas, se falta resposta > 40 kg: 150 mg/dose a cada 4 semanas. Escalonar até 300 mg a cada 4 semanas, se falta de resposta	AIJ sistêmica, Criopirinopatias: acima de 2 anos de idade	TRAPS, Deficiência de MVK, FFM, síndrome de Blau, DIRA, DITRA

(*continua*)

TABELA 1 Imunobiológicos, biossimilares e pequenas moléculas nas doenças reumáticas pediátricas – posologia, indicações aprovadas e uso não indicado em bula (*off-label*) ou sob estudo. (*continuação*)

Nome farmacológico	Mecanismo de ação	Doses e vias de administração	Indicações aprovadas	Uso não indicado em bula (*off-label*) ou sob estudo
Certolizumabe-pegol	mAb anti-TNF-α humanizado Fab – PEG	**Subcutâneo:** **AIJ:** 200 mg/semana ou 200/400 mg 0, 2 e a cada 4 semanas		AIJ – Ensaio clínico NCT 01550003
Eculizumabe	Anti-C5a convertase Inibição da formação do complexo de ataque à membrana	**Intravenoso:** 5 a 10 kg: indução 300 mg/semana nas semanas 1 e 2. Manutenção: 300 mg/dose a cada 3 semanas 10 a 20 kg: indução 600 mg na primeira semana, 300 mg na semana 2. **Manutenção:** 300 mg/dose 2/2 semanas 20 a 30 kg: indução 600 mg/semana nas semanas 1, 2 e 3. Manutenção: 600 mg a cada 2 semanas 30 a 40 kg: indução 600 mg/semana semanas 1 e 2, 900 mg/semana na semana 3. Manutenção: 900 mg a cada 2 semanas > 40 kg: indução 900 mg/semana, por quatro doses, seguido de 1.200 mg/semana na semana 5, 1.200 mg a cada 2 semanas	SHUa e HPN: acima de 5 kg	SAF catastrófica Nefrite lúpica refratária SAM refratária com microangiopatia trombótica

(*continua*)

TABELA 1 Imunobiológicos, biossimilares e pequenas moléculas nas doenças reumáticas pediátricas – posologia, indicações aprovadas e uso não indicado em bula (*off-label*) ou sob estudo. (*continuação*)

Nome farmacológico	Mecanismo de ação	Doses e vias de administração	Indicações aprovadas	Uso não indicado em bula (*off-label*) ou sob estudo
Emapalumabe	mAb anti-IFN-gama Bloqueio IFN-gama	**Intravenoso:** Dose inicial 1 mg/kg/dose, duas vezes na semana. Doses subsequentes de acordo com a resposta clínica	LHH primária	SAM da AIJ sistêmica Ensaio clínico aberto em andamento (NCT03311854)
Etanercepte	Proteína de fusão TNFRII/FcIgG1 Bloqueio TNF-α e TNF-β solúveis	**Subcutâneo:** < 63 kg: 0,8 mg/kg/dose 1x/semana > 63 kg: 50 mg 1x/semana Dose máxima = 50 mg	AIJ poliarticular, artrite relacionada à entesite e psoriásica juvenil: acima de 2 anos de idade	DMJ CNO TRAPS
Golimumabe	mAb anti-TNF-α Bloqueio TNF-α solúvel e transmembrana	**Subcutâneo:** 50 mg a cada 4 semanas Intravenoso: 50 mg a cada 8 semanas	AIJ poliarticular: acima de 2 anos (EMA)	
Imunoglobulina humana intravenosa	Neutralização de citocinas e autoanticorpos, inibição da ativação do complemento, saturação e modulação receptores Fcγ, expansão células T regulatórias	**Intravenosa:** Dose máxima – 100 g **PTI:** 400 mg/kg/dia por 2 a 5 dias **Doença de Kawasaki:** 2 g/kg, infusão de 12-24 horas **Erros inatos da imunidade:** 300 a 800 mg/kg a cada 3 a 4 semanas	Doença de Kawasaki SIM-P Erros inatos da imunidade com deficiência de anticorpos Trombocitopenia imune primária	DMJ LESJ SAM/LHH SAF catastrófica Vasculite ANCA grave Doença do espectro neuromielite óptica

(*continua*)

TABELA 1 Imunobiológicos, biossimilares e pequenas moléculas nas doenças reumáticas pediátricas – posologia, indicações aprovadas e uso não indicado em bula (*off-label*) ou sob estudo. (*continuação*)

Nome farmacológico	Mecanismo de ação	Doses e vias de administração	Indicações aprovadas	Uso não indicado em bula (*off-label*) ou sob estudo
Infliximabe	mAb anti-TNF-α Bloqueio TNF-α solúvel e transmembrana	**Intravenoso:** **Doença de Crohn:** 5 mg/kg/dose – nas semanas 0, 2 e 6 e depois a cada 8 semanas **AIJ:** 3 mg/kg/dose – nas semanas 0, 2 e 6 e depois a cada 4 a 8 semanas	Doença de Crohn: acima de 6 anos de idade	AIJ poliarticular AIJ relacionada à entesite Uveíte não infecciosa Sarcoidose Doença de Kawasaki SIM-P Arterite de Takayasu Doença de Behçet
Mepolizumabe	mAb anti-IL-5 Bloqueio IL-5	**Subcutâneo:** 6 a 11 anos: 40 mg 4/4 semanas > 12 anos: 100 mg 4/4 semanas	Asma grave: acima de 6 anos	Granulomatose eosinofílica com poliangiíte

(*continua*)

TABELA 1 Imunobiológicos, biossimilares e pequenas moléculas nas doenças reumáticas pediátricas – posologia, indicações aprovadas e uso não indicado em bula (*off-label*) ou sob estudo. (*continuação*)

Nome farmacológico	Mecanismo de ação	Doses e vias de administração	Indicações aprovadas	Uso não indicado em bula (*off-label*) ou sob estudo
Rituximabe	mAb anti-CD20 Ligação CD20 de células B maduras e pré-B ocasionando lise celular	**Intravenoso:** Para GPA e PAM: 375 mg/m^2/semana 4 doses	Linfoma não Hodgkin B Leucemias de linfócitos B GPA PAM	PTI LESJ (nefrite, neuro, hemato, pulmão) SAF catastrófica AIJ poliarticular FR positivo DMJ Esclerodermia sistêmica Doença do espectro neuromielite óptica
Tofacitinibe	Inibidor JAK1,2,3	**Oral:** 10-20 kg 3,2 mg 2x/dia 20-40 kg 4 mg 2x/dia ≥ 40 kg 5 mg 2x/dia	AIJ poliarticular: acima de 2 anos (FDA)	AIJ sistêmica (NCT03000439) Uveíte não infecciosa

(*continua*)

TABELA 1 Imunobiológicos, biossimilares e pequenas moléculas nas doenças reumáticas pediátricas – posologia, indicações aprovadas e uso não indicado em bula (*off-label*) ou sob estudo. (*continuação*)

Nome farmacológico	Mecanismo de ação	Doses e vias de administração	Indicações aprovadas	Uso não indicado em bula (*off-label*) ou sob estudo
Tocilizumabe	mAb anti-receptor solúvel da IL-6 Bloqueio da IL-6 solúvel e transmembrana	**Intravenoso – AIJ poliarticular:** < 30 kg – 10 mg/kg/dose 4/4 semanas > 30 kg – 8 mg/kg/dose 4/4 semanas Dose máxima – 800 mg **Subcutâneo – AIJ poliarticular:** < 30 kg – 162 mg a cada 3 semanas > 30 kg – 162 mg a cada 2 semanas **Intravenoso – AIJ sistêmica:** < 30 kg – 12 mg/kg/dose 2/2 semanas > 30 kg – 8 mg/kg/dose 2/2 semanas Dose máxima – 800 mg/dose **Subcutâneo – AIJ sistêmica:** < 30 kg – 162 mg a cada 3 semanas > 30 kg – 162 mg a cada 2 semanas	AIJ sistêmica e poliarticular: acima de 2 anos de idade	Uveíte não infecciosa Esclerodermia Arterite de Takayasu Doença de Behçet
Secuquinumabe	mAb anti-IL-17A Bloqueio da IL-17A	**Subcutâneo:** 15 a 50 kg – 75 mg/semana nas semanas 1, 2, 3 e 4, depois 75 mg a cada 4 semanas > 50 kg – 150 mg/semana nas semanas 1, 2, 3 e 4, depois 150 mg a cada 4 semanas	Psoríase: acima de 6 anos	AIJ relacionada à entesite AIJ psoriásica

(*continua*)

TABELA 1 Imunobiológicos, biossimilares e pequenas moléculas nas doenças reumáticas pediátricas – posologia, indicações aprovadas e uso não indicado em bula (*off-label*) ou sob estudo. (*continuação*)

Nome farmacológico	Mecanismo de ação	Doses e vias de administração	Indicações aprovadas	Uso não indicado em bula (*off-label*) ou sob estudo
Ustequinumabe	mAb IgG1 anti-IL-12/23 Bloqueio da IL-23 e da IL-12	Subcutâneo – psoríase e artrite psoriásica: < 60 kg – 0,75 mg/kg semanas 0 e 4, depois 0,75 mg/dose a cada 12 semanas 60 a 100 kg – 45 mg semanas 0 e 4, depois 45 mg a cada 12 semanas > 100 kg – 90 mg semanas 0 e 4, depois 90 mg a cada 12 semanas **Intravenoso (indução) – Doença inflamatória intestinal:** < 55 kg – dose única 260 mg 56 a 85 kg – dose única 390 mg > 86 kg – dose única 520 mg **Subcutâneo (manutenção):** 90 mg a cada 8 semanas	Psoríase em placas moderada a grave e artrite psoriásica: acima de 6 anos Doença inflamatória intestinal: acima de 12 anos	AIJ relacionada à entesite AIJ psoriásica – NCT05252533 e NCT05083182

IL: interleucina; AIJ: artrite idiopática juvenil; TNF: fator de necrose tumoral; mAb: anticorpo monoclonal; LESJ: lúpus eritematoso sistêmico juvenil; DMJ: dermatomiosite juvenil; LRBA: LPS *Responsive Beige-Like Anchor Protein*; TRAPS: síndrome periódica associada ao receptor de TNF; MVK: deficiência de mevalonato quinase; FFM: febre familial do Mediterrâneo; GPA: granulomatose com poliangiíte; PAM: poliangiíte microscópica; FR: fator reumatoide; PTI: trombocitopenia imune primária; SHUa: síndrome hemolítico-urêmica atípica; HPN: hemoglobinúria paroxística noturna; SAF: síndrome antifosfolípide; IFN: interferon; LHH: linfohistiocitose hematofagocítica; SAM: síndrome de ativação macrofágica; DII: doença inflamatória intestinal; DADA2: deficiência de adenosina deaminase 2; CNO: osteomielite crônica não infecciosa; SIM-P: síndrome inflamatória multissistêmica pediátrica associada à Covid-19; ANCA: anticorpo anticitoplasma de neutrófilos.

Em 2019, um marco histórico relevante na Reumatologia pediátrica foi a divulgação de um marco histórico, com o primeiro Protocolo Clínico e Diretriz Terapêutica (PCDT) para AIJ, cujos algoritmos incluem cinco dos imunobiológicos aprovados nas quatro instâncias (FDA, EMA, Anvisa e disponíveis nas Secretarias de Saúde no SUS e Saúde Suplementar) para crianças e adolescentes. Atualmente, etanercepte, adalimumabe, IFX (anti-TNFα), tocilizumabe (anti-IL-6) e abatacepte (bloqueador de coestimulação de linfócitos T) estão disponíveis. Esse PCDT resultou do esforço de vários profissionais atentos aos interesses e ao bem-estar dos pacientes pediátricos visando ao controle de uma doença crônica de alta morbidade, que pode evoluir com artrite crônica, deformidades articulares irreversíveis, déficit funcional de crescimento físico e puberal e indiscutível prejuízo na qualidade de vida relacionada à saúde. Além das manifestações articulares, os casos da AIJ que têm uveíte podem evoluir para cegueira bilateral irreversível quando não tratados adequadamente.

Canaquinumabe, belimumabe e rituximabe também foram aprovados pela Anvisa para uso na Reumatologia pediátrica. Entretanto, estes não foram incluídos no PCDT de AIJ, assim como há ainda restrição do uso no LESJ no SUS e também na dispensação no Brasil pela Saúde Suplementar.

COMO PRESCREVER OS IMUNOBIOLÓGICOS?

Os imunobiológicos, biossimilares e pequenas moléculas são prescritos de acordo com a indicação por doença reumatológica pediátrica. Cada um destes têm dose específica, requerendo também monitorização prospectiva clínica e laboratorial, com atenção aos eventos adversos. As principais doses estão inseridas na Tabela 1.

Antes do início de um medicamento imunobiológico, biossimilar ou pequenas moléculas, deve ser feita a triagem para a presença de tuberculose, hepatites infecciosas e, dependendo das recomendações locais, para doença de Chagas, sífilis, doenças fúngicas (histoplasmose, coccidioidomicose etc.) ou leishmaniose.

Crianças e adolescentes com doenças reumáticas e indicação de tratamento com imunobiológicos, biossimilares e pequenas moléculas devem ser avaliadas para infecção tuberculose latente pela prova tuberculínica (derivado de proteína purificada [PPD] ou teste de Mantoux) ou um teste de liberação do gamainterferona, como IGRA ou QuantiFERON®-Gold. Este último parece ter maior especificidade particularmente em pacientes que receberam vacinação com o bacilo Calmette-Guérin (BCG). A radiografia de tórax será necessária se o resultado do PPD for positivo. Se PPD ou QuantiFERON®-Gold for positivo, deve-se realizar uma investigação completa do paciente e da família para tuberculose-doença.

EVENTOS ADVERSOS IMEDIATOS

As reações adversas na administração dos biológicos podem ser classificadas em alérgicas ou de hipersensibilidade do tipo I, quando são mediadas por IgE; e não alérgicas ou reações de hipersensibilidade do tipo II, quando não são mediadas por IgE, e sim por liberação de citocinas e produção de anticorpos. A maioria das reações adversas relacionadas à aplicação dos biológicos são do tipo não alérgica. Muitas dessas reações acontecem nas primeiras horas e reforçam a necessidade de vigilância nos locais de aplicações de tais medicamentos (como centros de dispensação, hospital-dia, ambulatórios ou mesmo hospitalização para uso), particularmente nas primeiras aplicações.

Podem-se considerar as reações adversas imediatas como aquelas que ocorrem durante a administração e/ou até 30 minutos depois. Essas reações podem afetar diferentes órgãos e sistemas e ser representadas por angioedema, manifestações gastrintestinal, cutânea, respiratória, hemodinâmica, musculoesquelética, neurológica ou mista (quando há acometimento de mais de um sistema). O acometimento do trato gastrintestinal (náuseas, vômitos, dor abdominal) e cutâneo (exantema, rubor facial, urticária) é o mais comuns na maioria dos estudos.

Imunoglobulina humana policlonal

Reações anafilactoides, eventos tromboembólicos, nefrose osmótica, injúria renal aguda, hemólise e meningite asséptica podem ocorrer. A deficiência seletiva de IgA deve ser excluída antes da infusão de IgIV, pois se associa a risco de reações alérgicas e anafiláticas se a IgIV contiver IgA. Os efeitos adversos alérgicos, tromboembólicos, de hemólise e meníngeos podem ser evitados com infusão em velocidade mais lenta e escalonada ou mudança de marca de IgIV.

Etanercepte

A maioria dos eventos adversos imediatos descritos são as reações no local de aplicação subcutâneo: dor, edema, rubor e prurido. Geralmente são de intensidade leve e nos primeiros 3 meses do tratamento.

Infliximabe

A maior parte das reações adversas imediatas está relacionada à infusão. Costumam ser de intensidade leve a moderada, sendo descritos dispneia, febre, exantema, tosse, urticária e até anafilaxia. É recomendada a associação com o metotrexato para evitar o desenvolvimento de anticorpos anti-IFX, que parecem correlacionar-se com as reações infusionais. A incidência e a gravidade dessas reações infusionais também podem ser minimizadas pelo pré-tratamento com corticosteroide intravenoso, difenidramina e acetaminofeno.

Adalimumabe

As principais são as reações no local de infusão, como dor, calor e edema local, menos frequentes desde a introdução no mercado das formulações livres de citrato.

Abatacepte

Os eventos adversos imediatos mais frequentes são cefaleia e náuseas. Também podem ocorrer hipotensão, urticária, broncoespasmo e raramente anafilaxia. Há relatos de reações leve a moderadas no sítio de injeção para a apresentação subcutânea.

Tocilizumabe

As reações adversas imediatas incluem reações de hipersensibilidade no local da aplicação, febre, prurido, urticária, dor abdominal, cefaleia, tontura, tosse, dispneia e hipertensão arterial.

Canaquinumabe

As reações adversas imediatas costumam ser leves e representadas por reações no local da injeção. Também há relatos de dor abdominal em andar superior, artralgias e mialgias.

Rituximabe

As reações adversas imediatas incluem rubor na face, exantema, cefaleia, tremores, calafrios, náuseas, vômitos, coriza, congestão nasal, dispneia, dor abdominal, tonturas, palpitações, precordialgia, artromialgia, ansiedade, agitação, anafilaxia e aumento da pressão arterial, geralmente na infusão da primeira dose. Essas manifestações são provavelmente de natureza alérgica e ocorrem em cerca de 10% dos pacientes após a primeira infusão. A incidência e a gravidade dessas reações infusionais podem ser minimizadas através do pré-tratamento com corticoide intravenoso, difenidramina e acetaminofeno.

Belimumabe

Podem ocorrer reações de hipersensibilidade (10% no mesmo dia da infusão) e até anafilaxia mais raramente. A incidência e a gravidade dessas reações infusionais podem ser minimizadas pelo pré-tratamento com corticoide intravenoso, difenidramina e acetaminofeno.

EVENTOS ADVERSOS TARDIOS

Como eventos adversos tardios relacionados a imunobiológicos, biossimilares e pequenas moléculas, destacam-se indução de anticorpos antidrogas, infecções tardias, desencadeamento de doenças autoimunes, doenças desmielinizantes e câncer.

Essencialmente, todos os agentes biológicos são imunogênicos. Mesmo anticorpos monoclonais humanizados e moléculas de fusão podem induzir anticorpos antidrogas. Os efeitos dos anticorpos antiquiméricos humanos e anticorpos anti-humanizados incluem redução nos níveis séricos, reações anafilactoides, neutralização da atividade biológica com perda de eficácia clínica eficácia em médio e longo prazos.

Metanálise e revisão sistemática recente evidenciaram que a prevalência de anticorpos antidrogas variou de 0% a 82% em nove agentes biológicos usados para AIJ. A prevalência agrupada geral de anticorpos antidrogas foi de 16,9%. A análise qualitativa dos estudos incluídos indicou que os anticorpos para IFX, adalimumabe, anakinra e tocilizumabe foram associados a eficácia reduzida e/ou reações de hipersensibilidade. O uso concomitante de metotrexato reduziu uniformemente o risco de formação de anticorpos durante o tratamento com adalimumabe (razão de risco 0,33; IC 95%, 0,21-0,52).

Os imunobiológicos são raramente associados ao desencadeamento de doenças autoimunes e autoinflamatórias, incluindo sarcoidose, doença de Crohn, colite ulcerativa, síndrome semelhante ao lúpus, esclerose sistêmica, síndrome de Guillain-Barré, doença autoimune da tireoide, trombocitopenia imune primária, vitiligo e psoríase.

Estudo recente de base populacional evidenciou que os imunobiológicos estavam associados a câncer entre pacientes adultos israelenses com artrite reumatoide. No entanto, a relação entre doenças reumatológicas inflamatórias autoimunes crônicas e malignidade nas crianças e adolescentes tem sido raramente relatada nos últimos anos. Como exemplo, um estudo multicêntrico do Canadá relatou apenas um caso de câncer (linfoma de Hodgkin) entre 1.834 pacientes com AIJ durante o período médio de acompanhamento de 12,2 anos. Por conseguinte, o risco de malignidade não aumentou, pelo menos nos primeiros anos após o diagnóstico de AIJ.

Registros baseados em doenças para AIJ coletando dados longitudinais e medidas de atividade da doença em um grande grupo de pacientes ajudarão a abordar essas questões, bem como o papel das terapias sequenciais e concomitantes.

ORIENTAÇÃO PARA VACINAÇÃO

Os pacientes pediátricos com doenças reumáticas têm risco aumentado de infecções, pela própria doença crônica (com possibilidades de imunossenescência precoce, atividade, leucopenia, linfopenia, neutropenia, asplenia funcional e possibilidade de associação a erros inatos da imunidade, como deficiência de IgA e deficiências das frações iniciais do complemento) ou pelo tratamento com imunossupressor, imunobiológico, biossimilar e/ou pequenas moléculas adotado. A despeito disso, a cobertura vacinal nesses pacientes é baixa, por vários motivos: não encaminhamento sistemático para vacinação, preocupações de que as vacinas ou adjuvantes possam exacerbar atividade, induzir reativação ou causar outras doenças autoimunes.

Assim, antes de iniciar o uso de um imunobiológico, biossimilar ou pequena molécula, é fortemente recomendada a checagem e atualização prévia da caderneta vacinal de acordo com a faixa etária, regularmente, minimamente a cada ano. A vacinação deve ser sempre individualizada, planejada e idealmente feita em fases de doença inativa e previamente à instituição do tratamento imunossupressor ou biológico, sempre que possível. Devem-se sempre levar em consideração os seguintes aspectos: características do paciente e da doença reumática de base; riscos da infecção natural e presumido de cada vacina em diferentes contextos de doença e tratamento; história epidemiológica de exposição a determinados agentes infecciosos.

A vacinação dos contactantes e da equipe de saúde também é de suma importância para reduzir as infecções imunopreveníveis nesses pacientes, sendo contraindicada apenas a vacina pólio oral.

Em geral, as vacinas inativadas são seguras, mas devem ser preferencialmente administradas 14 dias antes do início da medicação, visando assegurar a imunogenicidade. Caso a administração prévia não seja possível, deve-se avaliar a resposta a essas vacinas ao término do tratamento e considerar repetir as doses. As vacinas recomendadas, seguindo o calendário de cada idade e país, são: *influenza* sazonal (se disponível quadrivalente), HPV4 (se disponível HPV9), hepatites A e B, tríplice bacteriana acelular, hemófilo B (*booster*), meningocócica B e ACWY.

No entanto, as vacinas de agentes vivos não devem ser administradas durante o uso dessas drogas, e sim 4 semanas antes. Importante salientar que, em relação ao uso de terapias depletoras de células B (rituximabe e belimumabe), as vacinas devem ser administradas 6 meses após a dose ou 2-4 semanas antes do próximo curso. Em caso de uso de IgIV, há interferência com a eficácia de vacinas vivas atenuadas, mas não há prejuízos à segurança. Recomenda-se, sempre que possível, adiar as doses dessas vacinas (tríplice viral, tetra viral, varicela, febre amarela) por 8 meses se dose de IgIV 400 mg/kg, em 10 meses se dose de IgIV 1g/kg e em 11 meses se dose de IgIV 2 g/kg.

CONCLUSÕES

Os medicamentos imunobiológicos, biossimilares e pequenas moléculas são comumente chamados de "terapia-alvo" e referem-se a um grupo amplo de medicamentos que atuam diretamente no sistema imunológico, principalmente nas células T, células B, interação ligante-receptor, citocinas, quimiocinas, inibição de enzimas, entre outros. Vários desses fármacos estão aprovados e disponíveis para diversas doenças reumatológicas autoimunes e autoinflamatórias, como AIJ (subtipos poliarticular, sistêmico e relacionado à entesite), artrite psoriásica juvenil, LESJ, DMJ, esclerodermia sistêmica, vasculites primárias (doença de Kawasaki, vasculites associadas ao ANCA e arterite de Takayasu), síndrome de ativação macrofágica e doenças autoinflamatórias.

BIBLIOGRAFIA

Adrovic A, Yildiz M, Köker O, Şahin S, Barut K, Kasapçopur Ö. Biologics in juvenile idiopathic arthritis-main advantages and major challenges: A narrative review. Arch Rheumatol. 2020;36(1):146-57.

Ambler WG, Nanda K, Onel KB, Shenoi S. Refractory systemic onset juvenile idiopathic arthritis: current challenges and future perspectives. Ann Med. 2022;54(1):1839-50.

Arnold DD, Yalamanoglu A, Boyman O. Systematic Review of Safety and Efficacy of IL-1-Targeted Biologics in Treating Immune-Mediated Disorders. Front Immunol. 2022;13:888392.

Balani S, Kizilbash SJ, Kouri AM. Antineutrophilic cytoplasmic antibody-associated vasculitis and the kidney. Curr Opin Pediatr. 2022;34(2):197-202.

Bernatsky S, Rosenberg AM, Oen KG, Duffy CM, Ramsey-Goldman R, Labrecque J, et al. Malignancies in juvenile idiopathic arthritis: a preliminary report. J Rheumatol. 2011;38(4):760-3.

Brunelli JB, Schmidt AR, Sallum AME, Goldenstein-Schainberg C, Bonfá E, Silva CA, et al. High rate of serious infection in juvenile idiopathic arthritis patients under biologic therapy in a real-life setting. Mod Rheumatol. 2018;28(2):264-70.

Brunelli JB, Silva CA, Pasoto SG, Saa CGS, Kozu KT, Goldenstein-Schainberg C, et al. Anti-adalimumab antibodies kinetics: an early guide for juvenile idiopathic arthritis (JIA) switching. Clin Rheumatol. 2020;39(2):515-21.

Brunner HI, Foeldvari I, Alexeeva E, Ayaz NA, Calvo Penades I, Kasapcopur O, et al.; Paediatric Rheumatology International Trials Organization (PRINTO) and Pediatric Rheumatology Collaborative Study Group (PRCSG). Secukinumab in enthesitis-related arthritis and juvenile psoriatic arthritis: a randomised, double-blind, placebo-controlled, treatment withdrawal, phase 3 trial. Ann Rheum Dis. 2023;82(1):154-60.

Brunner HI, Ruperto N. Therapeutics: Biologics and small molecules. In: Petty RE, Laxer RM, Lindsley CB, Wedderburn LR, Mellins ED, Fuhlbrigge RC. Textbook of Pediatric Rheumatology. 8. ed. Philadelphia: Elsevier; 2021. p. 175-94.

Burmester GR, Bijlsma JWJ, Cutolo M, McInnes IB. Managing rheumatic and musculoskeletal diseases - past, present and future. Nat Rev Rheumatol. 2017;13(7):443-8.

Corredores J, Vofo B, Amer R. Uveitis in Children: The Role of Biological Agents in Its Management. Biomedicines. 2023;11(2):629.

Cuevas OA, Hedrich CM. Biosimilars in pediatric rheumatology and their introduction into routine care. Clin Immunol. 2020; 216:108447.

Doeleman MJH, van Maarseveen EM, Swart JF. Immunogenicity of biologic agents in juvenile idiopathic arthritis: a systematic review and meta-analysis. Rheumatology (Oxford). 2019;58(10):1839-49.

Gillard L, Pouchot J, Cohen-Aubart F, Koné-Paut I, Mouterde GI, Michaud M, et al. JAK inhibitors in difficult-to-treat adult-onset Still's disease and systemic-onset juvenile idiopathic arthritis. Rheumatology. 2023;62(4):1594-604.

Jansen MHA, Rondaan C, Legger GE, Minden K, Uziel Y, Toplak N, et al. EULAR/PRES recommendations for vaccination of paediatric patients with autoimmune inflammatory rheumatic diseases: update 2021. Ann Rheum Dis. 2023;82(1):35-47.

Katarzyna PB, Wiktor S, Ewa D, Piotr L. Current treatment of systemic lupus erythematosus: a clinician's perspective. Rheumatol Int. 2023;43(8):1395-407.

Katony Eizenstat E, Hassan F, Golan Cohen A, Merzon E, Green I, Paz Z, et al. Biologic therapy is associated with malignancies among Israeli patients with rheumatoid arthritis: A population-based study. Int J Rheum Dis. 2023;26(7):1330-1336.

Leu JH, Shiff NJ, Clark M, Bensley K, Lomax KG, Berezny K, et al. Intravenous Golimumab in Patients with Polyarticular Juvenile Idiopathic Arthritis and Juvenile Psoriatic Arthritis and Subcutaneous Ustekinumab in Patients with Juvenile Psoriatic Arthritis: Extrapolation of Data from Studies in Adults and Adjacent Pediatric Populations. Paediatr Drugs. 2022;24(6):699-714.

Maniscalco V, Maccora I, Girodo F, Tomaselli M, Priolo G, Marrani E, et al. Anti-IL17 treatment in childhood chronic rheumatic diseases. Expert Opin Biol Ther. 2023;23(5):429-41.

Mannis JP. Overview of therapeutic monoclonal antibodies. Internet]. UpToDate. Waltham, MA: UpToDate Inc. [acesso em fevereiro de 2024].

Millan P, Gavcovich TB, Abitbol C. Childhood-onset Takayasu arteritis. Curr Opin Pediatr. 2022;34(2):223-8.

Neves LM, Haefeli LM, Hopker LM, Ejzenbaum F, Moraes do Nascimento H, Aikawa N, et al. Monitoring and Treatment of Juvenile Idiopathic Arthritis-associated Uveitis: Brazilian Evidence-based Practice Guidelines. Ocul Immunol Inflamm. 2022;30(6):1384-98.

Nomura O, Fukuda S, Ota E, Ono H, Ishiguro A, Kobayashi T. Monoclonal antibody and anti-cytokine biologics for Kawasaki disease: A systematic review and meta-analysis. Semin Arthritis Rheum. 2021;51(5):1045-56.

Paroli M, Spadea L, Caccavale R, Spadea L, Paroli MP, Nante N. The Role of Interleukin-17 in Juvenile Idiopathic Arthritis: From Pathogenesis to Treatment. Medicina (Kaunas). 2022;58(11):1552.

Patel SV, Khan DA. Adverse Reactions to Biologic Therapy. Immunol Allergy Clin North Am. 2017;37(2):397-412.

Piotto D, Nicacio A, Neto A, Mourão AF, Oliveira-Ramos F, Campanilho-Marques R, et al. Spotlight on latent tuberculosis infection screening for juvenile idiopathic arthritis in two countries, comparing high and low risk patients. Adv Rheumatol. 2022;62(1):20.

Protocolo Clínico e Diretrizes Terapêuticas da Artrite Idiopática Juvenil (AIJ), número 513. Brasília, DF: Ministério da Saúde; 2020.

Rosina S, Giancane G, Ruperto N. Emerging therapies for juvenile arthritis: agents in early clinical trials. Expert Opin Invest Drugs. 2023;31(10):1109-24.

Shiff NJ, Beukelman T. Pharmacosurveillance in Juvenile Idiopathic Arthritis. Rheum Dis Clin North Am. 2021;47(4):643-53.

Solé D, Sano F, Rosário NA, Antila MA, Aranda CS, Chong-Neto HJ. Guia prático de atualização: medicamentos biológicos no tratamento da asma, doenças alérgicas e imunodeficiências. Arq Asma Alerg Imunol. 2019;3(3):207-58.

Soriano A, Soriano M, Espinosa G, Manna R, Emmi G, Cantarini L, et al. Current Therapeutic Options for the Main Monogenic Autoinflammatory Diseases and PFAPA Syndrome: Evidence-Based Approach and Proposal of a Practical Guide. Front Immunol. 2020;11:865.

Trindade VC, Carneiro-Sampaio M, Bonfa E, Silva CA. An Update on the Management of Childhood-Onset Systemic Lupus Erythematosus. Paediatr Drugs. 2021;23(4):331-47.

13

Novos Imunobiológicos e Pequenas Moléculas aprovados para Adultos

Ana Cristina de Medeiros Ribeiro
Andrea Yukie Shimabuco Silva

DESTAQUES

- Inibidores de TNF
- Inibidores de IL-17
- Inibidores de IL-12/23 E DE IL-23
- Inibidores de IL-IFN TIPO I
- Inibidores de JAK

INTRODUÇÃO

O uso das terapias avançadas em Reumatologia se expandiu notavelmente nos últimos 25 anos, com o advento dos medicamentos modificadores do curso da doença – biológicos (MMCDb). Inicialmente os inibidores de TNF (*tumoral necrosis factor* ou fator de necrose tumoral) (iTNF) etanercepte, infliximabe e adalimumabe e o anti-CD20 rituximabe se estabeleceram como opções de tratamento para a artrite reumatoide (AR). Na sequência, ainda com estudos pivotais em AR, surgiram outros MMCDb com mecanismos de ação distintos, como os inibidores da via da interleucina 6 (IL-6; tocilizumabe) e o agente anticoestimulação de linfócitos (abatacepte), inicialmente voltados para o tratamento da AR. Todas essas medicações tiveram suas indicações expandidas para o uso em outras doenças, inclusive em Reumatologia pediátrica, e já foram discutidas em outros capítulos.

Neste capítulo, abordaremos MMCDb usados em Reumatologia Geral, ainda não amplamente utilizados na Reumatologia pediátrica, como os iTNF desenvolvidos mais recentemente (golimumabe e certolizumabe), os agentes utilizados no espectro das espondiloartropatias soronegativas, com mecanismo de ação anti-IL-17 (secuquinumabe e ixequizumabe), anti-IL-12/23 (ustequinumabe) e anti-IL-23 (guselcumabe e risanquizumabe) e o agente aprovado para uso em lúpus eritematoso sistêmico, com ação anti-interferon tipo I (anti-IFN), o anifrolumabe. Além destes, discutiremos os inibidores de Janus quinase (iJAK), medicamentos sintéticos de uso oral, direcionados contra alvos intracelulares específicos.

INIBIDORES DE TNF

O uso dos iTNF foi pioneiro no tratamento das artropatias inflamatórias, com indicação expandida para diversas doenças, com grande representatividade no mercado. O infliximabe se caracteriza por ser um anticorpo monoclonal quimérico com porção Fab (*fragment antigen-binding* ou fragmento de união ao antígeno) humana específica contra TNF e porção Fc (de função) com componentes de origem humana e murina, o que pode induzir maior imunogenicidade, formação de anticorpos antidroga e encurtamento do tempo de sobrevida da medicação. Ele também foi o único iTNF endovenoso por muito tempo. Já o adalimumabe é um anticorpo monoclonal totalmente humano, enquanto o etanercepte é uma molécula de fusão entre o receptor de TNF e uma porção Fc de imunoglobulina humana. Esses dois últimos são de uso subcutâneo e têm sido associados a maior tempo de sobrevida, por não serem tão imunogênicos como o infliximabe. Tanto o infliximabe como o adalimumabe e o etanercepte atravessam a barreira placentária. Assim, surgiram novas opções de tratamento nessa classe: o golimumabe, anticorpo monoclonal totalmente humano com opção de apresentação tanto para infusão endovenosa como subcutânea; e o certolizumabe, anticorpo monoclonal humanizado peguilado na porção Fc, o que lhe confere a característica de não atravessar a placenta. Tanto o golimumabe como o certolizumabe são aprovados para a maioria das indicações dos outros iTNF monoclonais (Tabela 1). Têm também um perfil de segurança semelhante aos iTNF monoclonais, com aumento do risco infeccioso geral e de infecções por germes intracelulares obrigatórios, como vírus da varicela-zóster, tuberculose, micobacterioses atípicas e infecções fúngicas.

INIBIDORES DE IL-17

Várias linhas de pesquisa identificaram a via da IL-17 como alvo-terapêutico promissor nas espondiloartrites. De fato, o número de células produtoras de IL-17 está elevado na circulação e nos tecidos-alvo nesses pacientes, incluindo a pele e o líquido sinovial. O secuquinumabe é um anticorpo monoclonal totalmente humano que se liga de maneira seletiva à citocina pró-inflamatória IL-17A, neutralizando-a e inibindo a interação com seu receptor. Ele é aprovado em bula para pacientes adultos com psoríase moderada a grave, artrite psoriásica e espondiloartrite axial radiográfica ou não radiográfica. Para pacientes pediátricos, ele está aprovado para psoríase moderada a grave a partir de 6 anos de idade, artrite idiopática juvenil relacionada a entesite a partir dos 4 anos de idade e artrite psoriásica juvenil a partir dos 2 anos de idade. Segundo o Ministério da Saúde (MS), a medicação está disponível apenas para pacientes maiores de 18 anos, com artrite psoriásica, espondilite anquilosante e psoríase (Tabela 1). O ixequizumabe também é um anticorpo monoclonal, humanizado, porém de alta afinidade que seletivamente se liga à IL-17A. Da mesma forma, ele está indicado em bula para pacientes adultos com psoríase moderada a grave, artrite psoriásica e espondiloartrite axial radiográfica ou não radiográfica. Para pacientes pediátricos, só tem aprovação para maiores de 6 anos com psoríase moderada a grave. No Sistema Único de Saúde (SUS), o ixequizumabe não está liberado para qualquer indicação (Tabela 1). Essas drogas apresentam bom perfil de segurança, sendo indicados os mesmos cuidados recomendados para os demais imunobiológicos, com um pouco mais de cautela para infecções fúngicas e uso em pacientes com doença inflamatória intestinal ativa.

INIBIDORES DE IL-12/23 E DE IL-23

Outra via bem estabelecida na patogênese das espondiloartrites e psoríase, e das doenças inflamatórias intestinais, é das IL-12 e IL-23, principalmente na maturação e diferenciação Th1/Th2, inclusive do Th17, com evidência de aumento dessas citocinas nos tecidos cutâneos, sangue, intestinos e gânglios linfáticos. O ustequinumabe, anticorpo monoclonal completamente humano, se liga à subunidade p40 comum à IL-12 e à IL-23 e impede sua interação com a subunidade β1 do receptor de IL-12 e IL-23 nos complexos do receptor. Ele está indicado em bula para pacientes adultos com psoríase moderada a grave e artrite psoriásica, além de doença de Crohn e colite ulcerativa ativas moderada a grave (com apresentação endovenosa); para a população pediátrica, está aprovado para aqueles com psoríase moderada a grave acima de 6 anos de idade. O guselcumabe (humano) e o risanquizumabe (humanizado) são anticorpos monoclonais que bloqueiam a IL-23, com alta especificidade e afinidade. Eles estão aprovados para psoríase moderada a grave e artrite psoriásica apenas em pacientes adultos. Pelo SUS, o ustequinumabe e o risanquizumabe estão disponíveis para psoríase (Tabela 1). Os cuidados recomendados para o uso dessas medicações são as orientações padronizadas pela imunossupressão, pelo risco potencial associado.

INIBIDORES DE IL-IFN TIPO I

Diferentemente dos demais MMCD aqui apresentados, o anifrolumabe é um MMCDb desenvolvido para o tratamento de lúpus eritematoso sistêmico (LES) com aprovação específica para essa doença. O IFN tipo I é uma citocina pivotal na patogênese do LES. O anifrolumabe é um anticorpo monoclonal que tem como alvo a subunidade 1 do receptor do IFN tipo I. Ele é de uso intravenoso e mensal e foi eficaz em reduzir a atividade sistêmica da doença, sendo indicado para LES moderado a grave em uso de terapia-padrão. O medicamento é bastante eficaz no controle da atividade cutânea. A principal preocupação referente a seu uso é a ocorrência de infecções, incluindo herpes-zóster. Ele ainda não está disponível no SUS para a prática clínica diária do especialista.

INIBIDORES DE JAK

Os inibidores da enzima JAK surgiram como alternativa ao uso dos biológicos, quando muitas classes de MMCDb já existiam. Eles são MMCD sintéticos, produzidos quimicamente, tendo como alvo-específico a classe de enzimas intracelulares Janus quinases, que medeiam a ação de diversas citocinas inflamatórias do espaço extracelular para o intracelular – por isso são chamados de MMCD sintéticos alvo-específicos. São usados por via oral e têm meia-vida muito curta. As principais indicações aprovadas em bula são as artropatias inflamatórias sistêmicas em adultos, com expansão para a área de Dermatologia e doença inflamatória intestinal (Tabela 1). Os principais cuidados em seu uso incluem o aumento de infecções gerais e por herpes-zóster e a potencial associação com eventos tromboembólicos e cardiovasculares em pacientes predispostos.

TABELA 1 Medicamentos imunobiológicos e sintéticos alvo-específicos aprovados pelo Ministério da Saúde no Brasil

Nome genérico	Molécula	Alvo	Principais indicações (bula Anvisa)	Aprovação no SUS
Inibidores de TNF				
Certolizumabe (Cimzia®)	Ac monoclonal peguilado (SC)	TNF	Artrite reumatoide	Sim
			Artrite psoriásica	Sim
			Espondilite anquilosante	Sim
			Doença de Crohn	Sim
Golimumabe (Simponi®)	Ac monoclonal (SC e EV)	TNF	Artrite reumatoide	Sim
			Artrite psoriásica	Sim
			Espondilite anquilosante	Sim
			Espondiloartrite axial não radiográfica	Não
			Colite ulcerativa	Não
Anti-IL-17				
Secuquinumabe (Cosentyx®)	Ac monoclonal (SC)	IL-17	Artrite psoriásica	Sim
			Espondilite anquilosante	Sim
			Espondiloartrite axial não radiográfica	Não
			Psoríase (≥ 6 anos)	Sim (≥ 18 anos)
			Artrite relacionada à entesite (≥ 4 anos)	Não
			Artrite psoriásica juvenil (APJ) (≥ 2 anos)	Não
Ixequizumabe (Taltz®)	Ac monoclonal (SC)	IL-17	Artrite psoriásica	Não
			Espondilite anquilosante	Não
			Espondiloartrite axial não radiográfica	Não
			Psoríase (≥ 6 anos)	Não

(continua)

TABELA 1 Medicamentos imunobiológicos e sintéticos alvo-específicos aprovados pelo Ministério da Saúde no Brasil (*continuação*)

Nome genérico	Molécula	Alvo	Principais indicações (bula Anvisa)	Aprovação no SUS
			Anti-IL-12/23	
Ustequinumabe (Stelara®)	Ac monoclonal (SC e EV)	IL-12 e IL-23	Artrite psoriásica	Não
			Psoríase (≥ 6 anos)	Sim (≥ 18 anos)
			Doença de Crohn	Não
			Retocolite ulcerativa	Não
			Anti-IL-23	
Guselcumabe (Tremfya®)	Ac monoclonal (SC)	IL-23	Artrite psoriásica	Não
			Psoríase	Não
Risanquizumabe (Skyrizi®)	Ac monoclonal (SC)	IL-23	Psoríase	Sim
			Artrite psoriásica	Não
			Anti-INFy	
Anifrolumabe (Saphnelo®)	Ac monoclonal	Interferon gama	Lúpus eritematoso sistêmico	Não
			Inibidores de Janus quinase	
Tofacitinibe (Xeljanz®)	Pequena molécula de uso VO	JAK1, 2, 3, e em grau menor, TyK2	Artrite reumatoide	Sim
			Artrite psoriásica	Sim
			Colite ulcerativa	Sim

(*continua*)

TABELA 1 Medicamentos imunobiológicos e sintéticos alvo-específicos aprovados pelo Ministério da Saúde no Brasil (*continuação*)

Nome genérico	Molécula	Alvo	Principais indicações (bula Anvisa)	Aprovação no SUS
Baricitinibe (Olumiant®)	Pequena molécula de uso VO	JAK 1 e 2	Artrite reumatoide	Sim
			Dermatite atópica	Não
			Doença do coronavírus 2019 (covid-19)	Não
Upadacitinibe (Rinvoq®)		Seletivo e reversível da JAK1	Artrite reumatoide	Sim
			Artrite psoriásica	Não
			Espondilite Anquilosante	Não
			Espondiloartrite axial não radiográfica	Não
			Dermatite atópica	Não

Ac: anticorpos; EV: endovenoso; IL: interleucina; JAK: Janus quinase; SC: via subcutânea; TNF: fator de necrose tumoral; VO: via oral.

CONCLUSÕES

O conhecimento das vias inflamatórias das doenças autoimunes tem se aprofundado e permitido o desenvolvimento de novas terapias avançadas, tanto contra interleucinas ou seus receptores celulares, bloqueando a sua ação, como são os MMCDb, como contra alvos intracelulares específicos que medeiam a ação dessas citocinas, como são os MMCD sintéticos alvo-específicos. Isso tem permitido atingir necessidades previamente não atendidas no controle de inúmeras doenças autoimunes sistêmicas reumatológicas e não reumatológicas. A maior especificidade de ação dessas novas drogas leva à imunossupressão mais direcionada, ligada à supressão dos alvos atingidos, com bom perfil de segurança, mas requerendo atenção a aspectos específicos.

BIBLIOGRAFIA

Baeten D, Sieper J, Braun J, Baraliakos X, Dougados M, Emery P, et al. Secukinumab, an Interleukin-17A Inhibitor, in Ankylosing Spondylitis. N Engl J Med. 2015;373(26):2534-48.

Benson JM, Peritt D, Scallon BJ, Heavner GA, Shealy DJ, Giles-Komar JM, et al. Discovery and mechanism of ustekinumab: a human monoclonal antibody targeting interleukin-12 and interleukin-23 for treatment of immune-mediated disorders. MAbs. 2011;3(6):535-45.

Brasil. Agência Nacional de Vigilância Sanitária. Guselcumabe. [Bula]. [acesso em outubro de 2023]. Disponível em: https://consultas.anvisa.gov.br/#/medicamentos/25351177232201701/?nomeProduto=Tremfya.

Brasil. Agência Nacional de Vigilância Sanitária. Ixequizumabe. [Bula]. [acesso em outubro de 2023]. Disponível em: https://consultas.anvisa.gov.br/#/medicamentos/25351810931201604/.

Brasil. Agência Nacional de Vigilância Sanitária. Risanquizumabe. [Bula]. [acesso em outubro de 2023]. Disponível em: https://consultas.anvisa.gov.br/#/medicamentos/25351679594201864/?substancia=26345.

Brasil. Agência Nacional de Vigilância Sanitária. Secuquinumabe. [Bula]. [acesso em outubro de 2023]. Disponível em: https://consultas.anvisa.gov.br/#/medicamentos/25351101731201491/?substancia=25708.

Brasil. Agência Nacional de Vigilância Sanitária. Ustequinumabe. [Bula]. [acesso em outubro de 2023]. Disponível em: https://consultas.anvisa.gov.br/#/medicamentos/25351630200200806/?nomeProduto=STELARA.

Chatham WW, Furie R, Saxena A, Brohawn P, Schwetje E, Abreu G, et al. Long-Term Safety and Efficacy of Anifrolumab in Adults With Systemic Lupus Erythematosus: Results of a Phase II Open-Label Extension Study. Arthritis Rheumatol. 2021;73(5):816-25.

Fragoulis GE, McInnes IB, Siebert S. JAK-inhibitors. Fresh players in the field of immune-mediated diseases, beyond rheumatoid arthritis. Rheumatology (Oxford). 2019;58(Supplement_1):i43-i54.

Kalunian KC, Furie R, Morand EF, Bruce IN, Manzi S, Tanaka Y, et al. A Randomized, Placebo-Controlled Phase III Extension Trial of the Long-Term Safety and Tolerability of Anifrolumab in Active Systemic Lupus Erythematosus. Arthritis Rheumatol. 2023;75(2):253-65.

Nash P, Kerschbaumer A, Dörner T. Points to consider for the treatment of immune-mediated inflammatory diseases with Janus kinase inhibitors: a consensus statement. Ann Rheum Dis. 2021;80(1):71-87.

Schwartz DM, Bonelli M, Gadina M, O'Shea JJ. Type I/II cytokines, JAKs, and new strategies for treating autoimmune diseases. Nat Rev Rheumatol. 2016;12(1):25-36.

Tanaka Y, Takeuchi T, Okada M, Ishii T, Nakajima H, Kawai S, et al. Safety and tolerability of anifrolumab, a monoclonal antibody targeting type I interferon receptor, in Japanese patients with systemic lupus erythematosus: A multicenter, phase 2, open-label study. Mod Rheumatol. 2020;30(1):101-8.

van der Heijde D, Cheng-Chung Wei J, Dougados M, Mease P, Deodhar A, Maksymowych WP, et al. Ixekizumab, an interleukin-17A antagonist in the treatment of ankylosing spondylitis or radiographic axial spondyloarthritis in patients previously untreated with biological disease-modifying anti-rheumatic drugs (COAST-V): 16 week results of a phase 3 randomised, double-blind, active-controlled and placebo-controlled trial. Lancet. 2018;392(10163):2441-51.

SEÇÃO III

Como Organizar Um Centro de Dispensação de Imunobiológicos, Biossimilares e Pequenas Moléculas em Pediatria

14

Centro de Dispensação de Medicações Imunobiológicas, Biossimilares e Pequenas Moléculas em Pediatria

Clarissa Carvalho de Miranda Valões
Glaucia Vanessa Novak Molina
Nadia Emi Aikawa

DESTAQUES

- Os medicamentos imunobiológicos são injetáveis e sensíveis à temperatura, requerendo administração intravenosa ou subcutânea sob supervisão. É recomendável que a administração intravenosa ocorra em ambientes ambulatoriais ou hospitalares, destacando a relevância de locais como Centros de Infusão de Medicamentos Biológicos ou Centros de Terapia Assistida.
- Na admissão ao centro de terapia avançada, dois aspectos essenciais devem ser considerados: 1) avaliação da indicação clínica para o uso de imunobiológicos ou pequenas moléculas, de acordo com as diretrizes atualizadas de tratamento de doenças crônicas pediátricas pelas sociedades médicas especializadas, além de alinhamento com os protocolos do Sistema Único de Saúde (SUS) para os CID específicos; 2) realização de um rastreamento completo antes do início da terapia.
- Durante a terapia com medicamentos imunobiológicos e pequenas moléculas alvo-específicas, questões de segurança associadas a cada medicamento devem ser consideradas, incluindo monitoramento de riscos como tuberculose, doença desmielinizante e neoplasia (especialmente com terapia anti-TNF), citopenias, hepatotoxicidade e dislipidemia (com terapia anti-IL6 e inibidores de JAK), níveis reduzidos de IgG (terapia anti-CD20), precaução em pacientes com transtornos graves de humor (terapia anti-BAFF) e herpes-zóster (com inibidores de JAK).

INTRODUÇÃO

Nos últimos anos, o tratamento das doenças imunomediadas mudou consideravelmente com o advento das terapias imunobiológicas. A utilização das drogas antirreumáticas modificadoras do curso de doença (DMARD) sintéticas conseguem controlar cerca de 20% dos sintomas em aproximadamente 55% a 60% dos pacientes com doenças reumatológicas. Somente 10% a 20% atingem resposta de 70% na melhora da artrite. Porém, até mesmo nos pacientes que apresentam boa resposta com os DMARD sintéticos, uma parcela deles apresenta intolerância às medicações, como por exemplo náuseas com o metotrexato e diarreia com leflunomida, necessitando, assim, de outros medicamentos associados.

Os medicamentos imunobiológicos são drogas orgânicas produzidas e direcionadas a moléculas específicas das estruturas celulares ou secretadas no espaço extracelular. Esses fármacos são responsáveis por melhora da qualidade de vida relacionada à saúde e apresentam boa eficácia e segurança na faixa etária pediátrica. Além das doenças reumatológicas, os biológicos são utilizados nas doenças inflamatórias intestinais, dermatite atópica grave e outras doenças imunomediadas.

Os medicamentos imunobiológicos são injetáveis e termolábeis e devem ser administrados por via intravenosa ou subcutânea. Em geral, a grande maioria dos pacientes não está capacitada para manipular as medicações subcutâneas (conservação, aplicação e descarte), mesmo as autoaplicáveis; necessitando de um local apropriado para aprendizado e supervisão na administração das medicações. É indicado que a administração por via intravenosa seja feita num ambiente ambulatorial-hospitalar, por isso a importância de espaços como os Centros de Infusão de Medicamentos Biológicos ou Centros de Terapia Assistida.

Além disso, por serem moléculas orgânicas, essas medicações são muito delicadas e requerem cuidados especiais na conservação e no transporte. Por isso, as perdas resultantes do armazenamento inadequado e da expiração do prazo de validade das medicações seriam minimizadas ao utilizar os centros de terapia assistida, visto que eles contam com uma estrutura adequada para manipular as medicações.

Os centros de infusão também acompanham a indicação e a dispensação das medicações, além de atuarem no tratamento dos efeitos adversos imediatos. No contexto atual da assistência farmacêutica ambulatorial, as medicações biológicas são disponibilizadas pelo Componente Especializado em Assistência Farmacêutica (CEAF), estratégia de acesso a medicamentos ambulatoriais no âmbito do Sistema Único de Saúde (SUS).

As medicações disponibilizadas são listadas de acordo com os tratamentos descritos nos Protocolos Clínicos e Diretrizes Terapêuticas do Ministério da Saúde (PCDT), e, após a análise das documentações apresentadas pelos pacientes na farmácia designada, a medicação é dispensada diretamente ao paciente. A presença dos centros de infusão soluciona as questões envolvidas no fornecimento das medicações diretamente aos pacientes, retirando a responsabilidade do paciente com o armazenamento e transporte das medicações, aumentando a segurança do tratamento.

MEDICAMENTOS APROVADOS

O Quadro 1 exemplifica alguns medicamentos imunobiológicos e biossimilares aprovados pelo Ministério da Saúde ou pela Secretaria de Estado da Saúde (SES) para uso clínico na Reumatologia pediátrica.

AVALIAÇÃO PRÉ-TERAPIA BIOLÓGICA

Recomendações gerais

- Não iniciar ou administrar imunobiológico em vigência de infecção ativa.
- Antes de iniciar um tratamento com DMARD-biológico, deve ser feito rastreio para infecções como HIV, hepatite B, hepatite C e tuberculose. A depender da epidemiologia local, o rastreio de infecções fúngicas e leishmaniose deve também ser priorizado.
- Sempre manter vigilância prospectiva em relação às infecções.
- Todos os pacientes precisam atualizar o cartão vacinal de preferência antes do início da terapia com DMARD-biológico.
- É indicado realizar a vacina contra varicela nos pacientes sem história prévia de contato e com anticorpos não reagentes previamente à introdução de terapia imunossupressora.

Rastreio de tuberculose latente

A reativação da tuberculose latente (ILTB) pode ser consequente à exposição a uma nova fonte de infecção ou por reativação do *Mycobacterium tuberculosis*. As doenças, os tratamentos imunossupressores e outros fatores

QUADRO 1 Medicamentos imunobiológicos e biossimilares aprovados pelo Ministério da Saúde ou pela Secretaria de Estado da Saúde para uso clínico na Reumatologia pediátrica

Nome genérico	Molécula	Alvo	Principais indicações	Uso *off-label* (não indicados em bula)
Abatacepte	CTLA4-Ig	Inibidor seletivo de coestimulação de ativação células T	AIJ	Uveíte não infecciosa DMJ Haploinsuficiência CTLA-4 Deficiência de LRBA
Adalimumabe Amgevita* Hyrimoz* Idacio* Xilbrilada*	mAb anti-TNFα	Bloqueio de interação TNFα e seu receptor	AIJ Uveíte não infecciosa Doença de Crohn Hidradenite supurativa	Sarcoidose DADA2
Belimumabe	mAb anti-BAFF/BLys	Bloqueio BLyS solúvel	Maiores de 5 anos: LESJ	
Etanercepte Brenzys* Bio-Manguinhos Erelzi	TNFRII/FcIgG1	Proteína de fusão TNFR	AIJ	DMJ
Infliximabe Remsima* Renflexis Xilfya, Avsola	mAb anti-TNFα	Ligação com TNFα solúvel e transmembrana	Doença de Crohn	AIJ Uveíte não infecciosa Sarcoidose Doença de Kawasaki Arterite de Takayasu Doença de Behçet

(continua)

QUADRO 1 Medicamentos imunobiológicos e biossimilares aprovados pelo Ministério da Saúde ou pela Secretaria de Estado da Saúde para uso clínico na Reumatologia pediátrica (*continuação*)

Nome genérico	Molécula	Alvo	Principais indicações	Uso *off-label* (não indicados em bula)
Rituximabe Riximyo* Vivaxxia Truxima Ruxience Bio-Manguinhos	mAb anti-CD20	Ligação CD20 de células B e pré-B mediando lise celular	Linfoma não Hodgkin B Leucemias de linfócitos B GPA PAM	PTI LESJ AIJ poliarticular FR positivo DMJ Esclerose sistêmica Esclerose múltipla
Tocilizumabe	mAb antirreceptor IL6	Receptor IL-6	AIJ sistêmica e poliarticular	Uveíte não infecciosa Esclerose sistêmica Arterite de Takayasu Mutações com ganho de função STAT3

* Biossimilares.

AIJ: artrite idiopática juvenil; BAFF: B-cell activating factor; Blys: Blymphocyte stimulator; DADA2: deficiência de adenosina deaminase 2; DMJ: dermatomiosite juvenil; FR: *fator reumatoide*; GPA: granulomatose com poliangiite; IL: interleucina; LESJ: lúpus eritematoso sistêmico juvenil; LRBA: deficiência de âncora responsiva a lipopolissacarídeos, mAb: anticorpo monoclonal; PAM: poliangiite microscópica; PTI: púrpura trombocitopênica imune; STAT: transdutor de sinal e ativador de transcrição TNF: fator de necrose tumoral.

relacionados à competência do sistema imunológico podem aumentar o risco de adoecimento.

A prova tuberculínica (PT) é utilizada para diagnóstico da infecção latente e possui alta especificidade (97%), porém podem ocorrer resultados falsos positivos em indivíduos infectados por outras micobactérias ou vacinados com a BCG (principalmente se vacinados após o primeiro ano de vida, quando a BCG produz reações maiores e mais duradouras). A sensibilidade da PT é de 77%, e as reações falso-negativas podem ocorrer em algumas situações, como: tuberculina mal conservada; leitor inexperiente ou com vício de leitura; tuberculose grave ou disseminada; outras doenças infecciosas agudas virais, bacterianas ou fúngicas; imunodepressão avançada (AIDS, uso de corticosteroides, outros imunossupressores e quimioterápicos); vacinação com vírus vivos em período inferior a 15 dias; neoplasias, especialmente as de cabeça e pescoço e as doenças linfoproliferativas; desnutrição, diabetes *mellitus*, insuficiência renal e outras condições metabólicas; gravidez; crianças com menos de 3 meses de vida; idosos (> 65 anos); febre durante o período da realização da PT e nas horas que a sucedem.

Uma alternativa para o diagnóstico de ILTB são os ensaios de liberação do interferon-gama (*interferon-gamma release assays* – IGRA). Esses testes têm demonstrado diversas vantagens sobre a PT, como o fato de não ser influenciado pela vacinação prévia com BCG e de ser menos influenciado por infecção prévia por micobactérias não tuberculosas (MNT), elevando a especificidade diagnóstica.

O tratamento da ILTB em crianças e adolescentes está indicado quando: PT ≥ 5 mm ou IGRA positivo – em crianças, independentemente do tempo decorrido da vacinação por BCG, assim como em adolescentes com indicação de imunossupressão. Nesses casos, é necessária a radiografia de tórax para a investigação de tuberculose pulmonar. Após 1 mês de tratamento da ILTB, o paciente pode dar início à terapia com anti-TNF.

Regime com isoniazida (H): deve ser o esquema preferencial para tratamento da ILTB.

- Dose:
  - Adolescentes e adultos (≥ 10 anos): 5 a 10 mg/kg/dia de peso até a dose máxima de 300 mg/dia.
  - Crianças (< 10 anos): 10 mg/kg/dia de peso até a dose máxima de 300 mg/dia.

- Tempo de tratamento: 6 ou 9 meses (recomendam-se 270 doses que poderão ser tomadas de 9 a 12 meses).
- Regime com rifampicina (R): o regime com R é preferencial em indivíduos com mais de 50 anos de idade, crianças (< 10 anos de idade), contatos de monorresistentes à H e intolerância à H.
- Dose:
  - Adultos e adolescentes (> 10 anos): 10 mg/kg/dia de peso até a dose máxima de 600 mg/dia.
  - Crianças (< 10 anos): 15 (10-20) mg/kg/dia de peso até a dose máxima de 600 mg/dia.
- Tempo de tratamento: 4 meses (recomendam-se no mínimo 120 doses que deverão ser tomadas idealmente em 4 meses, podendo-se prolongar até 6 meses).

Rastreio das hepatites virais

Hepatite B e hepatite C

A infecção pelo vírus da hepatite B pode ser aguda ou crônica, e, a partir do padrão de anticorpos, podemos determinar o estágio da doença e a situação vacinal, conforme pode ser observado no Quadro 2. Os anticorpos anti-HBs são neutralizantes e capazes de mediar imunidade preventiva, sendo induzidos pela vacinação. Os anticorpos anti-HBc e anti-HBs persistem por longos períodos no indivíduo, enquanto a IgM anti-HBc é um marcador do início da infecção (Quadro 2).

QUADRO 2 Interpretação dos resultados sorológicos para hepatite B

Testes sorológicos	Resultado	Interpretação
HBsAg Anti-HBc IgM Anti-HBc Total Anti-HBs	Não reagente Não reagente Não reagente Não reagente	Ausência de contato prévio com o vírus da hepatite B e suscetível à infecção pelo vírus
HBsAg Anti-HBc IgM Anti-HBc Total Anti-HBs	Não reagente Não reagente Reagente Reagente	Imune após infecção viral

(continua)

QUADRO 2 Interpretação dos resultados sorológicos para hepatite B (*continuação*)

Testes sorológicos	Resultado	Interpretação
HBsAg Anti-HBc IgM Anti-HBc Total Anti-HBs	Não reagente Não reagente Não reagente Reagente	Imune após vacinação
HBsAg Anti-HBc IgM Anti-HBc Total Anti-HBs	Reagente Não reagente Não reagente/reagente Não reagente	Infecção pelo vírus da hepatite B. Se IgM reagente, indica infecção recente

Fonte: Ministério da Saúde, 2018.

O contato com o vírus da hepatite C pode ser detectado pela positividade do anticorpo anti-vírus da hepatite C (HCV). Se houver positividade nesse teste, será necessário complementar o diagnóstico por meio de testes de detecção direta do vírus (teste molecular ou teste de antígeno). Segundo o Ministério da Saúde, a hepatite B deve ser rastreada semestralmente, e a hepatite C, anualmente nas pessoas imunodeprimidas (incluindo candidatos à quimioterapia/terapia imunossupressora), pois pode ocorrer reativação da infecção em imunossuprimidos.

Rastreio do HIV

Existem vários testes de rastreio do HIV, desde testes rápidos com sangue da ponta do dedo (usado em maternidades e campanhas, por exemplo), testes com fluido oral e testes utilizados em ambiente laboratorial. No ambiente laboratorial, o diagnóstico é feito pela utilização de testes iniciais e complementares, os quais são também empregados para a confirmação diagnóstica das amostras com resultados dos testes rápidos discordantes. Os imunoensaios empregados no laboratório detectam qualquer classe de anticorpos anti-HIV, o que aumenta a sensibilidade analítica.

Admissão ao centro de terapia imunobiológica

Parâmetros avaliados previamente à admissão no centro de imunobiológicos e pequenas moléculas

À admissão do paciente ao centro de terapia avançada, dois parâmetros devem ser avaliados:

- Indicação clínica para uso de imunobiológicos ou pequenas moléculas de acordo com recomendações atualizadas de tratamento de doenças crônicas pediátricas pelas sociedades nacionais e internacionais específicas de cada especialidade médica. Em serviços públicos de saúde, a indicação da droga deve ainda estar conforme os PCDT estabelecidos pelo SUS, que definem os CID (Classificação Internacional de Doenças) contemplados e os critérios para o tratamento de doenças específicas baseados em evidência científica, eficácia, segurança e custo-efetividade das tecnologias recomendadas. A autorização e a liberação da terapia imunobiológica ou pequenas moléculas fornecidas diretamente pelo Ministério da Saúde são feitas mediante a realização de receita médica, preenchimento de um laudo de solicitação, avaliação e autorização de medicamento (LME) e exames específicos comprobatórios do diagnóstico. Para algumas indicações cujos CID não estejam contemplados nos PCDT, há possibilidade de solicitação da medicação via pedido administrativo encaminhado à SES.
- Rastreio completo pré-imunobiológico ou pequenas moléculas permitindo início da terapia, conforme discutido anteriormente.

À admissão, uma consulta de acolhimento com a equipe de enfermagem é bem-vinda, para orientações sobre questões importantes no tratamento com imunobiológicos ou pequenas moléculas e esclarecimento de possíveis dúvidas relacionadas a rotinas do setor, direitos e deveres durante o tratamento, rastreio infeccioso, orientações importantes para o dia da infusão, contatos do serviço e agendamento.

É importante o levantamento de comorbidades, alergias medicamentosas, cartão vacinal e programações cirúrgicas.

Atendimento de rotina no centro de imunobiológicos

À chegada do paciente, este deve ser adequadamente identificado com etiqueta de identificação em que constem o nome completo e a data de nascimento e ele deve ser encaminhado à equipe de enfermagem para aferição dos sinais vitais (pressão arterial, pulso, oximetria de pulso e temperatura) e das medidas antropométricas.

Previamente à aplicação da medicação biológica, o paciente deve ser avaliado em consulta de enfermagem ou médica para liberação da administração, tanto de aplicação subcutânea quanto endovenosa, visando identificar condições que possam contraindicar a administração da medicação, como infecções, alergias ou reações infusionais prévias graves ou agendamento de procedimento cirúrgico próximo. Na ausência de contraindicações, a enfermagem ou médico poderá liberar o paciente para a aplicação, com orientações quanto a possíveis eventos adversos e agendamento de retorno. Na presença de possíveis contraindicações à aplicação, é fundamental a avaliação pelo médico, para a tomada de conduta apropriada.

O papel da enfermagem e da equipe médica especializada no centro de terapia biológica é fundamental, possibilitando orientações relacionadas aos cuidados específicos para a condição de base do paciente, garantindo melhor adesão e resposta à terapia. Além disso, a instituição de protocolos de tratamento baseados em recomendações nacionais e internacionais atualizadas permite maior possibilidade de efetividade.

Em centros de terapia biológica associados a hospitais universitários, os pacientes habitualmente passam por consultas médicas regulares, incluindo anamnese, levantamento da terapia concomitante e exame físico completo, checagem dos exames laboratoriais para avaliação de segurança e métricas de atividade específicas de cada doença, para a avaliação de resposta à terapia em curso. Além de diferenças na dosagem e periodicidade, as medicações imunobiológicas, biossimilares e pequenas moléculas apresentam particularidades em termos de perfil de eventos adversos e risco de reação infusional, resultando em diferentes esquemas de infusão e de monitoramento de toxicidade medicamentosa.

Durante as consultas médicas, merecem atenção especial questões de segurança específicas de cada medicamento, como reavaliações frequentes do risco de exposição à tuberculose, doença desmielinizante e neoplasia, particularmente durante a terapia anti-TNF, atenção para neutropenia, plaquetopenia, elevação de transaminases e dislipidemia na terapia anti-IL6, níveis reduzidos de IgG durante a terapia anti-CD20, cautela em pacientes com depressão e intenção suicida com a terapia anti-BAFF, citopenias, hepatotoxicidade, dislipidemia e herpes-zóster na terapia com inibidores de Janus quinase (JAK).

Outro ponto a ser abordado na consulta é a existência de programação para procedimentos cirúrgicos, a fim de definir a necessidade de suspensão temporária da medicação no centro de terapia imunobiológica/pequenas moléculas e orientação em relação ao momento de reintrodução. Habitualmente, para cirurgias eletivas de médio a grande porte, como artroplastia total de quadril ou joelho, a cirurgia deve ser programada para o final do intervalo entre as doses do medicamento específico. A reintrodução da terapia biológica em pacientes para os quais a medicação foi suspensa antes da cirurgia deve ser planejada para o momento em que a ferida cirúrgica mostrar evidências de cicatrização (normalmente cerca de 14 dias), todas as suturas ou grampos foram retirados, não há edema eritema, ou drenagem significativa, e não há evidência clínica de infecções do sítio cirúrgico.

Caso o paciente seja liberado para a aplicação subcutânea ou endovenosa, o médico deve fazer a prescrição do biológico (originador ou biossimilar), orientar e coletar a assinatura do responsável pelo paciente no termo de consentimento para recebimento da medicação.

No centro de imunobiológicos, a equipe farmacêutica deve fazer a gestão do estoque de medicamentos e gerar relatórios periódicos do consumo de medicamentos. No âmbito público de saúde (SUS), a farmácia deve fazer a interface com o Ministério da Saúde e a SES na programação do abastecimento das medicações ao centro. No momento do recebimento das medicações, deve ser feita a checagem da temperatura (2 °C a 8 °C), da quantidade, das condições de embalagem e da validade. A equipe deve fazer a identificação dos imunobiológicos por paciente e o controle de dispensação dos frascos de medicamentos para aplicação domiciliar, quando apropriado.

Além disso, a equipe farmacêutica é responsável pela farmacovigilância, incluindo o levantamento de reações adversas a medicamentos e a notificação de queixas técnicas. A atenção farmacêutica compreende, ainda, a avaliação da possibilidade de interações medicamentosas entre os medicamentos de uso contínuo e o imunobiológico, biossimilar ou pequena molécula. É de grande importância a orientação farmacêutica individualizada ao paciente com relação aos cuidados no transporte, armazenamento, administração do imunobiológico e descarte. Todos os atendimentos feitos pela equipe médica, enfermagem e farmacêutica devem ser registrados em prontuário.

Infusão da terapia imunobiológica

Infusão de medicação intravenosa

Após a aferição dos sinais vitais e medidas antropométricas do paciente, identificação do medicamento biológico em uso e intervalo de doses atual, a enfermagem deve registrar esses dados em prontuário e encaminhar o paciente para a consulta médica. Todos os pacientes que recebem medicamentos biológicosgicos intravenosos devem ser examinados pelo médico para avaliação segura da possibilidade de administração da medicação.

O médico deve consultar os dados inseridos pela enfermagem, checar questões especialmente relacionadas à possibilidade de infecções, alergias, eventos adversos ou programação cirúrgica. A anamnese deve ter como enfoque queixas que possivelmente contraindiquem a administração da medicação. Da mesma forma, no exame físico, uma atenção especial deve ser dada a possíveis motivos de necessidade de infusão mais lenta ou contraindicação à infusão, como ausculta cardiopulmonar e avaliação de sinais de infecção ativa.

Uma vez liberado para a infusão, o médico deve fazer a prescrição do biológico (originador ou biossimilar), orientar e coletar a assinatura do responsável pelo paciente no termo de consentimento. Essa documentação deve ser entregue à equipe de enfermagem sinalizando que a medicação pode ser infundida. Caso a infusão da medicação seja contraindicada, a enfermagem deve ser avisada e a equipe médica orienta a programação do retorno do paciente. Na sala de infusão, o auxiliar ou técnico de enfermagem deve confirmar o medicamento prescrito, sua dose e a conduta médica registrada em prontuário.

A medicação biológica e, se necessário, a pré-medicação, devem ser preparadas e identificadas conforme protocolos e orientações em bula, e antes da instalação deve-se fazer a confirmação ativa do nome, data de nascimento e nome do medicamento. O paciente na sala de infusão deve ser monitorizado durante todo o procedimento, e os sinais vitais devem ser registrados a cada 30 minutos. Ao término da infusão, o paciente deve passar novamente por avaliação médica para a liberação de alta em segurança.

O lote e a dose da medicação devem ser anotados no cartão de seguimento do paciente, e este pode ser liberado.

Aplicação de medicação subcutânea

Após afastar contraindicações para a aplicação de medicação subcutânea em consulta de enfermagem ou médica, a prescrição do imunobiológico (originador ou biossimilar) deve ser encaminhada para a sala de infusão, onde o auxiliar ou técnico de enfermagem deve fazer a conferência da medicação prescrita com a conduta médica. A medicação é retirada da refrigeração para atingir a temperatura ambiente (em cerca de 15 minutos) e, em seguida, é aplicada, respeitando o rodízio de locais de aplicação conforme orientação em bula.

O lote e o local de aplicação devem ser anotados no cartão de seguimento do paciente, e este pode ser liberado.

Reações infusionais

O uso de medicamentos imunobiológicos e biossimilares está amplamente difundido nas doenças reumáticas, portanto torna-se importante o conhecimento das reações adversas associadas ao seu uso. Os agentes biológicos são potencialmente imunogênicos, levando à produção de anticorpos antidroga, o que pode neutralizar a ação do medicamento em longo prazo e resultar em menor eficácia. Menos frequentemente, por mecanismo ainda incerto, podem causar eventos adversos graves, como a reação de hipersensibilidade à infusão.

As reações infusionais são definidas como reações imprevisíveis que ocorrem durante a infusão de um fármaco ou até 1 hora após a sua conclusão. São classificadas em alérgicas (mediadas por IgE ou hipersensibilidade tipo I) e não alérgicas (não mediada por IgE, em geral por liberação de citocinas). A maior parte das reações relacionadas à infusão de anticorpos monoclonais é do tipo não alérgica e se resolve após a suspensão temporária do medicamento. Na prática, os sintomas são semelhantes, portanto, de difícil distinção em relação à etiologia da reação.

As reações imunomediadas são divididas em quatro tipos de reações de hipersensibilidade segundo o mecanismo imunológico subjacente: tipo I mediada por IgE, tipo II citotóxica, tipo III mediada por imunocomplexos e tipo IV mediada por células. Pichler e colaboradores sugerem uma nova classificação desses eventos adversos, com base na singularidade dos agentes biológicos, em cinco tipos distintos: tipo alfa síndrome de liberação de citocinas, tipo beta hipersensibilidade aguda (durante infusão) ou tardia (3-12 dias após), tipo gama desequilíbrio imunológico, tipo delta reatividade cruzada de anticorpos, tipo épsilon reação não imune.

As reações infusionais imediatas são classificadas de acordo com a gravidade segundo o protocolo *Common Terminology Criteria for Adverse Events* (CTCAE), sendo: grau 1 – reação leve e transitória, não há indicação de interrupção da infusão; grau 2 – leve/moderada, há boa resposta ao tratamento com sintomáticos; grau 3 – moderada, não há resposta rápida às medicações sintomáticas indicando recorrência, interrupção da infusão e pode ser necessário hospitalização; grau 4 – grave, indicada intervenção urgente e há risco de vida; grau 5 – óbito.

Os sinais e sintomas são variáveis, e as manifestações cutâneas são mais comuns e incluem exantema, prurido, hiperemia e lesões urticariformes. Podem ocorrer manifestações multissistêmicas, hemodinâmicas (taquicardia, alteração pressão arterial), musculoesqueléticas (artralgia, mialgia), neurológicas (confusão mental, cefaleia, sonolência), gastrintestinais (náuseas, vômitos, dor abdominal) e anafilaxia (mais grave, com necessidade de reconhecimento imediato).

Com a chegada de novos biossimilares, poderão ocorrer trocas de marca de medicamentos. De acordo com a Agência Nacional de Vigilância Sanitária (Anvisa), a intercambialidade de um medicamento pelo outro é uma decisão que cabe ao médico e ao paciente. Dessa forma, recomenda-se a prática da farmacovigilância, visando a um monitoramento adequado de reações adversas, interações medicamentosas e desvios de qualidade dos medicamentos. Uma forma de garantir maior segurança ao paciente é a administração da droga seguindo o protocolo de início de terapia a cada troca do medicamento para uma nova marca.

Imunobiológicos associados a reações infusionais

Infliximabe

É um anticorpo monoclonal quimérico anti-TNF. O risco de reação infusional varia de 0,8-8,8% por infusão. Há relatos de reações graves em torno de 0,5%. Os sintomas mais frequentes que indicam reação infusional incluem febre, cefaleia, tontura, alteração hemodinâmica (taquicardia, hipotensão ou hipertensão arterial), taquipneia e reações cutâneas como *rash*, urticária e prurido. Segundo dados da literatura, o uso rotineiro de pré-medicação (anti-histamínicos ou corticosteroide) não está recomendado para pacientes que nunca apresentaram reação anterior, sendo, portanto, opcional.

É sugerido aumento gradativo da velocidade de infusão, de acordo com a monitorização dos sinais vitais e clínicos: 10 mL/hora por 15 minutos; 20 mL/hora por 15 minutos; 40 mL/hora por 15 minutos; 80 mL/hora por 15 minutos e após 150 mL/hora até completar a infusão. Opcionalmente, a infusão pode ser feita em velocidade contínua, por um período de pelo menos 2 horas, especialmente nas primeiras doses. Interromper se houver alteração de sinais vitais e considerar retornar a infusão em uma taxa mais lenta ou suspender de acordo com a avaliação clínica.

Rituximabe

É um anticorpo monoclonal quimérico anti-CD20. Muito conhecimento acerca do seu uso vem da experiência de centros oncológicos. É mais frequentemente associado a reação infusional e de acordo com a indicação, sendo a incidência próxima a 70% em alguns estudos.

As reações infusionais imediatas ao rituximabe são mais comuns durante as primeiras horas de infusão. Os sintomas mais frequentes são urticária, hipotensão, angioedema, hipóxia e broncoespasmo. Cerca de 10% são reações graves, resultando em interrupção da infusão.

A administração da pré-medicação com corticosteroide intravenoso reduz a incidência e gravidade das reações graves, indicada para todas as infusões. É sugerida metilprednisolona 100 mg intravenosa 30 minutos antes da infusão. Outras medicações podem ser usadas como anti-histamínicos e paracetamol. Para a administração da primeira dose, a velocidade de infusão também deve ser monitorizada e aumentada progressivamente. Inicia-se com 0,2 mL/kg/hora (máx. 12,5 mL/h) por 30 minutos e aumento de 0,2 mL/kg/h a cada 30 minutos, no máximo de 1,4 mL/kg/h (máx. 100 mL/h) até o fim da infusão. Nas doses subsequentes, na ausência de reação infusional às doses anteriores, a velocidade de infusão pode ser aumentada.

Tocilizumabe

É um anticorpo monoclonal recombinante humanizado antirreceptor de IL-6. A frequência de reação infusional é de cerca de 7%. Os sintomas mais relatados incluem erupção cutânea, cefaleia, náuseas e aumento transitório da pressão arterial. Habitualmente, são reações leves, que não indicam suspensão do tratamento.

Abatacepte

É uma proteína de fusão solúvel composta pelo domínio extracelular do CTLA-4, atuando como inibidor seletivo de coestimulação de ativação de células T. A frequência de reação infusional é de cerca de 9%. É usualmente bem tolerável, com raros eventos adversos graves.

CONCLUSÕES

A compreensão dos pediatras e especialistas em relação ao fluxo de atendimento ao paciente que irá utilizar a medicação imunobiológica/biossimilar facilita o acesso ao serviço de saúde. A realização desses medicamentos em centros de infusão regulamentados contribui para segurança e eficácia, uma vez que há a possibilidade de identificar e tratar os efeitos adversos imediatos.

BIBLIOGRAFIA

Bertolo MB, Ferreira BSA, Marchiore AGM, Carvalho GPA, de Souza DP, Psaltikidis EM, et al. Construção do manual de processos de trabalho e técnicas do Centro de Dispensação de Medicamentos de Alto Custo (CEDMAC) do Hospital de Clínicas da Unicamp. Rev Bras Reumatol. 2014;54(3):185-91.

Brasil. Ministério da Saúde. Contribuições para a promoção do uso racional de medicamentos. Volume 2. Brasília, DF: Ministério da Saúde; 2021.

Brasil. Ministério da Saúde. Manual de recomendação para o controle de tuberculose no Brasil. 2. ed. Brasília, DF: Ministério da Saúde; 2019.

Brasil. Ministério da Saúde. Manual técnico para o diagnóstico da infecção pelo HIV em adultos e crianças. 4. ed. Brasília, DF: Ministério da Saúde; 2018.

Brasil. Ministério da Saúde. Manual técnico para o diagnóstico das hepatites virais. 2. ed. Brasília, DF: Ministério da Saúde; 2018.

Goodman SM, Springer B, Guyatt G, Abdel MP, Dasa V, George M, et al. American College of Rheumatology/American Association of Hip and Knee Surgeons Guideline for the Perioperative Management of Antirheumatic Medication in Patients With Rheumatic Diseases Undergoing Elective Total Hip or Total Knee Arthroplasty. Arthritis Care Res. (Hoboken) 2017;69(8):1111-24.

Matucci A, Nencini F, Maggi E, Maggi E, Vultaggio A. Hypersensitivity reactions to biologics used in rheumatology. Expert Rev Clin Immunol. 2019;15(12):1263-71.

Patel SV, Khan DA. Adverse reactions to biologic therapy. Immunol Allergy Clin North Am. 2017;37(2):397-412.

Petty RE, Laxer RM, Lindsley CB, Wedderburn LR. Textbook of pediatric rheumatology. 7. ed. Philadelphia: Elsevier; 2016.

Pichler WJ. Adverse side-effects to biological agents. Allergy 2006;61(8):912-20.

Sammaritano LR, Bermas BL, Chakravarty EE, Chambers C, Clowse MEB, Lockshin MD, et al. 2020 American College of Rheumatology Guideline for the Management of Reproductive Health in Rheumatic and Musculoskeletal Diseases. Arthritis Rheumatol. 2020;72(4):529-56.

Skorpen CG, Hoeltzenbein M, Tincani A, Fischer-Betz R, Elefant E, Chambers C, et al. The EULAR points to consider for use of antirheumatic drugs before pregnancy, and during pregnancy and lactation. Ann Rheum Dis. 2016;75(5):795-810.

Waldron JL, Schworer SA, Kwan M. Hypersensitivity and immune-related adverse events in biologic therapy. Clin Rev Allergy Immunol. 2022;62(3):413-31.

Índice remissivo

A

B

C

D

E

F

G

H

I